FÍSICA Y QUÍMICA

3.º ESO

Enrique Andrés del Río
Miguel Ángel Yuste Muñoz
Ángel Rodríguez Cardona
Antonio Pozas Magariños

Asesores didácticos
Enrique Andrés del Río
Felipe Martínez Terreros

Revisores técnicos
Diego Molinera Galán
Francisco Larrondo Almeda
Pablo Sócrates Domínguez Lorenzo

Mc Graw Hill Education

MADRID · BUENOS AIRES · CARACAS · GUATEMALA · LISBOA · MÉXICO
NUEVA YORK · PANAMÁ · SAN JUAN · BOGOTÁ · SÃO PAULO · AUCKLAND
HAMBURGO · LONDRES · MILÁN · MONTREAL · NUEVA DELHI · PARÍS
SAN FRANCISCO · SIDNEY · SINGAPUR · SAINT LOUIS · TOKIO · TORONTO

CÓMO SE UTILIZA ESTE LIBRO

Presentación de la unidad

Texto introductorio que te presenta cada unidad y la acerca a tu entorno.

En el sumario tienes un avance de los contenidos

Antes de empezar te proponemos un reto: una actividad motivadora y experimental sobre los nuevos contenidos.

Desarrollo de contenidos

Estudiar será divertido con este libro. La teoría es clara y concisa, y el texto está acompañado de imágenes e infografías que te van a ayudar a entenderlo todo de forma fácil y muy visual.

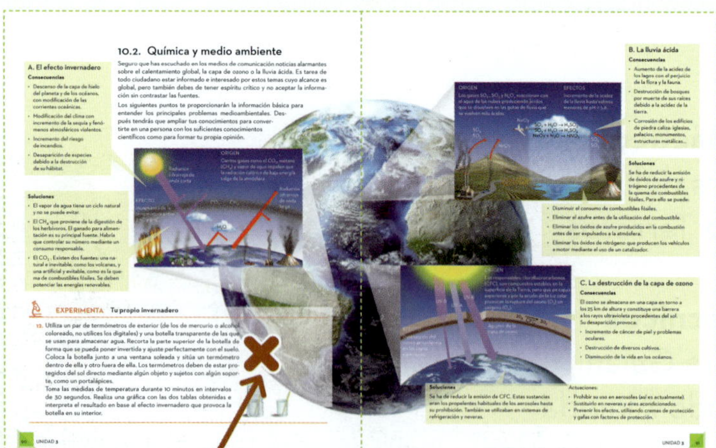

EXPERIMENTA

Demostraciones sencillas de pocos minutos que puedes llevar a cabo con material casero y están acompañadas de actividades.

PIENSA Y RAZONA

Planteamientos que van a despertar tu curiosidad y te motivarán hacia el aprendizaje.

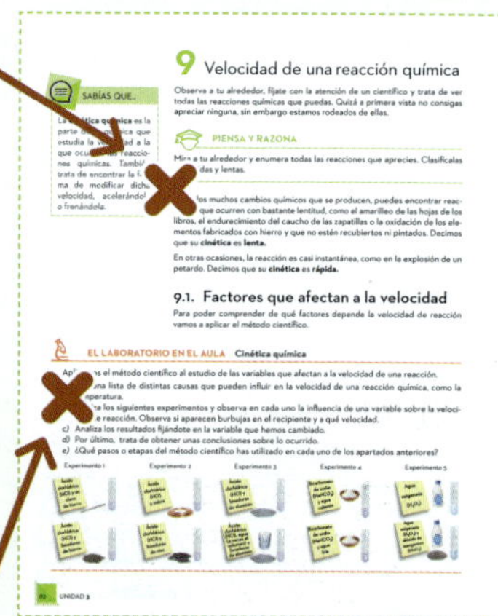

LABORATORIO EN EL AULA

Experimentos diseñados para realizar en el aula, que te enseñarán a resolver en la práctica lo que has aprendido.

PROYECTOS DE INVESTIGACIÓN

Investiga y resuelve tres casos con tu ayudante, el científico señor Water. Descubrirás de qué está hecha la Naturaleza.

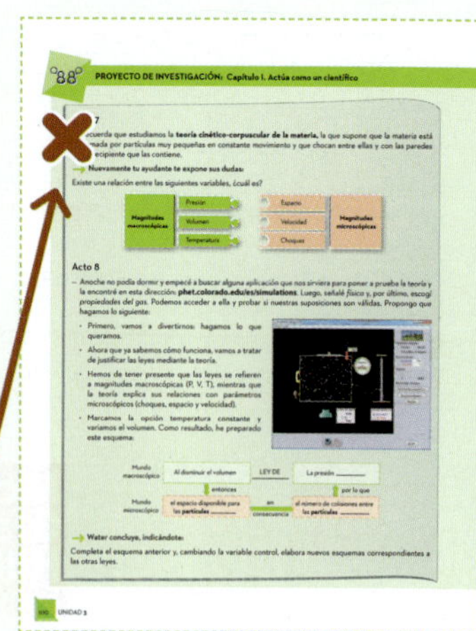

SIMULACIONES VIRTUALES

Ciencia 2.0 y otros. A lo largo de todo el libro podrás acceder a simulaciones virtuales en red de los procesos físico-químicos más importantes. Puedes acceder también desde CEO (centro de enseñanza on-line).

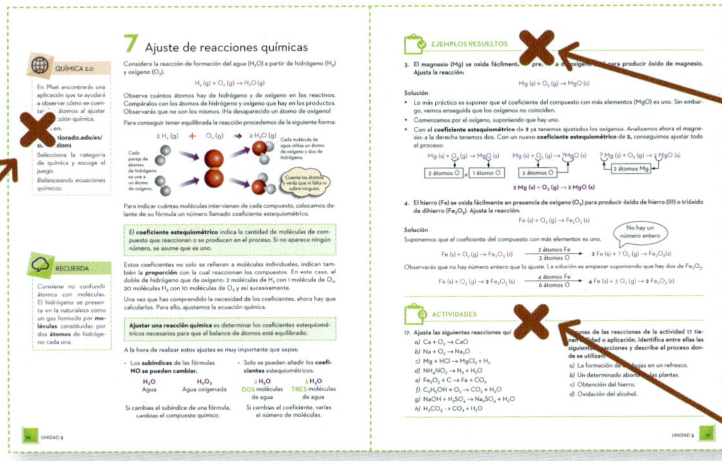

EJEMPLOS RESUELTOS

Acompañan la teoría cuando los conocimientos matemáticos lo requieren.

ACTIVIDADES

Ejercicios que consolidan los conceptos aprendidos en la teoría.

Cierre de unidad

MAPA CONCEPTUAL

Mapa de los conceptos más importantes en el que te invitamos a completarlo con otros que has estudiado.

MIRA A TU ALREDEDOR

Lecturas, debates, investigaciones que te harán pensar y favorecerán tu espíritu crítico.

PRÁCTICA DE LABORATORIO

Con tareas asociadas.

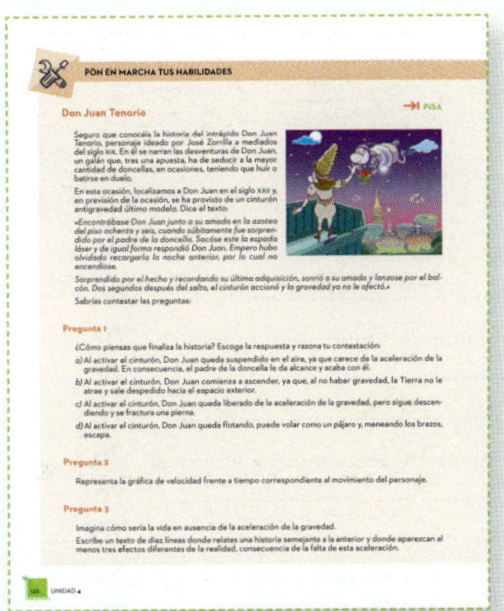

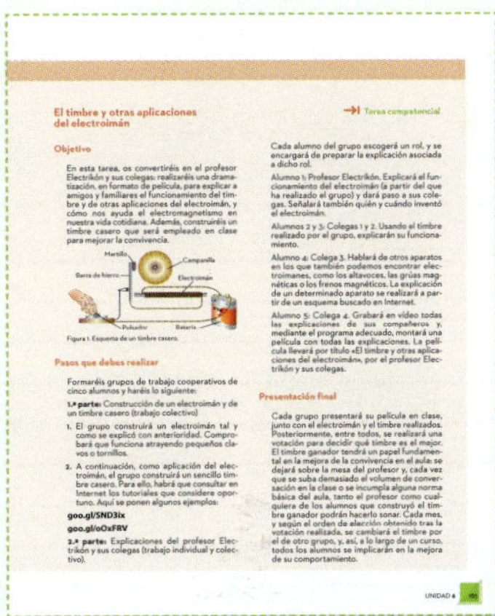

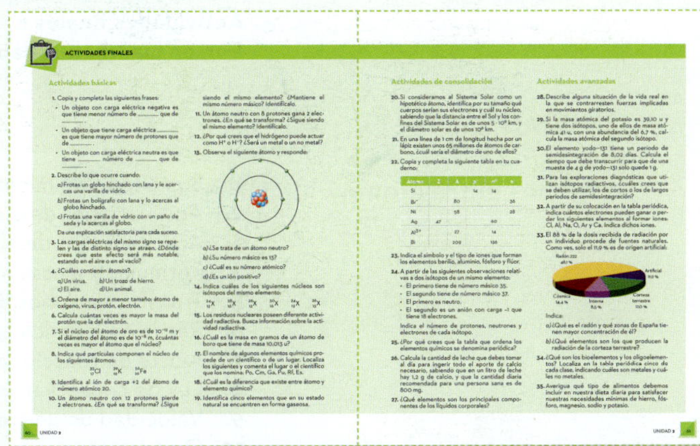

PON EN MARCHA TUS HABILIDADES

Una actividad tipo PISA y una Tarea competencial por unidad, con las que podrás poner en juego tus conocimientos, habilidades y destrezas para resolverlas.

ACTIVIDADES FINALES

Divididas en básicas, de consolidación y avanzadas, con las que alcanzarás los conocimientos necesarios.

TABLA DE CONTENIDOS

1 LA ACTIVIDAD CIENTÍFICA

Seguro que has oído que tal día llegará el fin del mundo porque la Tierra va a chocar con un meteorito, que habrá un superterremoto que partirá la Tierra por la mitad, que podemos conseguir energía infinita de la nada o que bebiendo agua de mar se nos curan todos los males. Es probable que oigas que tal argumento lo ha dicho un científico, aunque no sepamos especialista en qué universidad, pero solo por eso tiene veracidad.

En muchas ocasiones la noticia es la interpretación errónea de un periodista de la noticia original, otras veces es una sutil manipulación para conseguir que el público crea en algo que a alguien le interese, y el resto suelen ser personas bien intencionadas que creen saber algo que los demás no conocen y desean transmitirlo.

En cualquier circunstancia, tú, como ciudadano, debes acercarte a estas informaciones con espíritu crítico, sin afirmar algo solo porque aparezca en Internet, en la televisión o en una revista. ¿Cómo puedes conseguirlo? Es fácil. Solo necesitas tres cosas: debes aprender a informarte en lugares fiables, debes conocer algo de ciencia básica y, sobre todo, debes aprender a pensar por ti mismo. Como dijo Voltaire (1694-1778):

La ignorancia afirma o niega rotundamente, la ciencia duda.

Sumario

Te proponemos un reto

Con esta unidad vas a introducirte en el mundo apasionante de la física y la química. Puede que pienses que es una asignatura muy difícil, llena de números y fórmulas, pero no es así.

Comprobarás, al contrario, que la ciencia es divertida, curiosa y que, en muchas ocasiones, lo interesante no son los números, sino lo que se obtiene con ellos.

Para que veas un ejemplo, plantéate una simple pregunta:

¿Se disuelve siempre la misma cantidad de azúcar en una determinada cantidad de agua?

Te proponemos que estudies cómo varía la solubilidad del azúcar en agua en función de la temperatura.

Para ello, toma tres vasos y llénalos hasta la mitad con la misma cantidad de agua, uno con agua fría de la nevera, otro con agua templada del grifo y el tercero con agua caliente, sin que llegue a hervir.

A continuación, añade una cucharada pequeña de azúcar en cada uno y agita hasta que se disuelva. Continúa añadiendo sucesivas cucharadas, una a una, hasta que veas que ya no se disuelve, y anota la cantidad de azúcar que has necesitado para cada vaso.

Si puedes, determina con un termómetro la temperatura final del agua en los tres vasos.

¿Dónde es más soluble el azúcar? ¿En qué vaso de agua se disuelve más cantidad de azúcar?

1 Tu primera práctica

IMPORTANTE

Recuerda que trabajar en equipo quiere decir **colaborar,** no delegar en otro el trabajo que se debe realizar.

Todo el grupo es responsable de lo que haga cada uno de sus miembros.

Quizá te parezca arriesgado; aún no has aprendido cosas nuevas y ya vas a realizar tu primera práctica. ¿Cómo es posible si tú no eres científico?

Nadie es científico por estudiar una carrera científica o por llevar una bata blanca. Científico es todo aquel que aplica un determinado método de estudio: el **método científico,** y aunque no lo creas, tú ya lo sabes.

Seguramente ya conoces lo que es un péndulo: un cuerpo que pende de un hilo y que realiza oscilaciones si lo apartamos de su punto de equilibrio (la vertical). Te proponemos que te conviertas en investigador y estudies el comportamiento de un péndulo:

¿De qué factor depende el periodo de oscilación de un péndulo?

Para comenzar, te ayudaremos indicándote una serie de pasos, pero serás tú el que realice la investigación; aquí no vas a encontrar la respuesta.

SABÍAS QUE..

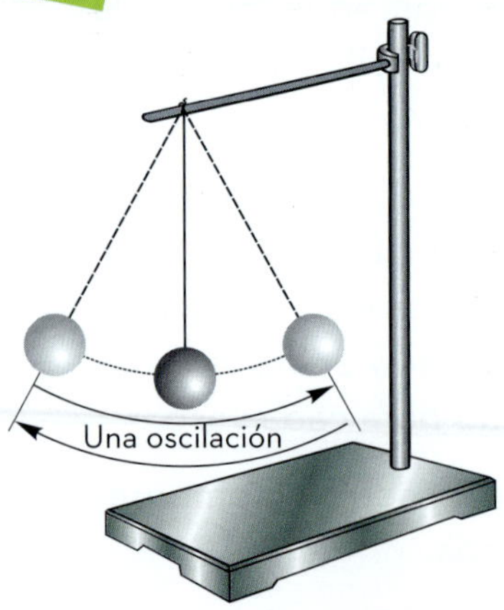

Llamamos **periodo de oscilación** al tiempo que tarda el péndulo en realizar una oscilación, desde que está en un extremo hasta que vuelve al mismo punto.

Prepara tu equipo

La ciencia necesita que los experimentadores trabajen en colaboración. Por ello, te proponemos que las diferentes experiencias las realices con uno o dos compañeros formando un grupo de trabajo.

Cada uno de vosotros debéis tener un cuaderno de laboratorio, donde apuntéis todo lo que vayáis realizando en la investigación: material, procedimiento, medidas... Puede que en un futuro tengáis que recurrir a vuestros apuntes para buscar más información y allí deberá estar.

- **Primero observa**

Monta el péndulo y déjalo oscilar. Verás que sus oscilaciones, idas y venidas, son rítmicas. Prueba diferentes formas de hacer oscilar al péndulo, pero nunca lo lances, solo suéltalo.

- **Ahora piensa**

Con lo que sabes hasta ahora, ¿qué factores crees que afectan al periodo de oscilación? ¿Qué parámetros son aquellos que si los cambiamos varían el periodo de oscilación?

Debatidlo entre vosotros y apuntadlos en la libreta. No tenéis que comprobarlos, solo apuntar los que penséis, por ejemplo: si aumenta un determinado parámetro, entonces el periodo disminuye, o aumenta.

- **Es momento de medir**

¿Son correctas tus ideas? Vamos a comprobarlo. Aunque puede haber muchos factores en los que hayas pensado, algunos seguro que no deben afectar al periodo, como el color de tu camiseta, por ejemplo.

Vamos a estudiar tres factores: la **longitud de hilo,** el **ángulo de lanzamiento** y la **masa del péndulo.**

En ciencia es muy difícil estudiar más de dos factores simultáneamente, y en nuestro experimento tenemos cuatro: longitud, ángulo, masa y periodo. Para hacerlo más sencillo, mantendremos dos de ellas constantes mientras analizamos la influencia de la tercera, esto producirá tres experimentos:

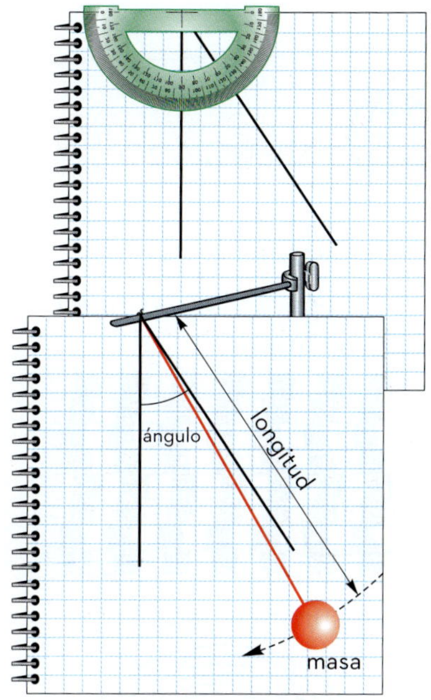

Experimento 1: influencia de la longitud

Factores constantes: masa y ángulo de lanzamiento.

- Toma un péndulo y determina su masa.
- Escoge un ángulo de lanzamiento y mídelo con el transportador de ángulos

Factor variable: longitud. Escoge una longitud y procede a determinar el periodo de oscilación.

Procedimiento:

a) Medid todos los miembros del equipo el tiempo de una oscilación.

Como verás, es muy difícil que todos coincidáis en el mismo valor. Aquí tenéis un truco: calculad el tiempo que tarda en realizar diez oscilaciones y divididlo por diez para determinar el periodo de una oscilación.

Como ya te habrás dado cuenta, siempre que medimos ocurren errores. Para que afecten lo menos posible, realiza la misma medida dos veces más hasta tener tres valores para el periodo de oscilación. Después, calcula la **media de los valores.**

b) Repite el proceso para un total de cinco longitudes diferentes y construye una tabla como esta.

Ángulo lanzamiento:			**Masa:**	
Longitud	t_1 **(s)**	t_2 **(s)**	t_3 **(s)**	t_{medio} **(s)**

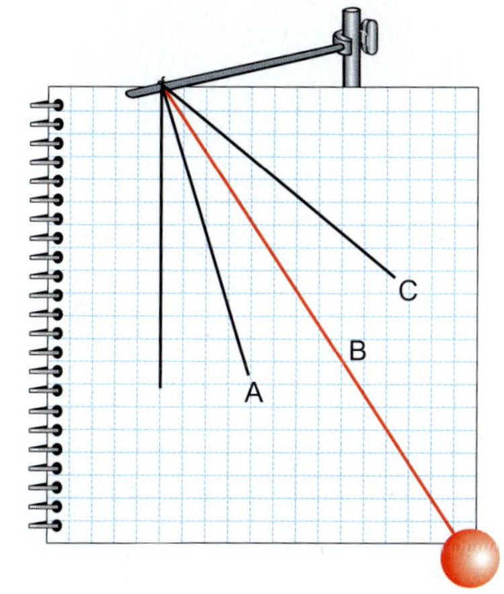

Experimento 2: influencia del ángulo de lanzamiento

Factores contantes: masa y longitud.

Factor variable: ángulo de lanzamiento. Lanza desde tres ángulos diferentes.

Procedimiento: igual que el Experimento 1, pero variando el ángulo.

Experimento 3: influencia de la masa

Factores contantes: ángulo de lanzamiento y longitud.

Factor variable: masa. Es suficiente con que utilices un par de péndulos.

Procedimiento: igual que el Experimento 1, pero variando la masa.

- **Mira tus resultados**

Compara los resultados con tus ideas previas. ¿Eran todas correctas?

Escribe una conclusión, utilizando frases que resuman la influencia de los factores estudiados sobre el periodo.

- **Ahora tendrás que publicarlo**

Seguro que has averiguado algo que no sabías. Observarás que tenemos **ideas previas** erróneas que tomamos por ciertas sin comprobarlas. Más adelante te explicaremos cómo debes escribir las conclusiones a las que has llegado. Si tus anotaciones son correctas, no te importará esperar.

CIENCIA 2.0

Puedes ver el desarrollo de estos experimentos en el siguiente enlace:

goo.gl/eHHtHk

2 El método científico

Seguro que conoces muchas explicaciones a diferentes fenómenos que te rodean. Pero, ¿cómo podemos garantizar que sean las adecuadas?

PIENSA Y RAZONA

Hasta la publicación de *El origen de las especies*, de Charles Darwin, e incluso hoy en día, muchas personas pensaban y piensan que el ser humano no es un animal y, por tanto, no es un primate evolucionado. La ciencia actual no duda de la evolución, pero, ¿cómo se ha alcanzado confianza en esta teoría?

El método científico es el **conjunto de normas** que garantizan que los conocimientos adquiridos a través de ellas tienen un alto grado de confianza.

No existe un único método científico, pero sí hay una serie de etapas comunes que todos deberían seguir:

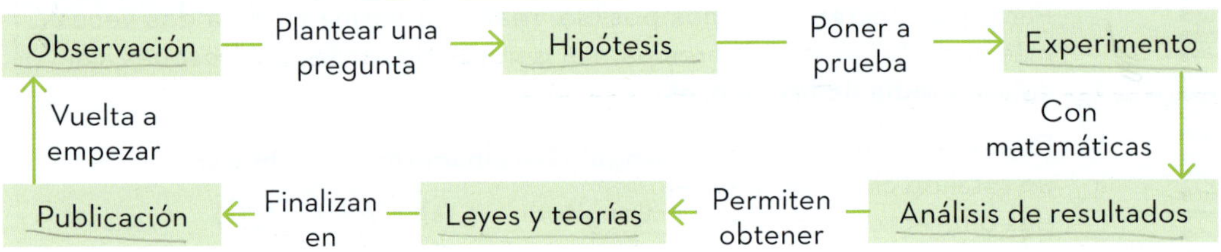

CIENCIA 2.0

¿Solo crees lo que ves?

¿Son paralelas las líneas horizontales?

¿Ves un cuadrado?

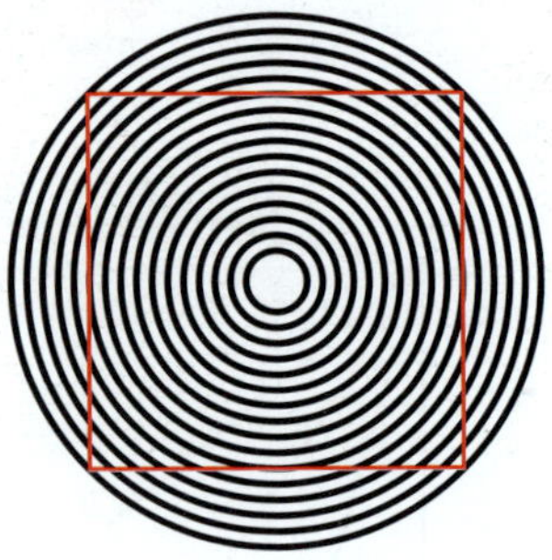

En los siguientes enlaces puedes encontrar ejemplos variados de los errores que nuestra percepción nos provoca:

www.ilusionario.es

www.illusionspoint.com

goo.gl/wHIIKv

¿Crees ahora que nos podemos fiar de nuestros sentidos?

2.1. Observación

Es la primera etapa del método y su finalidad es obtener la mayor cantidad de información previa a todo razonamiento. Incluye la **clasificación** de los datos, la **medición** de magnitudes y la utilizacion del instrumental adecuado.

Observar es analizar un fenómeno sin intervenir en él para plantear una pregunta y establecer posibles relaciones entre los factores de los que depende.

Las observaciones, para que sean válidas, deben ser:

- **Cuidadosas:** hay que procurar cometer los mínimos errores posibles.
- **Exhaustivas:** realizar la medida varias veces para minimizar los errores.
- **Exactas:** hay que intentar obtener el valor real.

ACTIVIDADES

1. En una práctica, el grupo de alumnos A estima el valor de la gravedad en 9,4 ± 0,2 m/s², mientras que el grupo B obtiene 10 ± 1 m/s². Sabiendo que su valor en España es de 9,81 m/s², ¿qué grupo suspendió y por qué?

2. Has de determinar el índice de masa corporal (IMC = peso/altura²) de los alumnos de tu clase. Para ello, colocas a tu amigo en una báscula con su abrigo y mides su altura con zapatos. ¿Has actuado correctamente? ¿Qué errores has cometido?

2.2. Emisión de hipótesis

Tras la observación y la clasificación de las informaciones obtenidas estamos en condiciones de pensar en alguna posible respuesta a la pregunta planteada: es lo que se conoce como **hipótesis.** Pero, ¿qué características debe cumplir una sentencia para convertirse en hipótesis?

PIENSA Y RAZONA

Los eclipses de Sol siempre han fascinado al ser humano. Antiguamente, en China, se pensaba que la causa era un dragón que se comía al astro, por ello salían a la calle haciendo mucho ruido para ahuyentarlo y el Sol volvía a brillar.
Antiguamente se consideraba un castigo divino por los pecados; la gente acudía a las iglesias a rezar y, al poco tiempo, el Sol reaparecía.
A partir de siglo XIII se razona que los eclipses son meras ocultaciones del Sol a causa de la interposición de la Luna.
Las tres son posibles explicaciones del fenómeno del eclipse de Sol, pero: ¿cuál te parece más sensata y por qué?

Ya conoces que la ciencia se basa en la experimentación y la posibilidad de refutar las afirmaciones. De acuerdo con ello:

Una **hipótesis** es una posible respuesta formulada a partir de observaciones o datos experimentales que debe cumplir las siguientes características:

- Referirse a una situación real o realizable.
- Su enunciado mediante variables debe ser claro y concreto.
- La relación entre las variables debe ser observable y medible.

Para convertirse en hipótesis, una afirmación solo necesita cumplir las características enunciadas anteriormente, no necesita ser verdad. Una hipótesis no deja de serlo por ser incorrecta. Simplemente sería una hipótesis falsa.

Si recuerdas la práctica del péndulo, pudiste pensar en:

- El periodo de oscilación de un péndulo depende del ángulo de lanzamiento. **Hipótesis falsa.**

Después, comprobaste que quizá no era así:

- El periodo de oscilación de un péndulo no depende del ángulo de lanzamiento. **Hipótesis verdadera.**

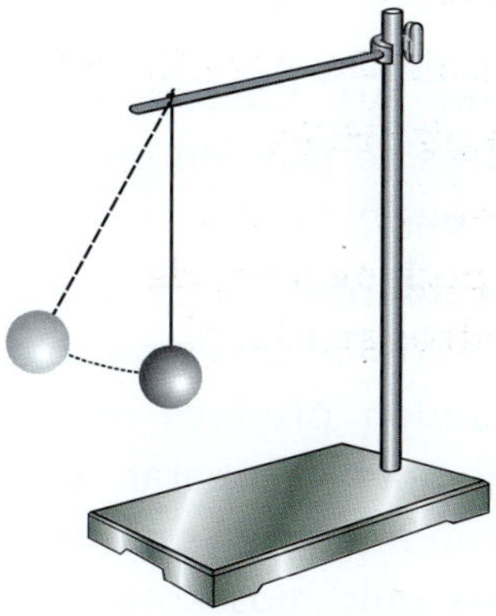

SABÍAS QUE..

En este blog puedes acceder a varias leyendas sobre cómo los españoles utilizaron los eclipses de Sol en el descubrimiento de América:

goo.gl/LUu40u

ACTIVIDADES

3. **Se te plantea que estudies la dilatación de los metales con el calor. Utiliza las variables longitud del metal y temperatura, y enuncia tres sentencias que sirvan como hipótesis y tres que no sirvan.**

4. **Se plantea una nueva teoría que se basa en la hipótesis sobre la existencia de una partícula que nunca se podrá observar ni se podrá medir. ¿Qué opinión te merece?**

2.3. El experimento

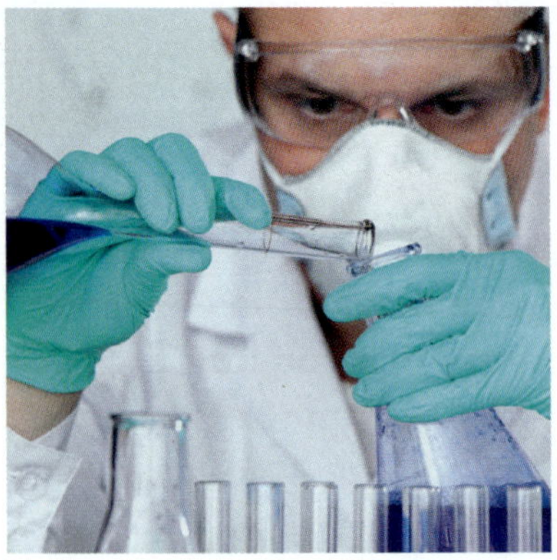

Es la etapa más característica del método científico y la que implica más imaginación por parte del investigador.

El **experimento** es el procedimiento de análisis utilizado para probar la veracidad o falsedad de las hipótesis planteadas y, en el cual, el observador tiene control sobre los factores que afectan a dichas hipótesis.

Cuando se desea probar una hipótesis hay que identificar los factores que le influyen. Una vez seleccionados, se clasifican en variables y controles.

- **Variables:** son aquellos factores del experimento que muestran modificaciones en sus valores a lo largo del proceso. Pueden ser de dos tipos:
  - **Variables independientes:** aquellas que modificamos nosotros a voluntad o varían independientemente del proceso.
  - **Variables dependientes:** aquellas que se ven afectadas como consecuencia de los cambios que han ocurrido en las variables independientes.
- **Controles:** son aquellos factores que mantenemos constantes a lo largo del experimento con la finalidad de que no afecten al resultado.

Si recuerdas la práctica inicial del péndulo, en el primer experimento (influencia de la longitud), la masa y el ángulo de lanzamiento eran los controles; la longitud, la variable independiente, y el tiempo, la dependiente.

Es posible que pienses que observación y experimentación son procesos parecidos ya que en ambos se analiza la influencia que ciertos factores (variables independientes) provocan sobre otros (variables dependientes). Pero se diferencian en que en la observación no hay control sobre los factores, simplemente se observa sin intervenir, mientras que en el experimento los factores se pueden modificar a voluntad.

IMPORTANTE

El error en la medida es algo propio de la experimentación y no se puede evitar.

Según sus fuentes los errores se pueden clasificar en:

- **Accidentales:** los que ocurren al azar y no se pueden predecir. Por ejemplo, al parar el cronómetro en ocasiones pulsamos antes y otras, después.
- **Sistemáticos:** los que se producen siempre en el mismo sentido y en igual proporción. Por ejemplo, un cronómetro que vaya a más velocidad de la debida.

ACTIVIDADES

5. Recordarás del curso pasado el estudio de los gases. Te proponemos que estudies cualitativamente (sin tomar datos numéricos) las relaciones entre las magnitudes temperatura *(T)*, presión *(p)* y volumen *(V)* de un gas.

Como son tres magnitudes, mantendremos una como control y las otras dos como variables.

a) ¿Qué combinaciones control-variables debemos realizar?

b) Para cada una de ellas, idea un experimento que permita observar la relación entre sus variables. Identifica cuál de ellas actúa como independiente.

c) Lleva a cabo el experimento y trata de obtener conclusiones.

d) Elabora un artículo donde expongas todo el estudio que has realizado.

2.4. Análisis de datos

Habrás observado que en un experimento se obtienen muchos datos. Se necesita organizar la información y, para ello, se dispone de tablas y gráficas.

Tablas

La manera más simple de organizar la información es tabularla, colocarla en filas o columnas de manera que aparezcan relaciones entre diferentes magnitudes.

Una tabla consta de un encabezado y una serie de datos y pueden escribirse en horizontal o vertical.

Habitualmente se coloca primero la variable independiente.

Encabezado: deben llevar la magnitud y la unidad.

Conjunto de datos: cada pareja (*V* , *p*) representa un dato experimental.

V (cm^3)	*p* (atm)
4	20
5	16
8	10
10	8
16	5
20	4

Variable independiente

Variable dependiente

Rango de actuación: valores utilizados por la variable

Gráficas

Observar dependencias a partir de una tabla es bastante difícil. Para ello, el investigador realiza una **representación gráfica** de los datos de la tabla.

SABÍAS QUE..

Si se manipula un gráfico se puede inducir a falsas percepciones.

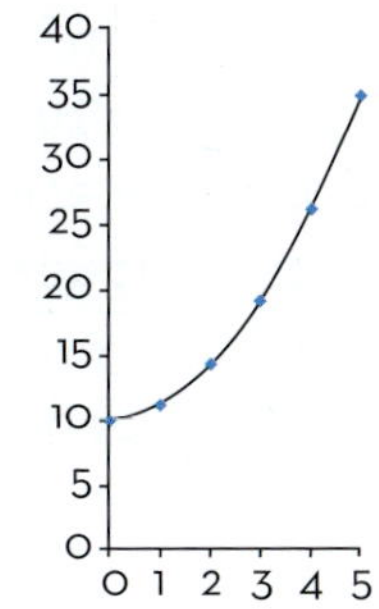

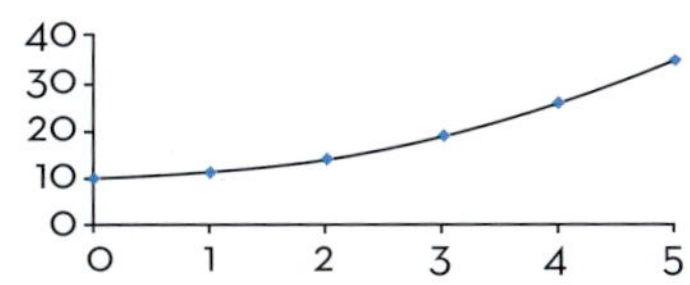

Los dos gráficos anteriores corresponden al mismo conjunto de datos, pero la percepción de evolución es diferente.

EJEMPLO RESUELTO

1. Representa gráficamente la tabla de datos del epígrafe 2.4.

Solución

a) Identifica la variable independiente y determina su rango de actuación:

$$V\,(cm^3) \Rightarrow [\,0\,,\,25\,]$$

b) Identifica la variable dependiente y determina su rango de actuación:

$$p\,(atm) \Rightarrow [\,0\,,\,25\,]$$

c) Localiza los puntos de la tabla a partir de los ejes.

d) Une con una línea de un solo trazo todos los puntos.

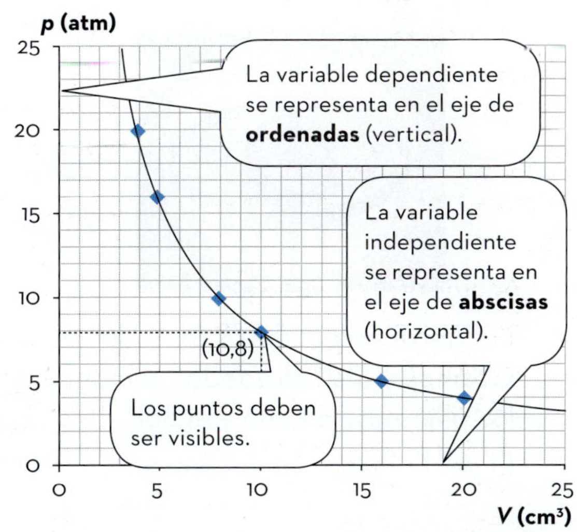

ACTIVIDADES

6. Representa gráficamente la siguiente tabla:

t (s)	0	1	2	3	4	5	6	7
e (m)	300	295	280	255	220	175	120	55

2.5. Leyes y teorías

SABÍAS QUE..

Con el avance de la ciencia, antiguas leyes dejan paso a otras nuevas que describen el fenómeno con mayor exactitud. Sin embargo, en ocasiones, las primeras siguen utilizándose por ser más fáciles y dar buenos resultados aproximados.

Una vez que se han analizado los datos, podemos comprobar si las hipótesis planteadas son o no correctas. Que no sean correctas no es un fracaso: saber que algo no se cumple es más conocimiento que no saber nada.

Sin embargo, nos lleva a volver al primer paso: convertir el análisis de resultados en una nueva observación para comenzar otra vez. El método científico es un círculo cerrado que siempre vuelve al inicio.

Si las hipótesis han sido confirmadas podemos construir dos instrumentos:

- **Leyes:** describen el fenómeno tal y como ha ocurrido y ocurrirá siempre. Pueden ser formuladas en forma de expresión verbal o expresión matemática. Deben ser siempre ciertas y exactas, sin excepciones.

Las **leyes científicas** son hipótesis confirmadas por la experiencia.

- **Teorías:** relacionan múltiples fenómenos conocidos, proponen nuevas relaciones entre variables y permiten realizar nuevas predicciones.

Las **teorías científicas** tratan de explicar el porqué de un fenómeno, las causas que lo provocan y de las cuales se derivan las leyes conocidas.

EJEMPLO RESUELTO

2. **Razona y justifica la evolución desde la teoría geocéntrica hasta la heliocéntrica.**

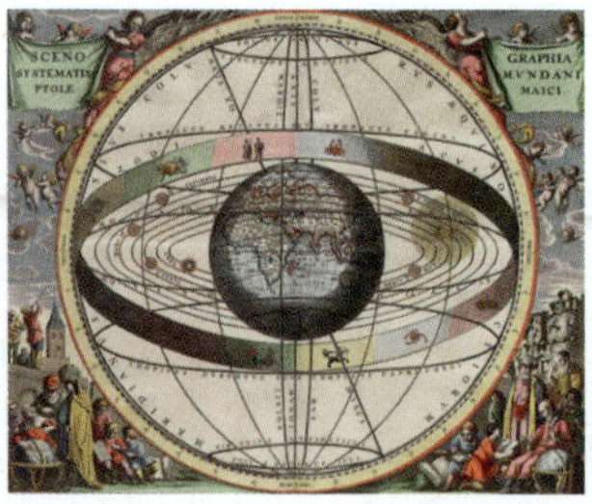

La Tierra es el centro de todo el Cosmos y a su alrededor orbitan los planetas, la Luna y el Sol.

El ser humano como centro.

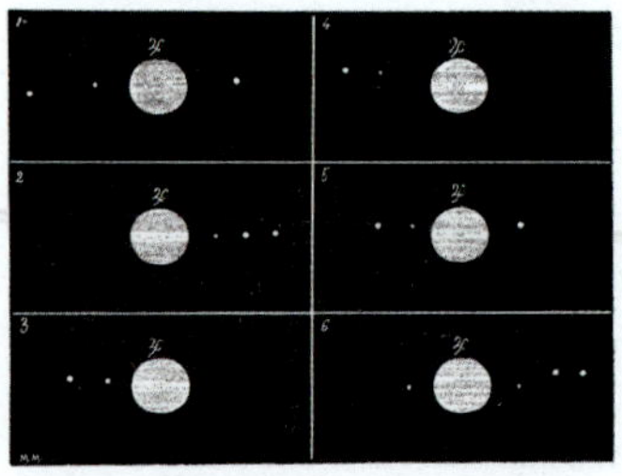

En 1609 Galileo apunta su telescopio a Júpiter y observa unos cuerpos (sus lunas) dar vueltas alrededor de él.

El sistema heliocéntrico de Copérnico comienza a ser aceptado.

El ser humano no es el centro del Universo.

ACTIVIDADES

7. **Investiga la definición y expresión de las siguientes leyes y verifica que cumple las características para serlo: ley de Hooke y las tres leyes de Newton de la dinámica.**

8. **Investiga y realiza un póster con las diferencias que existen entre la teoría de la gravedad de Newton y la teoría de la relatividad de Einstein.**

2.6. Publicación: el informe científico

Cuando a consecuencia de un experimento se consigue una ley o se propone una teoría es necesario que toda la comunidad científica conozca los resultados: es lo que se conoce con el nombre de **publicación científica**.

> La **publicación científica** es un determinado tipo de texto muy especializado, cuya finalidad es poner en común los descubrimientos e ideas que un determinado equipo ha logrado.

La divulgación permite que la investigación sea **comprobada** por otros estudiosos, que pueden **refutar** sus resultados al repetir el experimento o **rebatir** sus razonamientos al hablar de teorías.

El **informe científico** consiste en una serie de puntos que transmiten de manera ordenada la información. Con pequeñas diferencias según la finalidad, se pueden concretar en:

Portada

En ella debe aparecer:

Título: breve, conciso y explicativo.

Autores.

Fecha de la investigación.

Lugar.

Resumen

Se realiza un resumen breve sobre la finalidad de la investigación, experimentos realizados y resultados obtenidos.

El resumen debe tener una copia en lengua inglesa, independientemente del idioma del artículo.

Introducción

¿Qué vamos a estudiar y por qué?

Incluye una descripción clara y precisa del problema que abordamos, de las hipótesis que hay que comprobar, un adelanto del experimento realizado y los principales resultados.

Metodología

Dividido en dos partes:

- Material: enumeración del material utilizado. ¿Con qué hemos trabajado?
- Procedimiento: descripción del camino seguido en la investigación. ¿Cómo lo hemos hecho?

Resultados

¿Qué hemos obtenido?

Se muestran los resultados del experimento en forma de tablas y gráficas.

Análisis de los resultados

¿Qué interpretamos?

Se realiza un estudio cuantitativo de los datos obtenidos. Se discuten las hipótesis planteadas en la introducción para convertirlas en leyes o abandonarlas.

Conclusiones

¿Cuál es la conclusión?

Se resumen los principales puntos de la investigación, centrándose en los resultados obtenidos y en las conclusiones alcanzadas.

Bibliografía

¿En qué nos apoyamos?

Toda investigación tiene apoyo en fuentes externas. Se deben incluir los materiales consultados:

- Libros.
- Páginas web.
- Revistas.

SABÍAS QUE..

Considerada como antecesora de la química, la **alquimia** no cumple muchos de los pasos del método científico. Entre otros, sus seguidores nunca publicaban sus hallazgos o lo hacían utilizando claves que solo conocían unos pocos.

ACTIVIDADES

9. Ahora es el momento de que retomes tus apuntes sobre la práctica inicial del péndulo y realices el informe científico sobre tus investigaciones. Tu profesor te indicará si debes realizarlo de forma individual o en grupo.

3 Tipos de funciones

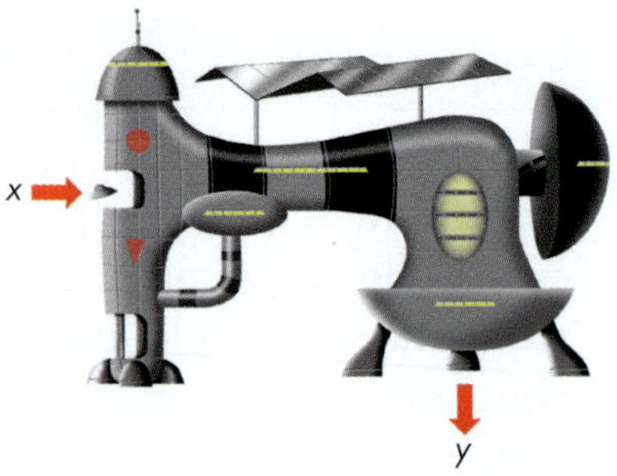

Una función es una construcción que permite obtener un resultado *y* a partir de una entrada *x*.

Cuando analizas los datos de un experimento, una de las principales herramientas de que se dispone para averiguar la relación entre las variables son las **gráficas,** y habrás comprobado que estas pueden ser de muchas y variadas formas. Cada una de esas formas corresponde a una **función** matemática.

> Una **función matemática** es una relación que permite asignar el valor de una variable denominada dependiente (*y*) a partir de otra variable denominada independiente (*x*) mediante una expresión matemática.

EJEMPLO RESUELTO

3. Sea la función matemática $y = 3 \cdot x + 2$. Calcula:

a) el valor de y cuando x = 4 ***b)*** el valor de x cuando y = 4

Solución

a) Basta con sustituir el valor de $x = 4$ en la función y determinar *y*:

$$y = 3 \cdot x + 2; \quad y = 3 \cdot (4) + 2 = 12 + 2 = 14; \quad y = 14$$

b) Basta con sustituir el valor de $y = 4$ en la función y determinar *x*:

$y = 3 \cdot x + 2$ $4 = 3 \cdot x + 2$ pasamos el 2, restando a la izquierda:

$4 - 2 = 3 \cdot x$ $2 = 3 \cdot x$; pasamos el 3 dividiendo $\frac{2}{3} = x$

Por suerte, en la naturaleza, la gran mayoría de las gráficas que obtenemos son similares y se pueden agrupar en unas pocas funciones. De todas ellas, tú vas a estudiar cuatro. El procedimiento es sencillo:

- Colocamos los datos en una tabla y realizamos su representación gráfica.
- Según su forma, proponemos una función matemática que relacione las variables implicadas.
- Determinamos la expresión matemática que relaciona dichas variables.

Ahora nos queda ver cuáles son estas funciones matemáticas.

ACTIVIDADES

10. Sea la función $y = x - 5$. Determina:

a) el valor de *y* cuando $x = 2$.

b) el valor de *x* cuando $y = 2$.

11. La relación entre la presión (*p*) de un gas en atmósferas y el volumen (*V*) que ocupa en litros responde a la función $p = \frac{80}{V}$. Calcula:

a) ¿Qué presión de obtiene si el volumen es de 25 litros?

b) ¿Cuál es el volumen a una presión de 20 atmósferas?

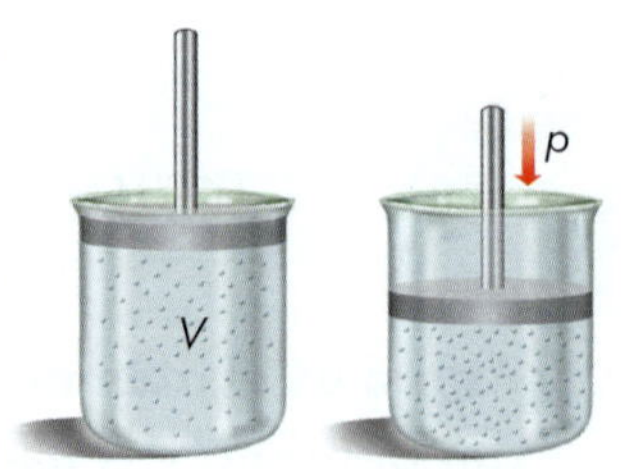

3.1. Función proporcional

Su representación gráfica corresponde a una recta que pasa por el origen.

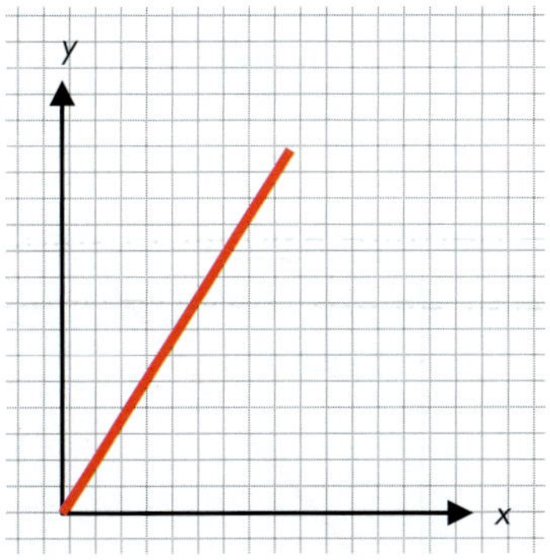

La expresión matemática es:

$$y = k \cdot x$$

siendo k una constante que se debe determinar; en el caso de la función proporcional se llama **pendiente** de la recta.

Para calcularla, despejamos de la expresión y obtenemos

$$y = k \cdot x \rightarrow k = \frac{y}{x}$$

Pero:

¿qué valor tomamos para x e y?

La solución es calcular todos los posibles valores de k y determinar la media de todos ellos.

Para ello, añadimos una columna a la tabla para conseguir determinar la constante de cada pareja

x	y	$k = y/x$
x_1	y_1	k_1
x_2	y_2	k_2
...	...	...
x_N	y_N	k_N

y determinamos el valor de k como la media de sus valores:

$$k = \frac{k_1 + k_2 + \cdots + k_N}{N}$$

Ya podemos escribir el valor exacto de la función que describe el comportamiento de los datos:

$$y = k \cdot x$$

EJEMPLO RESUELTO

4. La siguiente tabla muestra la relación masa-volumen para una sustancia. Establece la función matemática que mejor describe su relación.

m (kg)	2	3	6	8
V (cm^3)	9	13	28	36

Solución

a) Realizamos la representación de los datos. Como obtenemos una recta que pasa por el origen, deducimos que obedece a una función proporcional

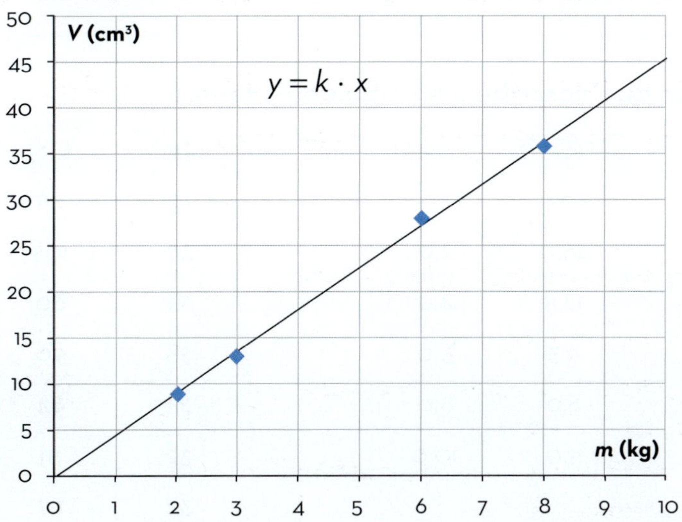

b) Adaptamos la función a las magnitudes de nuestro problema y determinamos cómo debemos calcular la constante k:

$$\left.\begin{array}{l} m \equiv x \\ V \equiv y \end{array}\right\} \Rightarrow V = k \cdot m \quad \text{donde: } k = \frac{V}{m}$$

c) Realizamos los cálculos para cada pareja de datos y obtenemos el valor medio de k:

m (kg)	2	3	6	8
V (cm^3)	9	13	28	36
$k = V / m$	4,5	4,33	4,67	4,5

$$k = 4{,}5 \text{ cm}^3/\text{kg}$$

d) Escribimos la función matemática solicitada:

$$V = 4{,}5 \cdot m$$

3.2. Otras funciones

Existen muchas otras funciones matemáticas que fácilmente se relacionan con la representación gráfica de los datos. Este curso trabajaremos tres más:

Nombre	**cuadrática** o **parabólica**	**hiperbólica** o **inversa**	**lineal** o **afín**
Descripción	curva que pasa por el origen	curva asíntota a los ejes	recta que no pasa por el origen
Representación gráfica	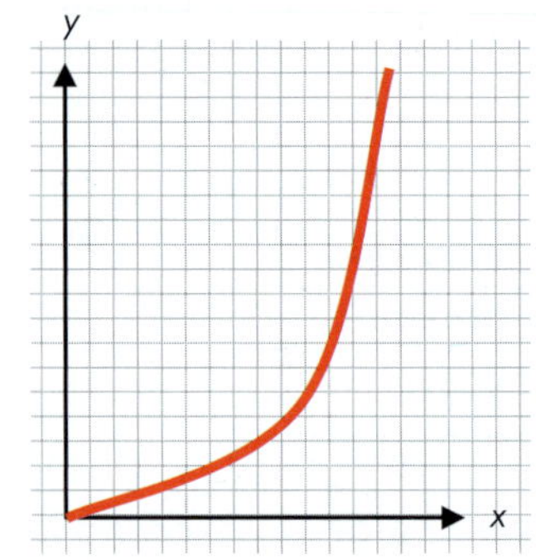	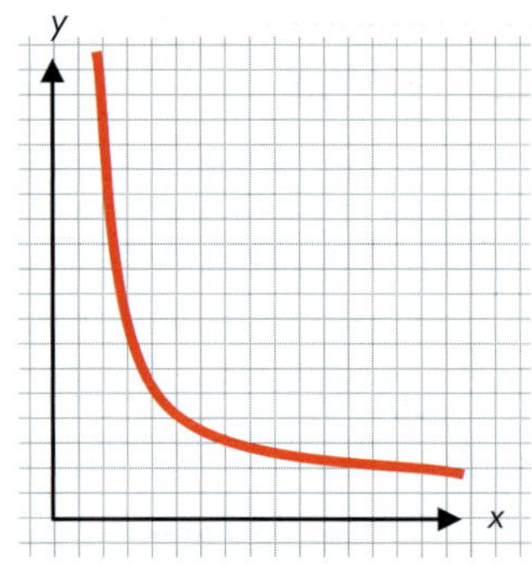	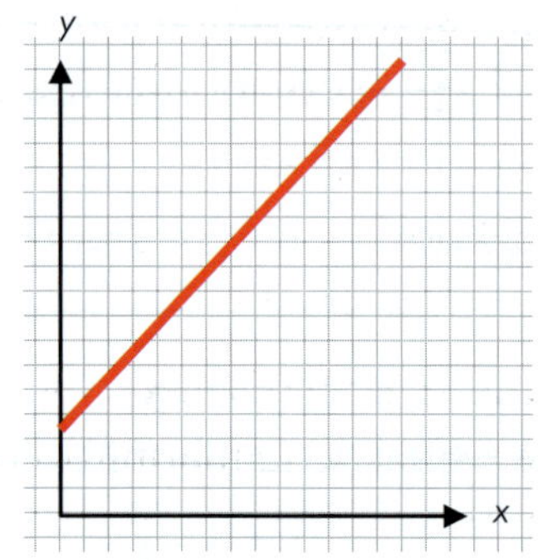
Función matemática	$y = k \cdot x^2$	$y = \frac{k}{x}$	$y = k \cdot x + n$
Cálculo de la constante	$k = \frac{y}{x^2}$	$k = y \cdot x$	Dejaremos para cursos superiores la forma de determinar sus valores.

EXPERIMENTA ¿A qué velocidad sube un ascensor?

1. Vas a determinar a qué ritmo sube un ascensor. Para ello deberás medir, en primer lugar, la altura de un piso, desde el suelo de un rellano hasta el suelo del de arriba. Después, sube directamente desde la planta baja hasta el último y mide el tiempo que tardas en pasar por cada piso. Saber cuándo estás en cada uno de ellos es difícil, así que tendrás que realizar tres veces el trayecto y tomar la media de los tiempos medidos para cada piso. Realiza la gráfica tiempo-altura y obtén la función. Su constante será la velocidad del ascensor.

ACTIVIDADES

12. Realiza la representación gráfica y determina la función que describe a las siguientes tablas.

l (m)	F (N)
0,00	0
0,40	25
1,21	79
2,05	125
2,81	182
3,50	227
4,00	260

t (s)	e (m)
0,00	0
1,00	1,4
2,00	5,8
3,00	13,7
4,00	23,8
5,00	37,5

V (cm^3)	p (atm)
50,0	1,0
26,0	2,0
12,5	4,0
9,5	5,0
6,0	8,0
5,0	10,0

l (m)	t (s)
10	45
30	105
15	60
25	90
23	84
32	111
34	117

3.3. Interpolación y extrapolación

Los datos experimentales son solo unos pocos de todos los posibles valores que pueden tomar las variables a estudio. Cuando deseamos conocer valores que no aparecen en las tablas acudimos a la gráfica o a la función.

A partir de la gráfica

Sobre la representación gráfica se comienza por el eje correspondiente a la magnitud que nos dan como dato.

Se siguen las líneas de representación hasta llegar a la función.

Después, se finaliza por el otro eje, obteniendo el valor de la magnitud desconocida.

Por ejemplo, la gráfica adjunta muestra relación entre la presión y el volumen para un gas a temperatura constante. Determina el valor de la presión (p) cuando el volumen es de 13 cm^3?

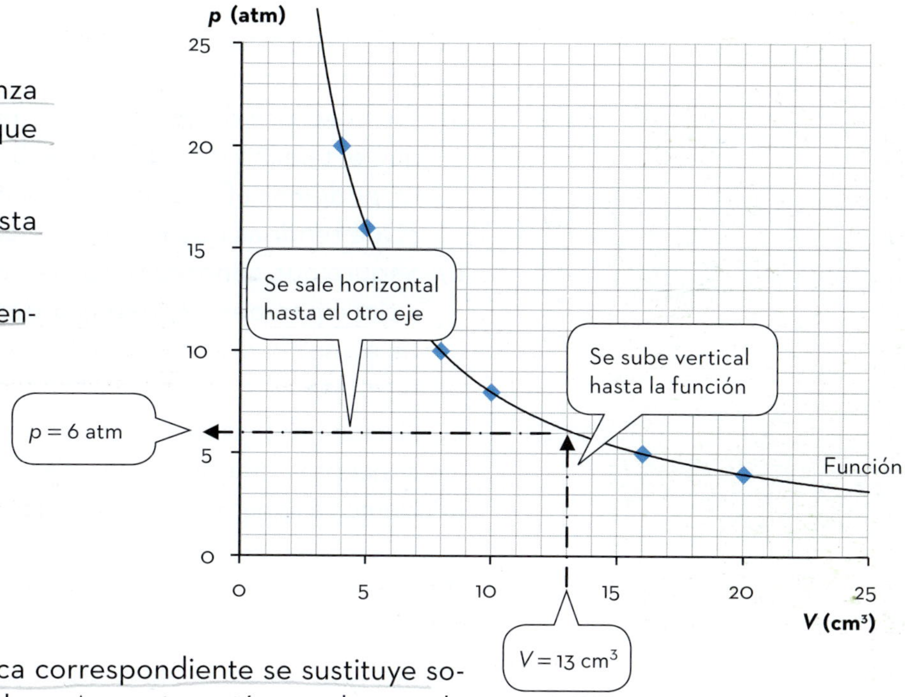

A partir de la función

Una vez determinada la función matemática correspondiente se sustituye sobre ella la magnitud que nos den como dato. A continuación, se despeja la magnitud desconocida.

Según donde se localicen los valores que hay que determinar, distinguimos:

- **Interpolación:** cuando los datos que hay que determinar están **dentro** del rango de valores de los datos experimentales. En este caso el error cometido suele ser pequeño.
- **Extrapolación:** cuando los datos que hay que determinar están **fuera** del rango de valores de los datos experimentales. En este caso el error cometido aumenta cuanto más nos alejemos del rango experimental.

ACTIVIDADES

13. Una moto de carreras arranca desde la línea de salida. Se mide el tiempo que tarda en pasar por determinados puntos de la recta de aceleración y los valores obtenidos son:

t (s)	2	3	5	7	8	10
e (m)	14	32	88	170	220	350

a) Realiza la representación gráfica y determina la función matemática que la describe.

b) ¿Dónde se encontrará a los cuatro segundos?

c) ¿Cuándo está a 126 metros de la salida?

d) ¿A qué distancia del punto de salida está a los doce segundos?

e) ¿En cuáles de los apartados anteriores has interpolado y cuándo has extrapolado?

4 Magnitudes y su medida

Ya hemos comentado que el origen de la ciencia consiste en evitar la subjetividad del observador. Para eso necesitamos utilizar un lenguaje que no conlleve inexactitudes: el **lenguaje matemático.**

PIENSA Y RAZONA

a) En un eclipse de Sol total, la Luna oculta al astro por completo. Esto indica que el tamaño de la Luna y el Sol en el firmamento es muy similar. Por tanto, podemos afirmar que su diámetro es semejante. ¿Crees que es cierto? ¿Qué tendrías que hacer para saber si son diferentes?

b) Seguro que conoces personas más buenas y simpáticas que otras. Si eliges a cinco personas, ¿puedes ordenarlas en orden creciente de bondad? ¿Sería el mismo orden que piensa tu compañero?

Si relacionamos las matemáticas con los números, podemos asignar un valor a los conceptos que queramos observar. Pero ¿cómo asignamos esos números? ¿Podemos asignar números a todas las propiedades? La respuesta es negativa.

Medir: comparar una **magnitud** con otra de la misma naturaleza denominada **unidad.** El número de veces que se repite se denomina **valor.**

Magnitud: todo concepto que se pueda **medir.**

Unidad: cantidad patrón utilizada para comparar una **magnitud.**

Para una persona

Son **magnitudes:**
- Altura
- Edad
- Masa
- Volumen
- IMC

No son **magnitudes:**
- Belleza
- Bondad
- Inteligencia
- Amor
- Experiencia

Si queremos **medir** el ancho de una tabla

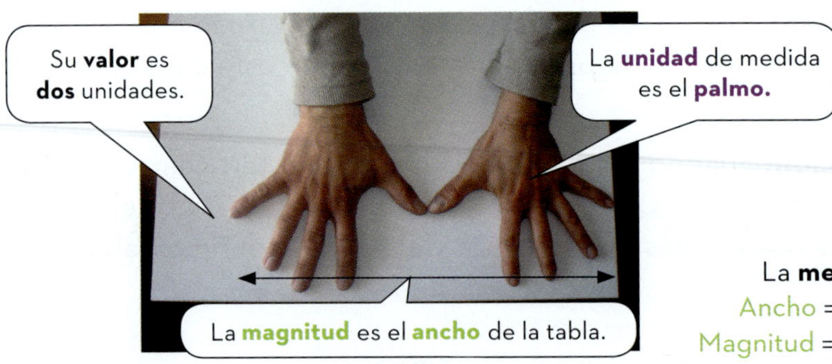

La **medida** es:
Ancho = 2 palmos
Magnitud = valor unidad

ACTIVIDADES

14. Enumera cinco propiedades de tu mesa que sean magnitudes y tres que no lo sean.

15. Identifica todas las medidas, magnitudes, valores y unidades del siguiente texto:

«A sus 23 años es el campeón más joven de la historia, al haber batido el récord del circuito al recorrer los 2 450 m en un tiempo de 49 segundos, montado en una motocicleta de 150 kg y 795 cc de cilindrada, con lo que su velocidad media ha sido de 180 km/h.»

16. En un examen, un alumno contesta que la masa de un cuerpo es 30. ¿Por qué suspendió?

4.1. Magnitudes fundamentales y derivadas

Diferentes países utilizan distintos sistemas de medida, como el anglosajón o el sistema técnico. Para uniformizar criterios utilizamos el Sistema Internacional (SI). En él, por acuerdo, solo se consideran siete magnitudes **fundamentales,** aquellas que no proceden de ninguna otra.

A cada una se le asigna una **unidad patrón,** que puede ser fácilmente medida por cualquier experimentador y que proporcionará siempre el mismo resultado.

El resto de magnitudes se consideran **derivadas** porque se obtienen de la combinación de diversas magnitudes fundamentales.

Por ejemplo, la velocidad es la combinación de longitud y tiempo y por eso se mide en metros por segundo. La superficie es largo (longitud) por ancho (longitud) y se mide en metros cuadrados (m^2).

Unidades básicas del sistema internacional (SI)

Magnitudes	Unidad
Longitud	metro (m)
Masa	kilogramo (kg)
Tiempo	segundo (s)
Intensidad eléctrica	amperio (A)
Intensidad luminosa	candela (cd)
Temperatura	kelvin (K)
Cantidad de sustancia	mol (mol)

4.2. Múltiplos y submúltiplos

Un año-luz equivale a 9 460 730 472 580 800 metros, pero estarás de acuerdo en que no es un número cómodo. Para solucionar el problema se utilizan los múltiplos y submúltiplos, que no es más que usar unidades diez, cien o mil veces mayores o menores que la original.

Aunque ya sabrás convertir entre ellos, ahora te mostraremos un procedimiento que, a la larga, es mucho más eficaz: el **factor de conversión.**

10^{12}	T	tera
10^{9}	G	giga
10^{6}	M	mega
10^{3}	k	kilo
10^{2}	h	hecto
10^{1}	da	deca
1	--	**unidad**
10^{-1}	d	deci
10^{-2}	c	centi
10^{-3}	m	mili
10^{-6}	μ	micro
10^{-9}	n	nano
10^{-12}	p	pico

Veamos un ejemplo: convirtamos 3 200 m en km:

1. Se pone la misma unidad que tenemos, pero a la inversa
2. Se coloca la unidad que queremos conseguir
3. A la unidad **más grande** le ponemos un uno
4. Colocamos la relación entre la unidad inicial y final (cada salto × 10)

$$3\,200 \text{ m} \cdot \left(\frac{\text{km}}{\text{m}}\right) \Rightarrow 3\,200 \text{ m} \cdot \left(\frac{1 \text{ km}}{1\,000 \text{ m}}\right)$$

Operamos:

$$3\,200 \cancel{\text{m}} \cdot \left(\frac{1 \text{ km}}{1\,000 \cancel{\text{m}}}\right) = \frac{3\,200 \cdot 1}{1\,000} \text{ km} = 3{,}2 \text{ km}$$

ACTIVIDADES

17. Convierte las siguientes unidades:

a) 22 hm → cm *b)* 3,8 daL → mL *c)* 732 mg → dg *d)* 24 000 ms → s *e)* 0,75 Gg → hg

f) 87 600 s → ks *g)* 250 μm → cm *h)* 1,5 M€ → € *i)* 25 $ → c$ *j)* 1 mK → K

18. ¿Cuántos kilosegundos hay en una hora?

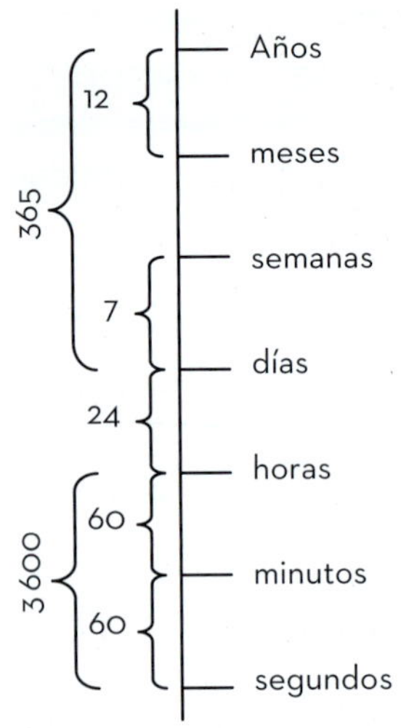

El tiempo utiliza una conversión especial que puede precisar más de un factor de conversión. Por ejemplo: ¿cuántos minutos son tres semanas?

$$3 \text{ semanas} \cdot \left(\frac{7 \text{ días}}{1 \text{ semana}}\right) \cdot \left(\frac{24 \text{ horas}}{1 \text{ día}}\right) \cdot \left(\frac{60 \text{ min}}{1 \text{ hora}}\right) = 30\,240 \text{ min}$$

Gracias al factor de conversión podemos convertir cualquier unidad por compleja que sea.

Magnitudes derivadas

Aplicaremos tantos factores como magnitudes haya que convertir.

Por ejemplo: convierte 72 km/h en m/s. Hay dos magnitudes para convertir:

$$\left.\begin{array}{l} \text{km} \Rightarrow \text{m} \\ \text{h} \Rightarrow \text{s} \end{array}\right\} \Rightarrow 72 \frac{\text{km}}{\text{h}} \cdot \left(\frac{1\,000 \text{ m}}{1 \text{ km}}\right) \cdot \left(\frac{1 \text{ h}}{3600 \text{ s}}\right) = \frac{72 \cdot 1\,000}{1 \cdot 3600} \cdot \frac{1\text{m}}{1\text{s}} = 20 \frac{\text{m}}{\text{s}}$$

CIENCIA 2.0

El INTEF es un instituto que posee muchas aplicaciones interactivas. En la siguiente puedes trabajar con los factores de conversión:

goo.gl/1hxSWa

Magnitudes de orden superior

También se aplica en el caso de que aparezcan magnitudes cuadradas, cúbicas o superiores.

Por ejemplo: ¿cuántos cm^2 corresponden a una habitación de 5 m^2?

$$5 \text{ m}^2 \cdot \left(\frac{100 \text{ cm}}{1 \text{ m}}\right)^2 = 5 \text{ m}^2 \cdot \left(\frac{100^2 \text{ cm}^2}{1^2 \text{ m}^2}\right) = \frac{5 \cdot 100^2}{1^2} \text{ cm}^2 = 50\,000 \text{ cm}^2$$

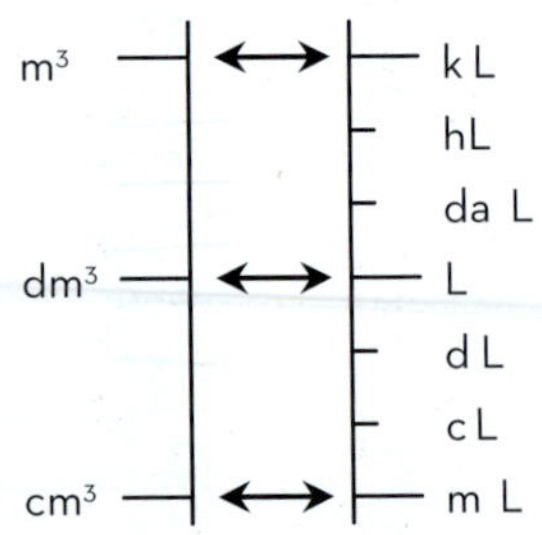

Una mención especial merece la conversión de unidades de capacidad, ya que utiliza indistintamente dos sistemas: unidades cúbicas y litros. Sin embargo, el uso del factor de conversión soluciona el problema.

Por ejemplo: tenemos una piscina de 5 × 3 × 2 m. ¿Cuántos litros hacen falta para llenarla? Tenemos dos posibilidades, y ambas son válidas:

$$\text{m}^3 \rightarrow \text{dm}^3 \rightarrow \text{L} \quad 30 \text{ m}^3 \cdot \left(\frac{1\,000 \text{ dm}^3}{1 \text{ m}^3}\right) \cdot \left(\frac{1 \text{ L}}{1 \text{ dm}^3}\right) = 30\,000 \text{ L}$$

$$\text{m}^3 \rightarrow \text{kL} \rightarrow \text{L} \quad 30 \text{ m}^3 \cdot \left(\frac{1 \text{ kL}}{1 \text{ m}^3}\right) \cdot \left(\frac{1\,000 \text{ L}}{1 \text{ kL}}\right) = 30\,000 \text{ L}$$

ACTIVIDADES

19. Convierte las siguientes unidades:

a) 126 km/h → m/s *b)* 8 m/s → km/h

c) 30 hm^2 → m^2 *d)* 3 dam^3 → cm^3

e) 330 cm^3 → L *f)* 540 µm·g/s → cm · kg/h

g) 1,40 €/L → k€/m^3 *h)* 34 L/dm^2 → m^3/m^2

20. Cuando un avión rompe la barrera del sonido es porque viaja más rápido que este. Si la velocidad del sonido es de 330 m/s, ¿cuál es la velocidad del avión en km/h?

21. El caudal del río Amazonas es de 0,215 hm^3/s. ¿Cuántos metros cúbicos vierte al océano por segundo? ¿Y L/s? ¿Cuántos km^3 al año llegan al océano? ¿Cómo se llama este océano y qué países atraviesa el río?

4.3. Notación científica

Cuando los números son muy grandes o muy pequeños, las matemáticas nos aportan una forma más sencilla de escribirlos: las potencias de diez. La norma es dejar solo la unidad y que el resto de cifras sean decimales:

$$356\,700\,000\,000 = 3{,}567 \cdot 100\,000\,000\,000 = 3{,}567 \cdot 10^{11}$$

Solo dejamos una cifra antes de la coma.

$$0{,}000\,008\,76 = \frac{8{,}76}{1\,000\,000} = 8{,}76 \cdot 10^{-6}$$

También debes saber escribir el número con todas las cifras:

$$1{,}023 \cdot 10^{10} = 1{,}023 \cdot 10\,000\,000\,000 = 10\,230\,000\,000$$

Con el **exponente positivo (negativo),** movemos la coma a la **derecha (izquierda)** tantas posiciones como indique el exponente.

$$7{,}603 \cdot 10^{-5} = \frac{7{,}603}{100\,000} = 0{,}000\,076\,03$$

> **RECUERDA**
>
> El uso de potencias simplifica la forma de escribir números:
>
> $$a^{-n} = \frac{1}{a^n}$$
>
> Ejemplos:
>
> $$10^3 = 1000$$
>
> $$10^8 = 100\,000\,000$$
>
> $$10^{-3} = \frac{1}{10^3} = 0{,}001$$

4.4. Conoce tus instrumentos

Verás que en el laboratorio existen diferentes instrumentos para medir la misma magnitud. ¿Por qué?

PIENSA Y RAZONA

Tienes que determinar la longitud de un lápiz y dispones de las reglas **A** y **B.** ¿Cuál utilizarías? ¿Cuál ha sido la razón para escogerla?

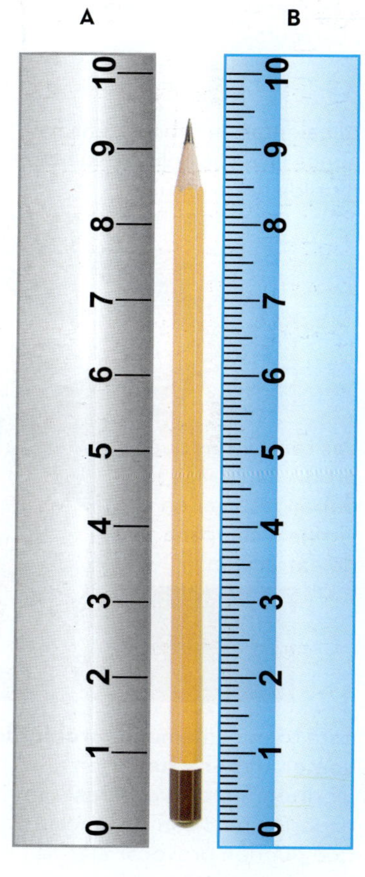

En todo instrumento debemos identificar dos características:

- **Precisión:** es la variación de magnitud más pequeña que el instrumento puede determinar. La regla **B** tiene una precisión de un milímetro, mientras que la regla **A** posee una precisión de un centímetro.
- **Sensibilidad:** es la capacidad del instrumento para responder ante pequeñas variaciones de magnitud que está midiendo. El termómetro de mercurio posee la misma precisión que el digital, sin embargo es mucho más sensible: detecta rápidamente pequeñas variaciones que el digital no aprecia.

ACTIVIDADES

22. Realiza los siguientes cambios de unidades utilizando la notación científica:

a) $3{,}4 \cdot 10^3$ cm² → dam² *b)* $7{,}4 \cdot 10^{-3}$ g/min → kg/h

c) 320 000 cL → dm³ *d)* 10^{12} cs → días

23. ¿Cuál es la precisión de los siguientes relojes?

Manuales de seguridad:
www.uv.es/qflab/
escoge:
castellano>descargas
y selecciona
Normas de seguridad.

5 Trabajo en el laboratorio

Una de las características esenciales de la ciencia es el trabajo de laboratorio. Este es el lugar donde habitualmente se llevan a cabo las experiencias que, de manera controlada, permitirán comprobar o negar las hipótesis. En ellos es fundamental cumplir una serie de normas de seguridad.

5.1. Normas de seguridad

Será tu profesor el encargado de dictaminar las normas exactas de cada laboratorio, pero como mínimo siempre debes cumplir las siguientes.

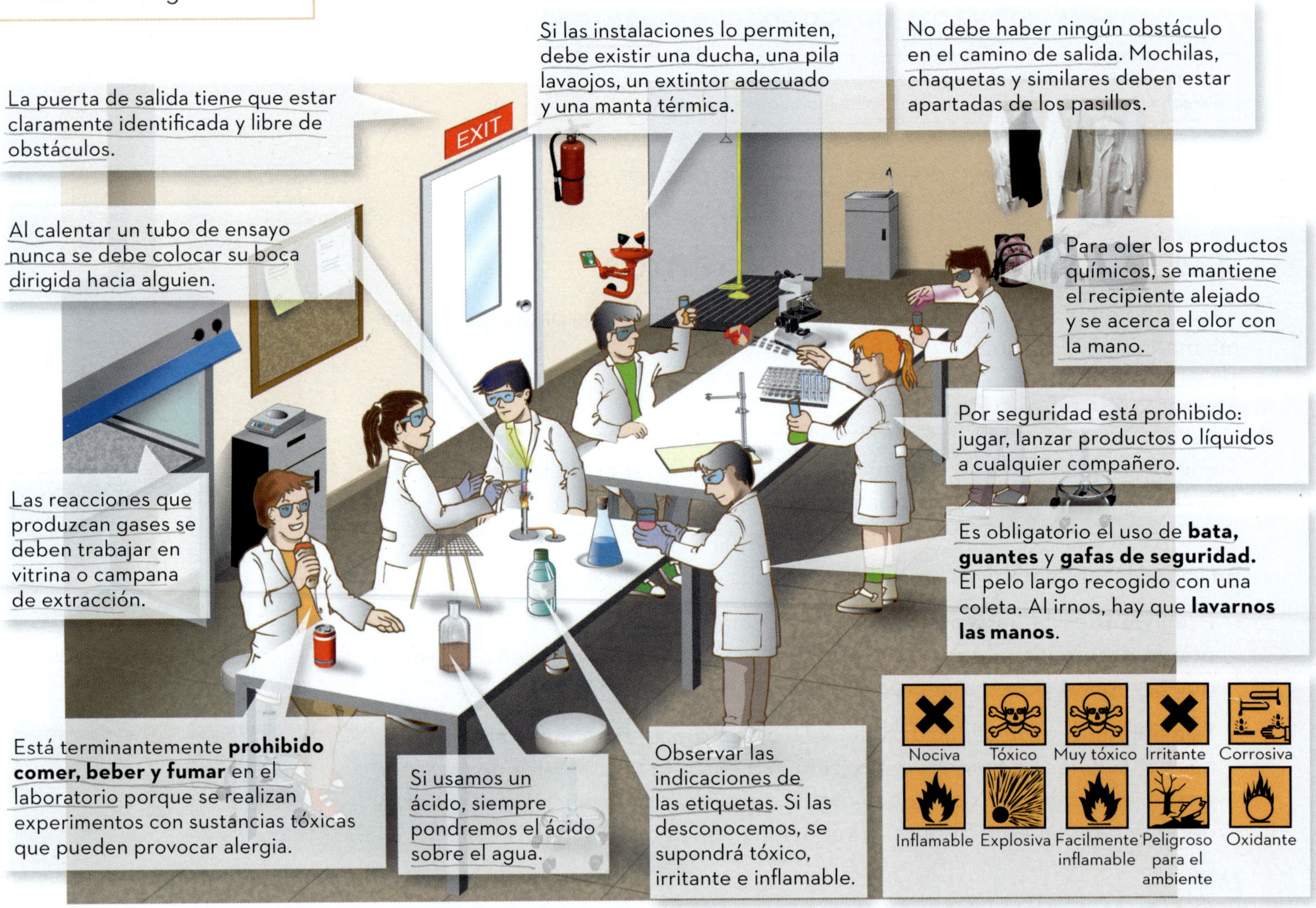

ACTIVIDADES

24. **En un laboratorio no hay que verter nunca agua sobre un fuego. Aunque es responsabilidad del profesor apagar una llama, busca información sobre los tipos de fuego y cómo controlar los siguientes:**

a) Un fuego de una mesa. *b)* Un fuego de alcohol. *c)* Un fuego de sodio.

5.2. Material de laboratorio

Como todo buen profesional, el investigador debe conocer y saber manejar sus herramientas. Las tuyas, a lo largo del curso, serán el material de laboratorio. Vamos a describir el material de química que es muy diverso y suele presentar problemas de entendimiento.

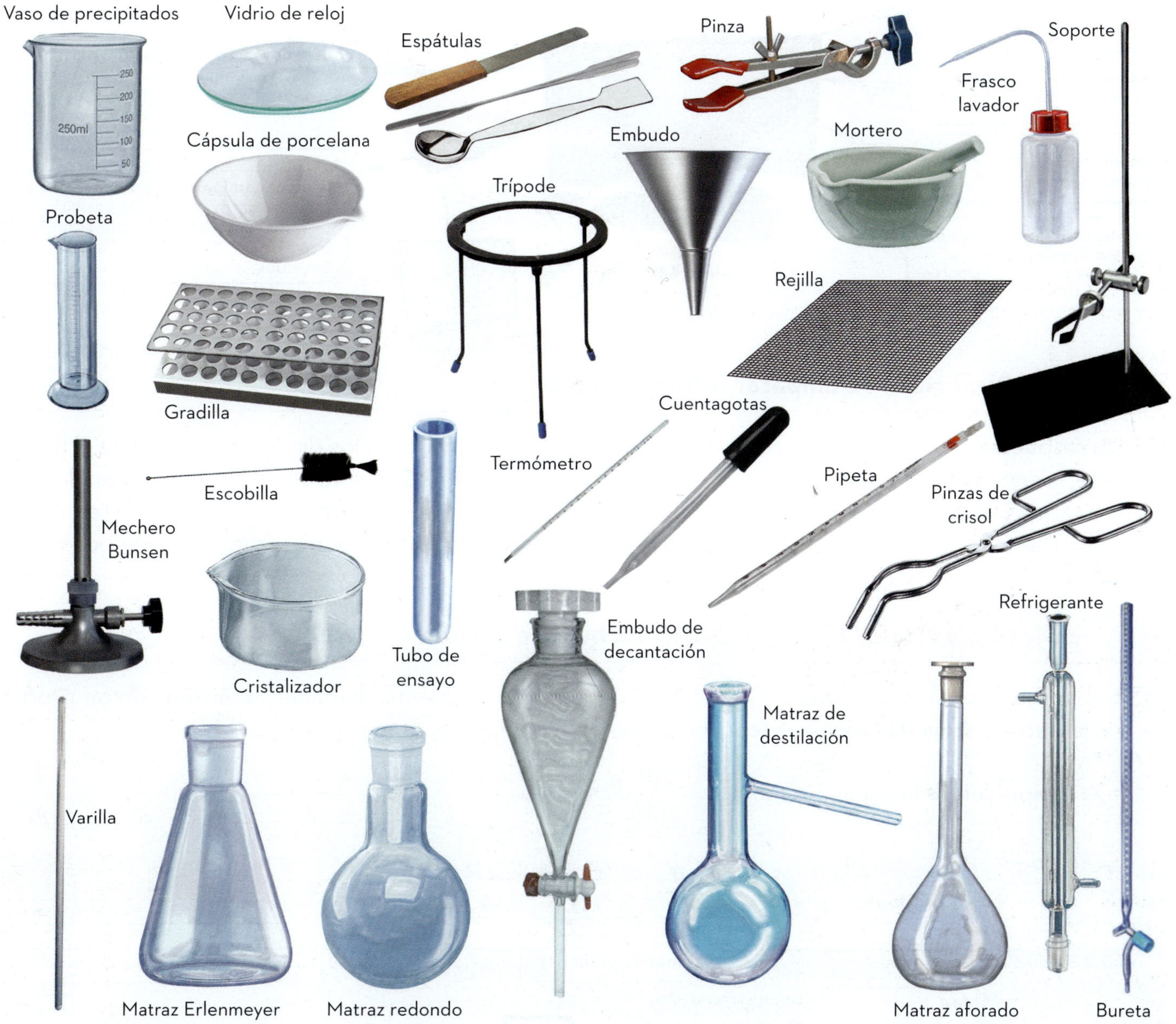

EL LABORATORIO EN EL AULA **Material de laboratorio**

1. Acude al laboratorio de tu centro y selecciona todo el material del epígrafe 5.2. Realiza una fotografía de cada uno de los utensilios que encuentres. Busca información sobre su uso habitual.
Realiza una presentación o un mural con las imágenes que hayas tomado. Junto a cada una debe aparecer su nombre y una explicación o tutorial sobre su forma de uso.
Es probable que encuentres instrumental que no aparece en esta unidad; en ese caso, incorpóralo también.

6 Ciencias y TIC

La información ya no está estática en un libro, fluye de persona a persona y con ello se enriquece. Para trabajar la información disponemos de multitud de herramientas que debemos saber utilizar.

EXPERIMENTA Comparar informaciones

2. Busca respuesta a dos cuestiones: ¿cómo se fabrica el jabón? ¿Existieron los dinosaurios? Emplea el buscador Google, la enciclopedia Wikipedia y otras dos herramientas de Internet que tú elijas. Usa un procesador de textos y anota la herramienta utilizada, su dirección URL y un resumen de la información que encuentres. Después, contrasta las informaciones y elabora una crítica de cada una. ¿Alguna proporciona información poco fiable?

EL LABORATORIO EN EL AULA La hoja de cálculo

2. Ya has aprendido a realizar tablas y gráficas en papel. Es el momento de hacer lo mismo con un programa especializado: la **hoja de cálculo.** Escogeremos el de *OpenOffice*, que es gratuito.

Vamos a representar la siguiente tabla:

t (s)	0	1	2	3	4	5
e (m)	0	3	12	27	48	75

6.1. Interpreta y redacta

En los medios de comunicación existe mucha información que pretende ser de carácter científico, pero en ocasiones adolece de grandes errores. Debes desarrollar un espíritu crítico y no creerte las cosas sin informarte antes.

No se puede dar una lista de sitios de confianza, pero existen determinados organismos e instituciones que permiten garantizar que su información está contrastada. Algunos de ellos son ciertas revistas y universidades.

Revistas de carácter científico generalista: publican artículos sobre cualquier tema considerados de transcendencia mundial. Sus comités de revisión son muy exigentes y solo los artículos más importantes aparecen en ellas:

- *Science* **(www.sciencemag.org):** sobre ciencia básica, física, química, matemáticas...
- *Nature* (**www.nature.com):** sobre ciencias aplicadas, biología, bioquímica, geología...
- *The Lancet* **(www.thelancet.com):** sobre medicina.

Revistas de divulgación científica: más adecuadas para el gran público ya que simplifican el lenguaje y evitan el desarrollo matemático. Un ejemplo sería *Scientific American* **(www.scientificamerican.com/espanol/)** o su variante en España: *Investigación y ciencia* **(www.investigacionyciencia.es).**

Universidades e Institutos de educación: aportan monográficos, trabajos y aplicaciones a disposición del público general. Entre ellas destacamos la Universidad de Colorado **(phet.colorado.edu),** que dispone de un conjunto muy amplio de *applets* que utilizaremos en este libro para estudiar muchos fenómenos que no se pueden mostrar en un laboratorio.

Existen infinidad de publicaciones que, bajo el epígrafe de científicas, aparecen en los medios y sobre todo en Internet, donde, a modo de blog, sirven de escaparate para las más variadas ideas. Muchas de ellas intentan transmitir nuevos descubrimientos desde una visión heterodoxa. Sin denostarlas, conviene adentrarse en sus contenidos con cautela, evitando la creencia dogmática y contrastando sus explicaciones.

SABÍAS QUE..

TIC son las siglas de Tecnologías de la Información y la Comunicación. Pero es mucho más: es una nueva forma de interaccionar entre las personas, los investigadores, el mundo y la información.

VOCABULARIO

Ortodoxa: opinión o creencia tenida como cierta por una gran mayoría.

Heterodoxa: opinión o doctrina que no está de acuerdo con la creencia de la mayoría.

Applet: aplicación generalmente basada en lenguaje java o HTML5 que permite ejecutar un programa en cualquier plataforma o sistema operativo.

ACTIVIDADES

25. El siguiente vídeo *El método científico no supone siempre una verdad* (goo.gl/ItIST6) muestra que, si bien el método ha permitido desarrollar la humanidad, no debe convertirse en dogma. Redacta una noticia sobre los entrevistados y sus argumentos.

26. Selecciona una noticia sobre ciencia del último mes. Prepara una presentación donde la enlaces de tres fuentes diferentes, indicando para cada una su grado de fiabilidad. Concluye con una crítica sobre cómo ha tratado la noticia cada fuente consultada. Finaliza exponiéndolo en clase.

MAPA CONCEPTUAL

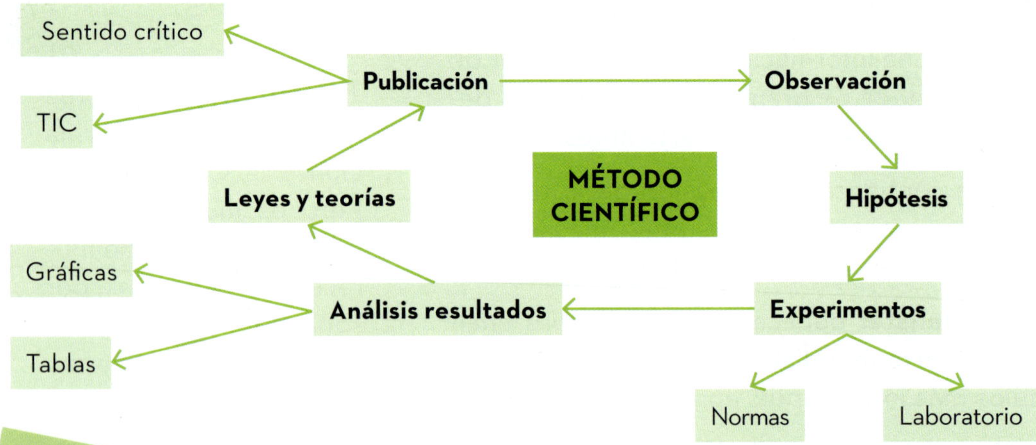

Copia el mapa en tu cuaderno y complétalo con:

- Los diferentes tipos de funciones (con sus gráficas).
- Las normas de seguridad más importantes.
- Diez instrumentos de laboratorio.
- Medida, magnitud y unidad.

MIRA A TU ALREDEDOR

¿Por qué los aviones dejan estelas blancas?

Son lo que se conocen como **estelas de condensación** o ***contrails.*** Los aviones que vuelan alrededor de los 10 km de altura (muy cerca de la tropopausa, el límite entre la troposfera y la estratosfera) expulsan **vapor de agua,** producido en la combustión en los motores de reacción del avión, y este **se condensa** formando estas **estelas blancas.**

La baja presión y la temperatura de aproximadamente **−40 ºC** provocan que el vapor de agua, al salir del motor, pase directamente del estado gaseoso a sólido, formando **cristales de hielo** que, además, reflejan la luz del sol intensamente. Son, por lo tanto, nubes formadas por cristalitos de hielo, que al formarse en capas altas se las puede clasificar como nubes cirriformes.

Entre los **factores** necesarios para su formación se encuentran: la humedad ambiental (cuanto mayor humedad mayor probabilidad de que persistan), el viento, que debe ser uniforme y no demasiado intenso, el grado de turbulencia y la ausencia de nubes en capas bajas que nos permita verlas.

noticias.eltiempo.es 7 de abril de 2014

Comentarista 1 (07/04/2014)

«Me ha encantado el artículo. Muy interesante. Siempre pensé que la estela era humo y espectacular la foto del avión con la estela cónica. No dejo de aprender cosas nuevas. Seguir con este tipo de artículos: sencillos amenos e instructivos.»

Comentarista 2 (12/04/2014)

«No te engañes Comentarista 1 investiga el bioterrorismo que hacer con estas fumigaciones se llaman CHEMATRAILS. Qué condensaciones esto es pura desinformación para encubrir las fumigaciones de tóxicos para enfermar a la población, un atentado terrorista del poder fáctico para manipular al pueblo. Sigan así manteniendo a la gente ignorante y borrega.»

Cuestiones

a) Analiza el texto, su fuente y los comentarios que aparecen. ¿Te merecen todos ellos credibilidad? Te recomendamos que observes la forma de escribir de cada uno, los errores cometidos, etc.

b) Realizad un debate en el aula sobre la credibilidad de las diferentes fuentes de información.

PRÁCTICA DE LABORATORIO

El calibre y la medida de dimensiones

Objetivo

Aprender a utilizar el calibre y desarrollar experiencia en la toma de la medida de dimensiones.

Introducción

El flexómetro o la regla permiten obtener medidas de hasta un milímetro, habitualmente, pero para determinar valores más pequeños, de cuerpos esféricos o redondos, o de cavidades, debemos acudir al **calibre,** también conocido como pie de rey.

a) **¿Cómo funciona?**

Se compone de una regla fija y un nonius, nonio o escala de Vernier (parte móvil). Para leer:

- Se mira sobre la regla fija el valor inmediatamente inferior al que marca el cero del nonius (**A**), lo que nos da el valor principal.
- Se mira sobre el nonius el único valor que coincide con una de las marcas superiores (**B**), lo que nos proporciona el siguiente decimal.

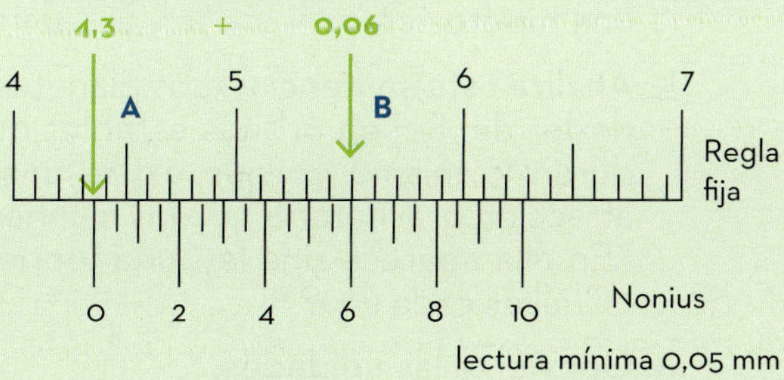

4,3 (A) + 0,06 (B) = 4,36

b) **¿Cómo se mide?**

El calibre permite medir grosores o exteriores, interiores y profundidades, así como saltos de escalón.

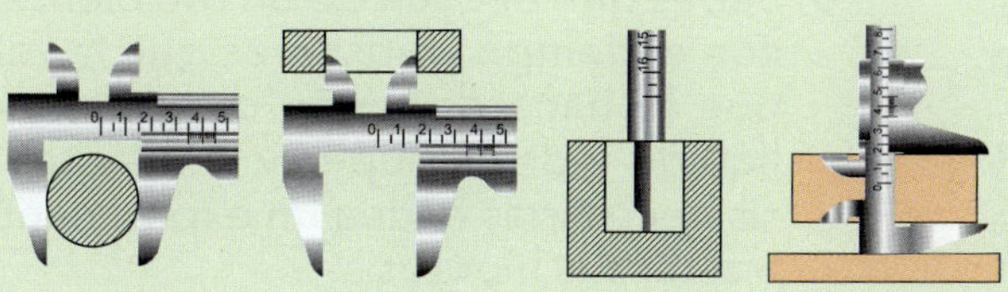

Material

Calibre

Esferas

Cilindros

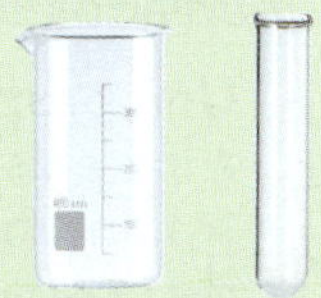

Interiores

Objetos: botellas, piedras, material escolar.

Procedimiento

Debes realizar, con toda la precisión posible, la medida de las **dimensiones internas** y **externas** (diámetros, longitudes, espesores...) de los diferentes objetos que te suministran. Con ellas, debes calcular la superficie exterior o interior, así como los volúmenes. Como ayuda te proporcionamos las fórmulas matemáticas que necesitas:

$S = 6 \cdot a^2$
$V = a^3$

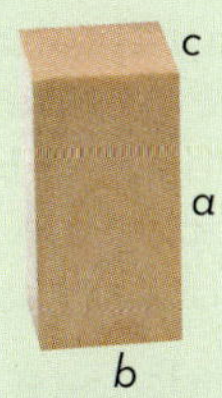

$S = 2 \cdot (a \cdot b + a \cdot c + b \cdot c)$
$V = a \cdot b \cdot c$

$S = 2 \cdot \pi \cdot r \cdot h + 2 \cdot \pi \cdot r^2$
$V = \pi \cdot r^2 \cdot h$

$S = 4 \cdot \pi \cdot r^2$
$V = 4/3 \cdot \pi \cdot r^3$

Tarea

Debes realizar un mural con las fotografías de los objetos, indicando sobre ellas las dimensiones, así como el cálculo de su superficie y volumen.

ACTIVIDADES FINALES

Actividades básicas

1. Lee el siguiente documento:

«Ignaz Semmelweis, médico húngaro que trabajaba en el hospital de Viena, observó a mediados del siglo XIX que:

- Una proporción alta de mujeres que daban a luz en su sección (alrededor del 10 %) contraían una enfermedad fatal llamada fiebre de posparto.
- En otra sección de partos del mismo hospital, el porcentaje de mujeres que contraían la enfermedad era solo del 1 %.

¿Cómo explicar la diferencia?

Inicialmente reunió las opiniones que había alrededor del problema y fue comparándolas. De esta manera, una comisión investigadora atribuyó la gran mortalidad en la primera sección a las lesiones producidas por los reconocimientos poco cuidadosos a que eran sometidas las pacientes por parte de los estudiantes de medicina, los cuales realizaban sus prácticas en esa sección.

Para contrastar esta opinión, se redujo a la mitad el número de estudiantes y se restringió al mínimo el número de mujeres que ellos reconocían. La mortalidad no disminuyó. Había que rechazar esta conjetura.

Siguiendo este proceso, a los tres años de investigar el problema, observó un hecho fortuito: un médico que sufrió una herida superficial con un bisturí de disección de cadáveres, falleció de unos síntomas similares a las parturientas en pocos días. Con ello tuvo una idea: tanto él, como su equipo y los estudiantes solían llegar a la primera sección tras realizar disecciones en la sala de autopsias y reconocían a las parturientas tras enjuagarse las manos, solo de un modo superficial, con agua y jabón.

Pensó que "la materia cadavérica" podría ser la causa de la mortalidad observada. Para poner a prueba esta posibilidad dictó una orden que obligaba a todos a enjuagarse las manos con una solución de agua clorada antes de reconocer a ninguna paciente. La mortalidad empezó a decrecer y llegó a ser incluso inferior a la de la otra sección.»

Contesta a las siguiente preguntas:

a) ¿Cuál es el planteamiento del problema?

b) ¿Cuál la primera hipótesis formulada?

c) ¿Comprueba esta primera hipótesis? ¿Cómo lo hace? ¿Es correcta?

d) ¿Cuál es la segunda hipótesis?

e) ¿Comprueba la segunda hipótesis? ¿Cómo lo hace? ¿Es correcta?

f) ¿Cuál fue su descubrimiento? ¿Crees que fue reconocido por la ciencia?

g) Infórmate y realiza una presentación sobre los estudios de Semmelweis y su aceptación.

2. ¿Qué diferencias existen entre observación y experimentación? Pon ejemplos.

3. ¿Qué diferencias existen entre leyes y teorías? Pon ejemplos.

4. A comienzos del siglo XIX se pensaba que las estrellas fugaces eran fenómenos atmosféricos (hasta unos 100 km de altura), y de ahí el nombre de meteoros. ¿Se puede considerar una hipótesis?

5. Analiza esta sentencia: «Los planetas giran alrededor del Sol en órbitas estables que siempre duran lo mismo porque existe una fuerza de atracción gravitatoria que los mantiene unidos.» ¿En ella aparece una ley, una teoría, o ambas? ¿Cuál es cada una?

6. Convierte las unidades:

a) 5300 mg → hg *b)* 2,8 hm → m

c) 2 días → minutos *d)* 300 cL → L

e) 2 h 30 min → s *f)* 300 L → m^3

7. Una botella de refresco indica 33 cL. ¿A cuántos litros y mL corresponde?

8. Sabes que el agua de un recipiente se evapora con el tiempo y observas que la velocidad a la que lo hace depende de la temperatura del líquido y de su superficie. Plantea las hipótesis necesarias e idea un experimento para contrastar tus hipótesis.

Actividades de consolidación

9. La tabla representa la relación entre la tensión *(V)* aplicada a una resistencia (voltios) y la intensidad *(I)* que circula por ella (amperios).

V (V)	2	3	6	8	10
***I* (A)**	0,04	0,06	0,12	0,16	0,2

a) Representa los datos de la gráfica.

b) ¿A qué función corresponde? Obtén la función matemática que la describe.

c) ¿Qué intensidad corresponde a 5 V? ¿Y a 12 V?

d) ¿Qué tensión produce 0,05 A? ¿Y 0,02 A?

10. Convierte a notación científica o viceversa:

a) 230 000 000 000

b) $7,08 \cdot 10^5$

c) 0,000 000 000 200 003

d) $8,3003 \cdot 10^{-8}$

11. La etiqueta es de un producto de laboratorio. ¿Qué precauciones debemos tener?

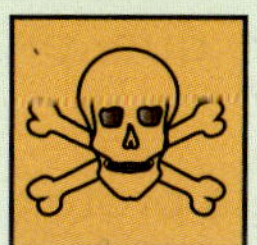
Tóxico

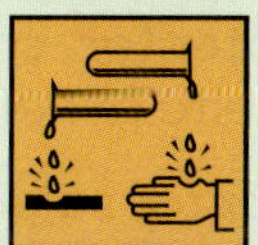
Corrosivo

R34: provoca quemaduras

R37: irritante para las vías respiratorias.

12. Observa el siguiente laboratorio. Analiza qué normas incumplen y cómo se pueden solucionar.

Actividades avanzadas

13. Los siguientes investigadores utilizaron el método científico para, a partir de las observaciones, llegar a su descubrimiento. Busca información e identifica todos los pasos que realizaron. Elabora un artículo o un vídeo donde lo expliques y exponlo en clase.

Henri Becquerel	La radioactividad
Alexander Flemming	La penicilina

14. Enumera y realiza un dibujo del material de que disponemos en un laboratorio para medir volúmenes de fluidos y para hacer una reacción.

15. Convierte las unidades:

a) 108 km/h → m/s *b)* 1 300 kg/L → g/mL

c) $2,45 \cdot 10^6$ m → km *d)* $4,08 \cdot 10^{-6}$ m → μm

e) $3\dfrac{\mu g}{mL \cdot s} \rightarrow \dfrac{g}{L \cdot min}$ *f)* $45\dfrac{cm^2}{s} \rightarrow \dfrac{m^2}{h}$

16. Accede a la siguiente dirección (**goo.gl/udmve9**). En ella encontrarás una noticia explicando en tono jocoso el descubrimiento del unicornio por parte de Corea del Norte. Ahora lee la noticia original (**goo.gl/8GnYqK**, en inglés) y contrasta la información. ¿Era verídico el primer artículo?

17. Se ha estudiado la relación entre el precio de un objeto de valor y los años que han pasado desde que se fabricó.

Precio (€)	0,25	1	4	6	9	12,5
***t* (años)**	1	2	4	5	6	7

a) Representa los datos de la tabla y obtén la función matemática que los describe.

b) ¿Qué costaba a los 3 años de fabricarse? ¿Y a los 4 años y seis meses?

c) Aproximadamente, ¿cuántos años han hecho falta para que llegara a valer diez euros?

d) ¿Cuánto valdrá a los 10 años?

e) Aventura su valor un siglo después.

Protectores solares

→| PISA

Milagros y Daniel quieren saber qué protector solar les proporciona la mejor protección para la piel. Los protectores solares llevan un factor de protección solar (FPS) que indica hasta qué punto el producto absorbe las radiaciones ultravioleta de la luz solar. Un protector solar con un FPS alto protege durante más tiempo que un protector solar con un FPS bajo.

Reunieron los siguientes materiales:

- Dos hojas de plástico transparente que no absorbe la luz solar.
- Una hoja de papel sensible a la luz.
- Aceite mineral (AM) solar.
- Crema con óxido de cinc (ZnO).
- 4 protectores solares distintos: PS1, PS2, PS3 y PS4.

Daniel puso una gota de cada sustancia dentro de unos círculos marcados en una de las láminas de plástico y después colocó la otra lámina encima. Puso luego sobre las láminas de plástico un libro grande para presionarlas.

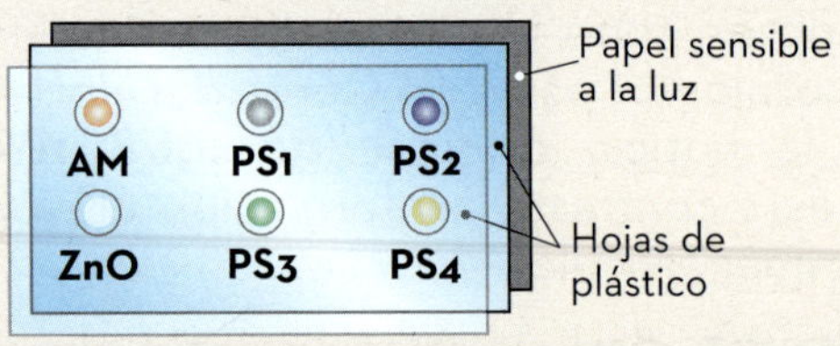

Utilizaron aceite mineral porque deja pasar la mayor parte de la luz solar y óxido de cinc porque bloquea casi completamente la luz del sol.

A continuación, Milagros puso las láminas de plástico encima de la hoja de papel sensible a la luz. El papel sensible a la luz cambia de gris oscuro a blanco (o gris muy claro), en función del tiempo que esté expuesto a la luz solar. Por último, Daniel puso las hojas en un lugar soleado.

Pregunta 1

De las afirmaciones siguientes, ¿cuál es una descripción científica de la función que cumplen el aceite mineral y el óxido de cinc al comparar la efectividad de los protectores solares?

a) El aceite mineral y el óxido de cinc son los dos factores que se están estudiando.

b) El aceite mineral es un factor que está siendo estudiado y el óxido de cinc es una sustancia de referencia.

c) El aceite mineral es una sustancia de referencia y el óxido de cinc es el factor que se está estudiado.

d) El aceite mineral y el óxido de cinc son las dos sustancias de referencia.

Pregunta 2

¿Cuál de las siguientes preguntas trataban de responder Milagros y Daniel?

a) ¿Qué protección proporciona cada protector solar en comparación con los otros?

b) ¿Cómo protegen la piel de la radiación ultravioleta los protectores solares?

c) ¿Hay algún protector solar que proteja menos que el aceite mineral?

d) ¿Hay algún protector solar que proteja más que el óxido de cinc?

Pregunta 3

El papel sensible a la luz es gris oscuro y cambia a gris claro cuando se expone a un poco de luz, y a blanco cuando se expone a mucha luz. ¿Cuál de estas figuras representa un resultado que podría ocurrir? Explica tu elección.

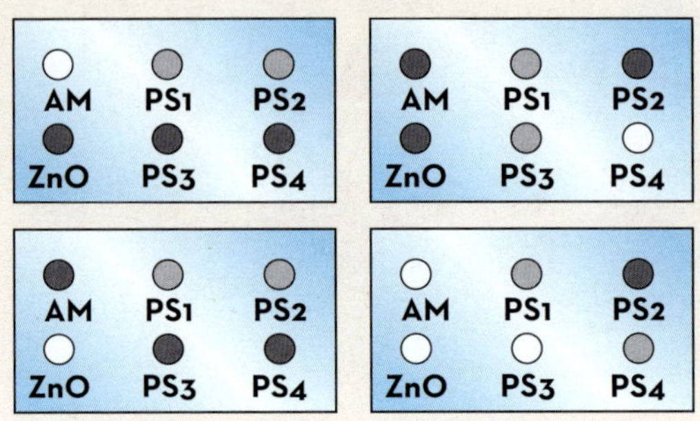

Determina la latitud del lugar dónde vives: el gnomon

→| Tarea competencial

Los niños de la antigua Grecia carecían de teléfonos con GPS y de brújulas de bolsillo. Sin embargo, no tenían problema para localizar el norte, ni para saber dónde se encontraban. Disponían de la más avanzada tecnología: un palo al que llamaban gnomon.

El **gnomon** consiste en una varilla denominada **estilo** colocada en vertical sobre una superficie horizontal. Su sombra aporta toda la información necesaria para localizarse en el espacio y el tiempo.

Consigue un palo vertical (como un recogedor) que será tu estilo. Colócalo en un lugar donde reciba el sol todo el día y donde no te moleste nadie, ya que debes dejarlo fijo toda la jornada. A sus pies dispón un papel de al menos 1 × 1 m para pintar las sombras. Otra opción es marcar la sombra con tiza.

Determinación del norte geográfico y de la altura solar al mediodía

Escoge un día soleado y, desde primera hora, coloca el gnomon en su lugar. En intervalos de una hora debes acudir a él y dibujar la línea de sombra sobre el papel o con la tiza sobre el suelo. Cerca del mediodía solar deberás tomar las medidas cada diez minutos.

Al mediodía, cuando el Sol está en su cenit, la sombra del gnomon es la más corta del día. El mediodía solar sucede cerca de las 12 U.T. (Tiempo Universal), que corresponde para España, a las 13:00 en invierno y a las 14:00 en verano (una hora menos en Canarias).

Para obtener el Norte, alarga la línea de sombra más corta del día. Esta nos marcará la línea Norte-Sur. En nuestro hemisferio, el Norte se localiza en el extremo de la sombra.

Conocida la longitud de la sombra más corta y la altura del estilo, solo debemos representarlo a escala 1:10 sobre un papel y medir el ángulo para obtener la altura solar al mediodía.

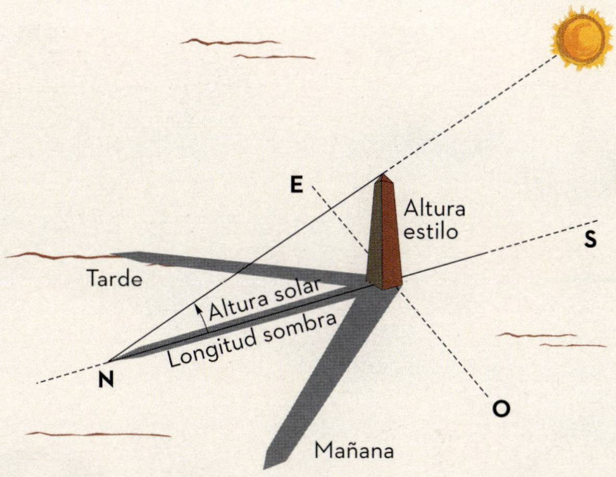

Determinación de la latitud del lugar

La latitud es la distancia angular entre el ecuador y un lugar en la superficie terrestre. Para determinarla con el gnomon, basta con conocer la altura solar al mediodía y aplicar la siguiente expresión:

Latitud = 90º − altura solar + declinación solar

La declinación solar es la latitud del lugar donde ese día el Sol está en la vertical (en su cenit). Lo puedes obtener en protección civil: **goo.gl/eJM4ei** o en **www.suelosolar.es/horasolar.asp**. Su valor depende del día del año en que realices la medida.

Tarea

Por grupos, preparad de antemano todo lo necesario y tomad fotografías de lo que hagáis. Os proponemos que realicéis un **blog** de vuestro trabajo: preparativos, desarrollo y resultados. Averiguad la latitud del lugar (en *gmaps* localizad dónde estáis, marcad el botón derecho y seleccionad *¿Qué hay ahí?* Debajo del cuadro de búsqueda aparecerán las coordenadas). ¿Habéis obtenido valores similares a los esperados?

2 EL ÁTOMO Y LA TABLA PERIÓDICA

Todos tenemos documentos que nos identifican, como el documento nacional de identidad (DNI) o la ficha de identificación que tienes en tu centro escolar. En esos documentos aparecen rasgos característicos tuyos, como tu nombre, tu edad o tu domicilio. A los elementos que componen la materia, como el hierro, el cobre o el oxígeno, les pasa lo mismo: es preciso identificarlos, dándoles un nombre y unas características que les son propias.

Pero, además, en tu clase estás incluido en una lista en un orden determinado, y lo mismo pasa cuando vas al cine o a ver un partido de fútbol. Así, el lugar que ocupa cada uno permite al profesor conoceros mejor; o en un evento al que se acude en grupo, estar más organizados permite verlo o disfrutarlo más. Igualmente, los científicos ordenan los elementos para que sea más fácil obtener información de cualquiera de ellos con solo saber la posición que ocupa.

Te proponemos un reto

En esta unidad vamos a comprobar que la materia, aunque sea neutra, tiene cargas eléctricas en su interior porque las partículas que forman los átomos que la componen son positivas y negativas.

Ahora vamos a comprobar cómo se electrizan unas pompas de jabón.

Para ello, coloca una lámina de acetato mojada con agua y prepara un frasco con agua y jabón.

Toma un globo e ínflalo. En primer lugar, vamos a electrizarlo. Para ello, frótalo con un jersey o una bufanda de lana.

Con ayuda de una pajita, deposita una pompa de jabón sobre el acetato. Luego, acerca el globo electrizado y muévelo en sus cercanías: verás cómo la pompa se desplaza por el acetato como si bailara al ritmo que le indica el globo.

Coloca una segunda pompa dentro de la primera y repite la experiencia: verás entonces que mientras la pompa exterior sigue bailando con ayuda del globo electrizado, la interior no se mueve en absoluto. La pompa exterior impide que la interior experimente atracción eléctrica alguna.

Aquí puedes ver la experiencia:
goo.gl/eta7eo

Sumario

1 Materia y electricidad

Seguro que en alguna ocasión has jugado a atraer papelitos después de frotar un bolígrafo con tu jersey de lana. Y, además, te has dado cuenta de que cuando pasas repetidas veces un cepillo de plástico por tu pelo, acaba atrayéndolo al acercarlo sobre él. Son fenómenos de **electrización.**

Esas experiencias, y muchas más similares, te hacen pensar que la materia está cargada eléctricamente, y que es posible ponerlo de manifiesto de diferentes formas.

EXPERIMENTA La materia está cargada

1. Vamos a comprobar de diversas maneras cómo es posible demostrar que la materia está cargada eléctricamente.

a) Mezcla sal y pimienta.
Si quieres separarlas después, no es nada fácil. Puedes intentarlo con un globo hinchado. Frótalo con una camisa de lana o con tu pelo, de modo que una carga negativa se acumulará en la superficie del globo. Si lo sostienes a un par de centímetros por encima de la mezcla, verás cómo las partículas de pimienta saltan sobre el globo.

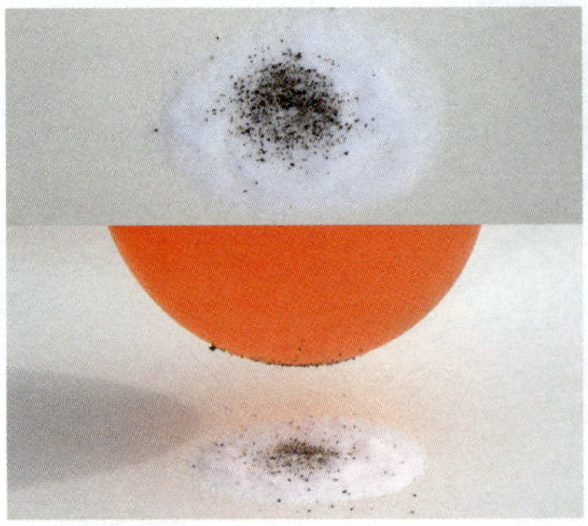

b) Ponte los pelos de punta.
Frota tu pelo con un jersey de lana, así algunos electrones del pelo pasan al tejido, quedándose estos cargados positivamente. Como las cosas con la misma carga se repelen, los cabellos intentan alejarse los unos de los otros. Al estar enganchados a nuestra cabeza lo más efectivo que pueden hacer es ponerse de punta, bien lejos del resto.

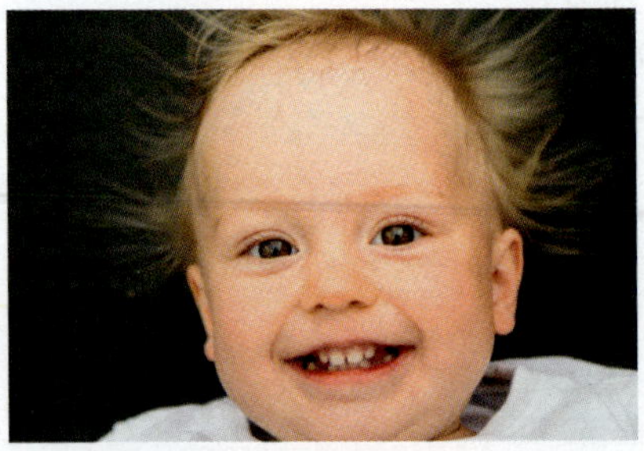

c) Dobla un chorro de agua.
Ahora infla un globo, frótalo contra un jersey de lana y acerca despacio el globo a un chorro fino de agua. Cuando lo acerques, observarás cómo el globo atrae al agua y la desvía hacia él.

Y ahora responde:

- ¿ Qué indican todos estos fenómenos?
- ¿Por qué en unos casos hay atracciones y en otros repulsiones?

CIENCIA 2.0

En el siguiente enlace podrás visualizar lo que ocurre con las cargas y la electricidad estática:

phet.colorado.edu/es/simulations

Allí elige categoría:

química

y luego escoge:

globos y electricidad estática.

2 El átomo y sus partículas

Aunque la materia muestra fenómenos eléctricos, se presenta neutra, y así se comporta cuando tocamos un trozo de madera, plástico u otra sustancia.

PIENSA Y RAZONA

Si la materia presenta fenómenos eléctricos, ¿de qué tipo de partículas crees que está hecha?
Pero si es neutra en su conjunto, ¿a qué crees que se deberá?

SABÍAS QUE..

Protones y neutrones están formados por partículas más pequeñas llamadas *quarks*; en particular, por la combinación de dos de ellos *up* (u) y *down* (d).

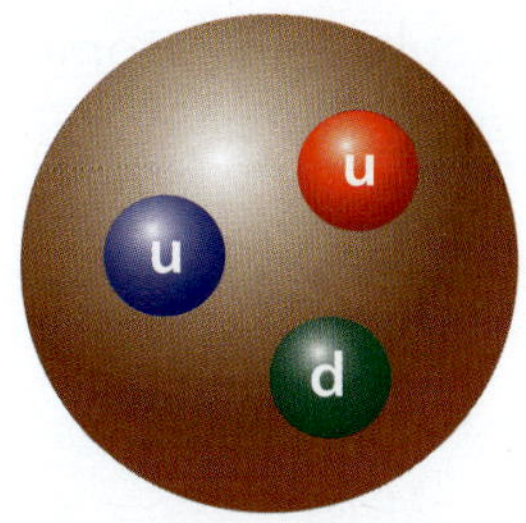

Protón

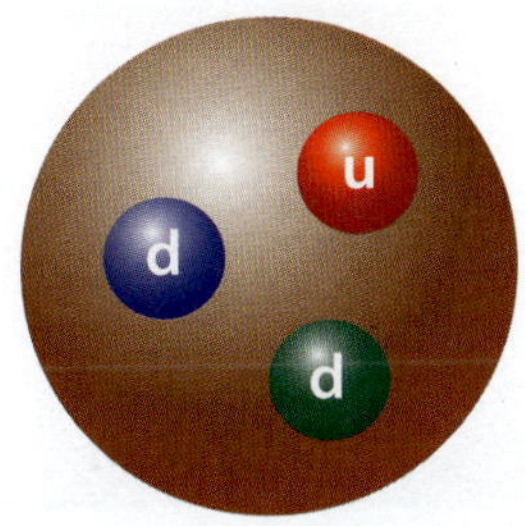

Neutrón

El descubrimiento de las partículas

La primera partícula en descubrirse fue el **electrón,** en 1897, por J. J. Thompson.

- Su masa es muy pequeña: $9{,}11 \cdot 10^{-31}$ kg. ¡Imagínate lo pequeña que es una cantidad de cero seguido de treinta ceros más, y luego el 9!
- Su carga es negativa y la más pequeña conocida hasta entonces. Se la considera la **carga unidad.**

Unos años después, en 1919, Ernst Rutherford descubrió **el protón.**

- Su carga es igual que la del electrón, pero positiva.
- Su masa es mucho mayor, casi dos mil veces más. Se la considera la **masa unidad** en el átomo.

La **materia** es **neutra** porque los átomos que la forman tienen la misma cantidad de cargas positivas que de negativas.

Posteriormente, en 1932, James Chadwick descubrió que todavía existía otro tipo de partículas en el átomo que no tenían carga y cuya masa era prácticamente la misma que la del protón, por todo ello la llamó **neutrón.**

Partícula	Masa	Masa unidad	Carga	Carga unidad
Electrón (e^-)	$9{,}11 \cdot 10^{-31}$ kg	$\cong 0$	$-1{,}6 \cdot 10^{-19}$ C	−1
Protón (p^+)	$1{,}67 \cdot 10^{-27}$ kg	1	$+1{,}6 \cdot 10^{-19}$ C	+1
Neutrón (n^0)	$1{,}67 \cdot 10^{-27}$ kg	1	0	0

RECUERDA

Cuando una cantidad se toma como unidad, las que se obtienen por comparación a ella, se dice que son relativas a dicha unidad.

ACTIVIDADES

1. **Un átomo tiene 4 protones, 4 electrones y 4 neutrones.**

   a) ¿Cuál es su masa?

   b) ¿Qué masa tendría este átomo si no tuviese electrones?

   c) ¿Cuánto valen la masa relativa y la carga relativa de ese átomo?

   d) ¿Qué carga relativa adquiere ese átomo si gana un electrón? ¿Y si pierde dos?

3 Modelo planetario del átomo

Ya sabemos qué partículas componen los átomos, pero desde que se descubrieron, la siguiente pregunta era obvia, ¿cómo se colocan?

Los científicos realizaron multitud de experimentos para confirmar sus hipótesis: recuerda que esa es la base del método científico. Así que Rutherford, en 1911, ideó un experimento que consistía en lanzar partículas α (conjunto de dos protones y dos neutrones) sobre una lámina muy fina de oro de unos 5 000 Amstrong (Å) de grosor (unas cien veces más fina que un cabello), pensando que la atravesarían con facilidad. El resultado fue que aunque muchas lo hacían, otras se desviaban e, incluso, unas pocas rebotaban.

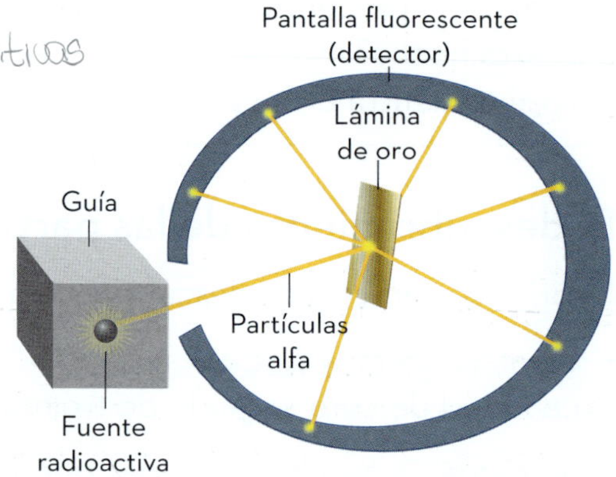

SABÍAS QUE..

El Angstrom (Å) es una unidad de longitud empleada principalmente para expresar distancias moleculares y atómicas. Su equivalencia es:

$$1\ \text{Å} = 10^{-10}\ \text{m}$$

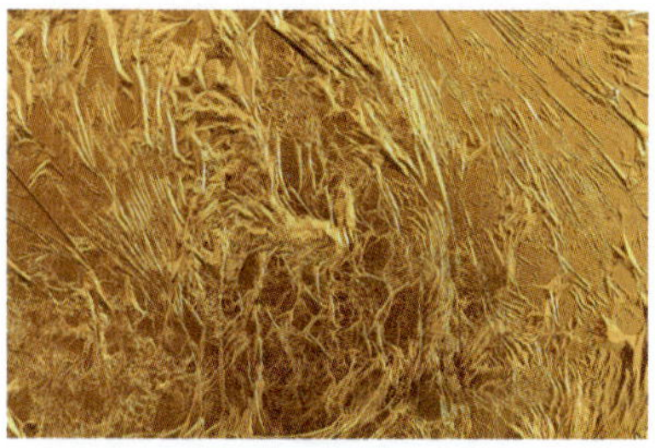

Fina lámina de pan de oro necesaria en el experimento de Rutherford.

PIENSA Y RAZONA

Como consecuencia del experimento de Rutherford, ¿qué conclusión extraes de lo siguiente?:

- La gran mayoría de las partículas alfa (α) atraviesan la lámina sin desviarse.
- Algunas partículas α se desvían mucho.
- Unas pocas partículas rebotan.

El resultado del experimento se resume en estas tres conclusiones:

- La materia debe estar prácticamente hueca, pues la mayor parte de las partículas la atraviesan sin desviarse.
- Si algunas rebotan es que en su camino se encuentran otras de la misma carga que las repelen. Ya que esto ocurre muy raramente (una de cada 10 000 ocasiones), es preciso que dichas cargas positivas ocupen un espacio muy pequeño en el interior del átomo. A dicho espacio lo denominó **núcleo,** y contenía la práctica totalidad de la **masa del átomo.**
- Las desviaciones deben ocurrir al encontrar cerca de su trayectoria partículas de carga opuesta que las atraigan, cambiando su trayectoria. A esa zona la denominó **corteza electrónica.**

De esta manera, Rutherford imaginó para el átomo un modelo planetario, donde el núcleo positivo de protones ocuparía la parte central y la corteza negativa de electrones giraría en torno a él, de modo similar al movimiento de los planetas alrededor del Sol.

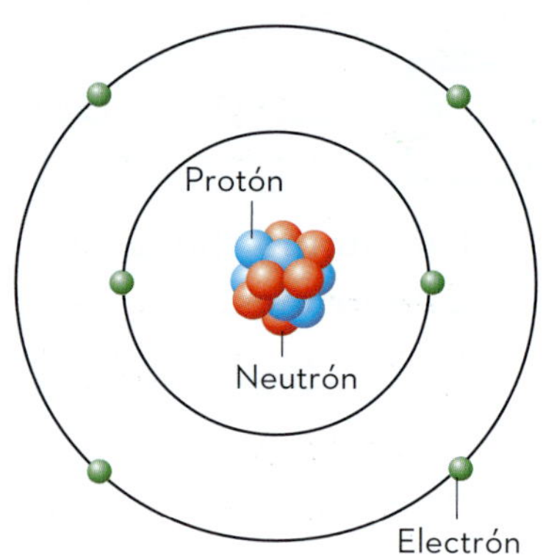

PIENSA Y RAZONA

Intenta deducir:

- Si el núcleo está formado por protones, de acuerdo a su carga, ¿qué debería ocurrir en dicho núcleo?
- Según la masa de los neutrones, ¿dónde deberían localizarse?
- ¿Qué papel tendrían los neutrones en el átomo?

Localizamos los electrones en la corteza, asimilando el átomo al modelo planetario:

- ¿Estarán quietos o se moverán?
- Si se mueven, ¿qué tipo de movimiento tendrán?

Sabemos que los protones tienen carga positiva, así que se repelerán entre sí. Ello produciría la destrucción del núcleo del átomo, y del átomo en sí mismo. Esto no ocurre, ya que los átomos son estables. Por tanto, algo lo debe impedir. Los responsables son los neutrones, que se colocan en el núcleo como barrera entre los protones, aglutinándolos e impidiéndoles así que se repelan entre sí, con lo que el núcleo es estable.

Los electrones están en la corteza moviéndose alrededor del núcleo, de manera que si estuvieran quietos caerían sobre él por mera atracción eléctrica, lo que destruiría el átomo. Esto no ocurre, así que los electrones deben moverse, girando alrededor del núcleo, para contrarrestar así la fuerza de atracción, tal y como ocurre con los planetas rotando alrededor del Sol.

En cada órbita cabe una cantidad distinta de electrones, más cuanto más grandes sean las órbitas, lo que ocurre a medida que nos alejamos del núcleo.

Órbita	Número de electrones que caben
Primera (la más cercana)	Hasta 2 e^-
Segunda	Hasta 8 e^-
Tercera	Hasta 18 e^-
n	Hasta $2n^2$ e^-

El núcleo tiene un tamaño aproximado de 10^{-14} m y los electrones se mueven a su alrededor a una distancia promedio de 10^{-10} m. Es decir, ocupan una esfera alrededor de 10 000 veces mayor, en radio, que la nuclear. En volumen, el átomo es ¡un billón —un millón de millones— de veces más grande que el núcleo!

SABÍAS QUE..

Si un átomo se hiciera del tamaño de un autobús, el núcleo sería como el punto de esta i.

ACTIVIDADES

2. Busca información en Internet sobre cómo se llevó a cabo el experimento de Rutherford.

a) ¿Quién o quiénes lo hicieron realmente?

b) ¿Qué esperaban y qué observaron?

3. ¿Cuántos átomos caben en fila en 1 mm?

4. Tienes tres átomos, uno con 9 e^-, otro con 12 e^- y otro con 25 e^-. Distribuye estos electrones en órbitas en cada átomo.

4 Los elementos químicos

Plantéate qué es lo que hace que los átomos representen unos elementos concretos, es decir, que un átomo sea cobre, otro hierro y otro oro, por ejemplo.

EXPERIMENTA Átomos con canicas

2. Imagínate que tienes varias canicas de tres colores diferentes para representar protones (p^+), neutrones (n°) y electrones (e^-). ¿Qué podrías construir con ellas?

Primero
Si colocas 6 p^+ con 6 n° agrupados construirás un núcleo atómico, y si pones a girar 6 e^- sobre él ya tienes un átomo. En este caso, el elemento químico llamado **carbono.**

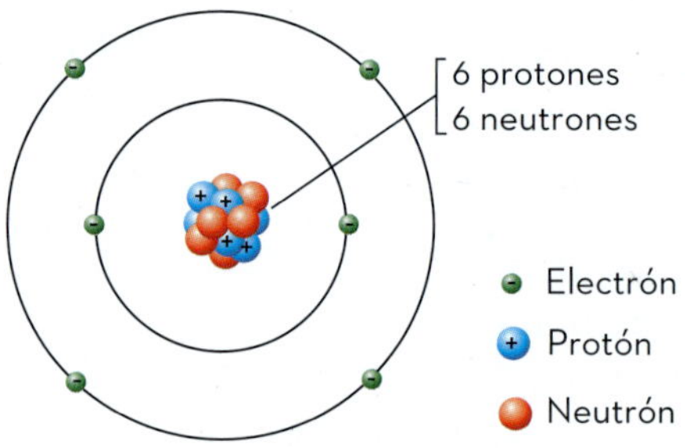

Átomo de carbono

Segundo
Ahora, coloca 2 p^+ más, otros 2 n° y añade 2 e^- al conjunto, ¿qué átomo es?
El átomo formado corresponde al elemento que denominamos **oxígeno.**

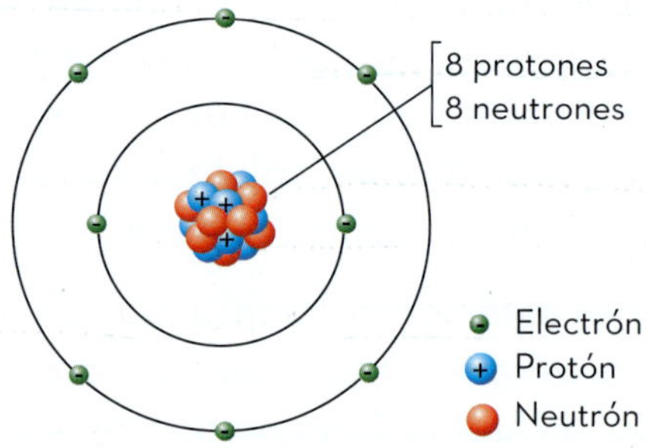

Átomo de oxígeno

Para realizar la experiencia indicada, pega las canicas que representan los p^+ y n° entre sí con unas gotitas de pegamento, y las que representan los e^-, pégalas sobre una plancha de cartulina, en la que previamente hayas dibujado las órbitas, para que resulte más sencillo.
Clava un lápiz sobre las canicas, por detrás, y atraviesa la cartulina con él. Hazlo girar como si se tratase de un átomo.

- ¿Qué ocurre si colocas más protones sin aumentar los neutrones?
- ¿Qué pasaría si los electrones de repente paran de girar?

De esta experiencia, podemos concluir que:

> Cada elemento químico está formado por un determinado tipo de átomos. Todos los átomos que presentan las mismas propiedades representan un elemento químico concreto.

Un elemento químico no puede descomponerse en sustancias más simples sin perder sus propiedades físicas y químicas (color, densidad, etc.).

ACTIVIDADES

5. Dibuja los siguientes átomos:

a) Nitrógeno, que tiene 7 p^+, 7 n° y 7 e^-.

b) Sodio que tiene 11 p^+, 12 n° y 11 e^-.

c) Calcio que tiene 20 p^+, 20 n° y 20 e^-.

4.1. Número atómico y número másico

Cada tipo de átomo representa un solo tipo de elemento químico. ¿Por qué es así?

PIENSA Y RAZONA

El oro tiene un color determinado y es moldeable, el carbón tiene diferente color y es muy duro. ¿Qué crees que hace que los elementos químicos sean únicos?

El número de protones es como la huella dactilar de cada elemento, lo hace único e identificable. El elemento que tiene 13 protones tiene propiedades diferentes a las de otro que tiene 47 y diferentes a las del elemento con 80 p^+. Por ello, el primero es aluminio; el segundo, plata, y el tercero, mercurio.

Un elemento se identifica por el número de protones que hay en su núcleo, lo que se denomina **número atómico,** y se simboliza por la letra **Z.**

Se representa por un número situado como subíndice a la izquierda del símbolo del elemento. Por ejemplo: ${}_{7}N$, ${}_{9}F$, ${}_{17}Cl$, ${}_{26}Fe$.

Si el átomo es eléctricamente **neutro,** el número de e^- coincide con el de p^+.

La suma de protones y neutrones del átomo es lo que se llama **número másico,** y se simboliza por la letra **A.**

Se representa por un número situado como superíndice a la izquierda del símbolo del elemento. Por ejemplo: ${}^{16}O$, ${}^{35}Cl$, ${}^{56}Fe$.

IMPORTANTE

Un elemento químico se identifica con todos los átomos que tengan un determinado número de protones, es decir, un mismo número atómico (Z).

El número de electrones puede variar, siendo el mismo para átomos neutros y distinto para iones.

RECUERDA

Z = número de protones (p^+).

Z = número de electrones (e^-) (si el átomo es neutro).

A = número de protones (p^+) + número de neutrones (n^o).

EJEMPLO RESUELTO

1. **Resuelve las siguientes cuestiones:**

a) El elemento sodio tiene $Z = 11$ y $A = 23$. Calcula sus p^+, n^o y e^-.

b) El hierro tiene $Z = 26$ y 30 n^o. Calcula el número de p^+ y e^-, y el valor de A.

Solución

a) Como $Z = 11 = p^+$; al ser neutro, $e^- = 11$. Los n^o se obtienen de $A - Z = 23 - 11 = 12$.

b) Como $Z = 26$, tendrá 26 p^+ y, al ser neutro, 26 e^-; $A = p^+ + n^o = 26 + 30 = 56$.

ACTIVIDADES

6. **Si un átomo neutro tiene 14 p^+ y 14 n^o, indica sus números másico y atómico, así como el número de e^-.**

7. **Los alquimistas de la Edad Media pretendían transformar el plomo en oro usando la piedra filosofal. Imagina que eres uno de ellos y quieres transformar los siguientes elementos, ¿cómo lo harías?**

a) plomo ($Z = 82$; $A = 207$) en oro ($Z = 79$; $A = 197$).

b) hierro ($Z = 26$; $A = 56$) en plata ($Z = 47$; $A = 108$).

c) mercurio ($Z = 80$; $A = 200$) en platino ($Z = 78$; $A = 195$).

5 Alterando los átomos

Es posible alterar los átomos de los elementos quitando o poniendo partículas.

PIENSA Y RAZONA

Hemos visto que el átomo está formado por tres tipos de partículas. Piensa qué ocurriría si le quitamos alguna de ellas; por ejemplo, si le quitamos alguno de sus protones o de sus electrones o de sus neutrones. ¿Seguiría siendo el mismo elemento? ¿Variaría su carga eléctrica?

Como has podido deducir, si quitas o pones protones en el núcleo de un átomo, lo transformas en otro diferente, con lo cual ya no tienes el mismo elemento. Así que solo puedes quitar o poner electrones o neutrones a los átomos de un mismo elemento.

Un átomo se puede representar completamente con los siguientes símbolos:

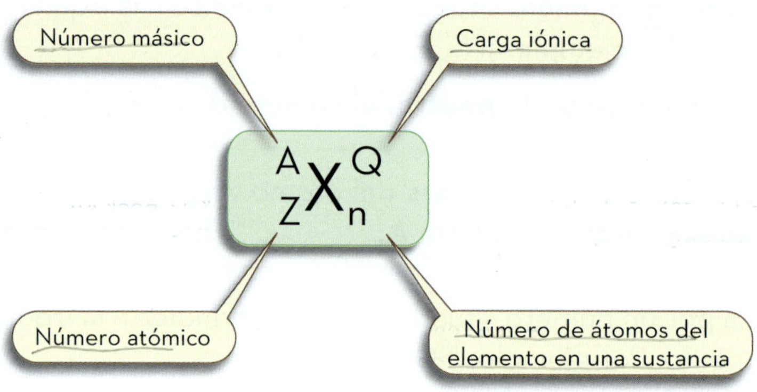

QUÍMICA 2.0

En el siguiente enlace podrás construir un átomo a partir de sus partículas componentes:

phet.colorado.edu/es/simulations

Allí elige categoría:

química

y luego escoge:

construir un átomo.

ACTIVIDADES

8. **Explica lo que ocurre en cada uno de los cuadros siguientes:**

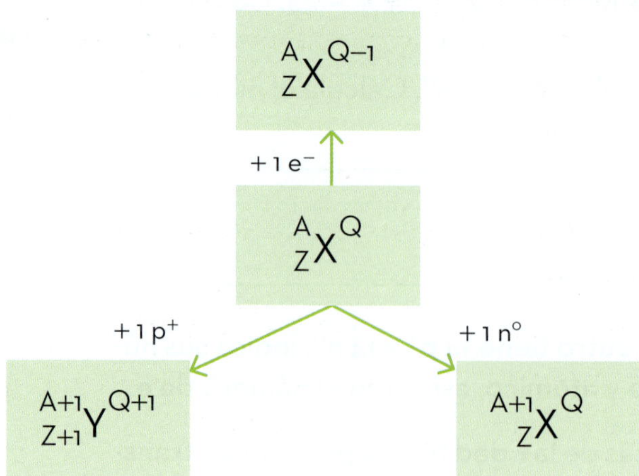

9. **Prepara un ejemplo similar al anterior, reemplazando los símbolos por letras y números, siendo X el elemento silicio de número másico 28.**

5.1. Iones

Ya sabemos que cuando en un átomo el número de protones y el de electrones coinciden, el átomo es neutro. Pero, en algunos procesos, los átomos de distintos elementos pueden aceptar o ceder electrones entre ellos, con lo que, al final, adquieren carga eléctrica, es decir, dejan de ser neutros.

> Si un átomo gana electrones tiene exceso de carga negativa, y si los pierde, el exceso es de carga positiva. Los átomos con carga son **iones.**

¿Qué les ocurre al cloro y al potasio cuando ganan o pierden un electrón?

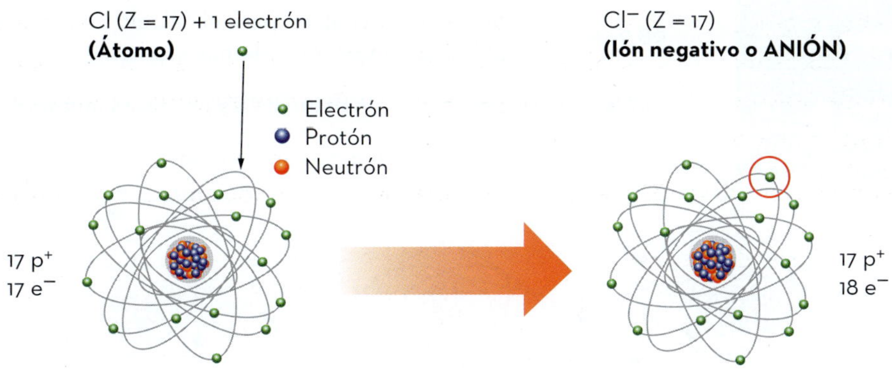

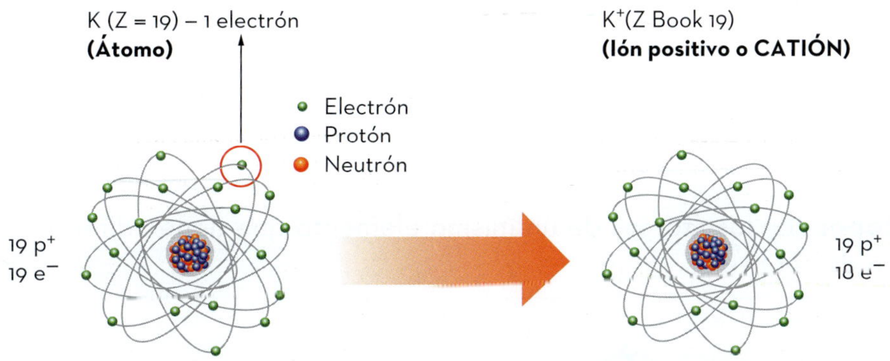

Fíjate que ambos iones finales poseen los mismos electrones, pero corresponden a elementos diferentes al tener diferente número de protones (diferente Z).

ACTIVIDADES

10. Señala los iones que se originan en los siguientes procesos, indicando si serán aniones o cationes:

a) Se retiran dos electrones a un átomo de magnesio.

b) Se añaden dos electrones a un átomo de azufre.

c) Se añade un electrón a un átomo de bromo.

d) Se retiran tres electrones a un átomo de aluminio.

11. Señala el número de protones y electrones de los siguientes iones: Ca^{2+} (Z = 20), F^- (Z = 9) , Al^{3+} (Z= 13), O^{2-} (Z = 8).

QUÍMICA 2.0

En la siguiente dirección podrás competir construyendo iones

goo.gl/X8dB7g

5.2. Isótopos

Dos átomos con el mismo número de protones y distinto número de neutrones, ¿son el mismo elemento? Sí. Son el mismo elemento pero en dos versiones diferentes.

Los átomos de un mismo elemento pueden tener diferente tipo de neutrones en el núcleo. Es decir, tendrán diferente número másico.

Por ejemplo, existen átomos de carbono (Z = 6) con números másicos 12, 13 y 14, ya que contienen 6, 7 y 8 neutrones, respectivamente, como puedes ver en la tabla:

	Abundancia	Aplicaciones
Isótopo A = 12	98,9 %	Se usa como patrón para el cálculo de la masa atómica de todos los demás átomos.
Isótopo A = 13	1,1 %	Se emplea en estudios de procesos metabólicos.
Isótopo A = 14	10^{-10} %	Se utiliza en datación de muestras orgánicas.

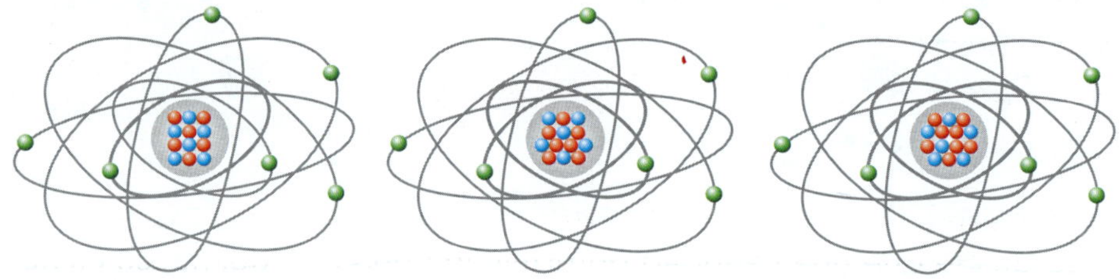

Carbono-12 Estable | Carbono-13 Estable | Carbono-14 Radiactivo

Protón · Neutrón · Electrón

> **Isótopos** son los átomos de un mismo elemento que tienen diferente número de neutrones. e igual número de protones

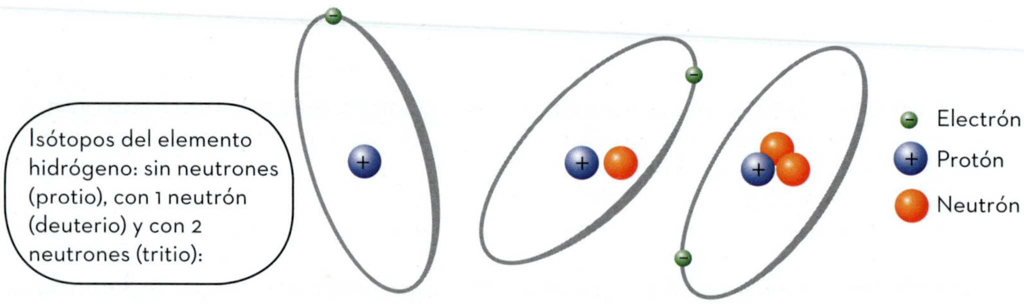

Hay **isótopos** que llamamos **naturales** porque se encuentran en la Tierra. Hoy día conocemos unos 300. Hay 21 elementos que no tienen isótopos naturales, como por ejemplo, el flúor, el sodio, el fósforo, el cobalto y el oro.

También hay **isótopos artificiales,** preparados en laboratorio, aumentando el número de neutrones al bombardear sus núcleos con partículas con neutrones.

Muchos isótopos son inestables y se desintegran fácilmente, emitiendo partículas con cierta energía que pueden detectarse mediante el empleo de aparatos adecuados.

QUÍMICA 2.0

Los isótopos nos proporcionan la posibilidad de disponer de átomos similares con masas ligeramente diferentes.

En el siguiente enlace podrás ver más utilidades de los isótopos:

goo.gl/lUsqIG

Isótopo	Aplicaciones
cobalto-60	Emisor de rayos energéticos que se usan para destruir células cancerígenas, dirigiéndolos al centro del tumor para que no dañe a los tejidos sanos.
tecnecio-99	Se emplea casi en el 80 % de las exploraciones de diagnóstico de funcionamiento de órganos del cuerpo humano porque se combina fácilmente con fármacos que permiten el estudio de tumores, desórdenes del sistema circulatorio, estructura interna de algunos órganos, etc., gracias a los rayos energéticos que emite este isótopo.
carbono-14	Sirve para conocer la antigüedad de los restos orgánicos de animales y plantas.

EJEMPLO RESUELTO

2. Se analiza la cantidad de carbono-14 presente en un hueso encontrado en una excavación arqueológica para determinar su antigüedad. El análisis determina que contiene un 25 % de C-14 en relación con la cantidad actual en la naturaleza. Sabiendo que la vida media del C-14 es de 5 730 años, calcula la antigüedad del hueso.

Solución

La vida media de un isótopo radiactivo es el tiempo que pasa desde que una cantidad determinada de él, debido a su propia desintegración, queda en la mitad. En el caso del carbono 14, tienen que pasar 5 730 años para que eso ocurra.

En nuestro ejemplo, podemos decir que deberían haber pasado 5 730 años hasta que la cantidad de carbono-14 presente en el hueso sea del 50 % de la inicial. Cuando hubieran pasado otros 5 730 años quedará la mitad de esta última cantidad, es decir el 25 %, que es el dato hallado en nuestro caso. Así que la antigüedad del hueso es de 11 460 años.

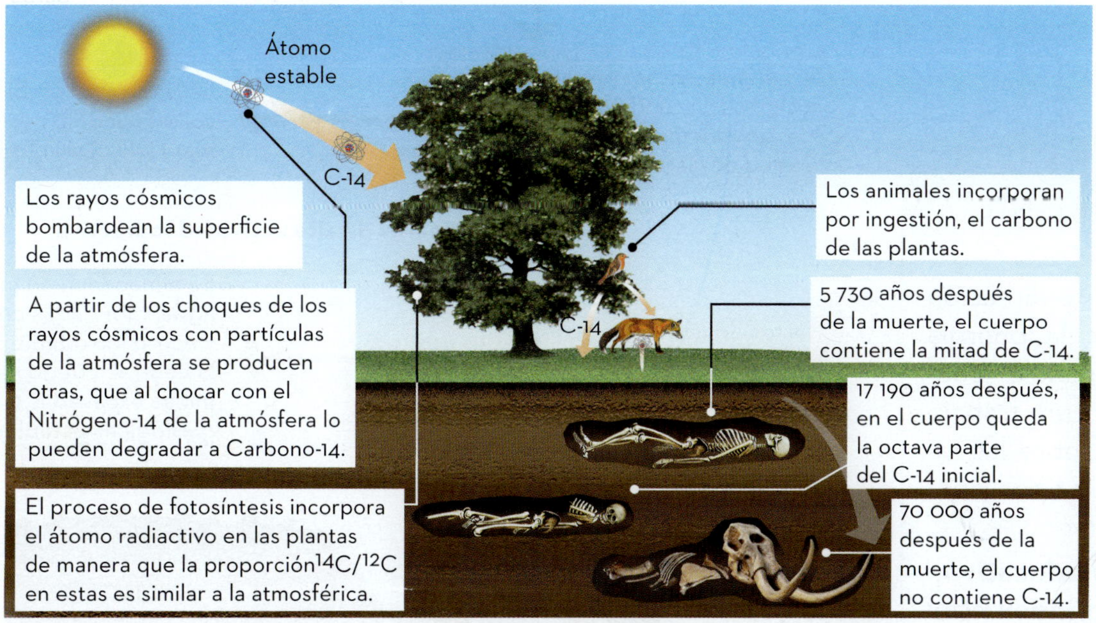

ACTIVIDADES

12. Busca información en Internet sobre algunos elementos radiactivos, distintos al cobalto-60, tecnecio-99 y carbono-14 y, por grupos, prepara un trabajo que explique las aplicaciones biomédicas que poseen en la actualidad. Después, exponedlo en clase.

Residuos radiactivos

Los residuos originados en las desintegraciones radiactivas son uno de los más importantes problemas derivados del uso de este tipo de isótopos. Según el tipo de residuos generados son tratados de diferentes maneras:

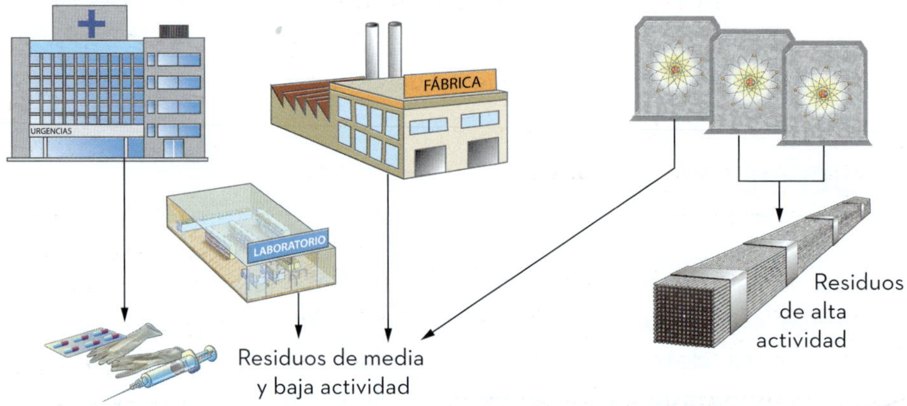

Residuos nucleares de baja actividad radiactiva

Ropas y material diverso utilizado para el mantenimiento de una central de energía nuclear. → Se prensan y se mezclan con hormigón formando un bloque y se introducen en bidones de acero.

Residuos nucleares de media actividad radiactiva

Se generan en las centrales nucleares en cantidades inferiores a las consideradas peligrosas para la salud de las personas. → Se depositan en bidones de acero solidificándolos con alquitrán, resinas o cemento.

Residuos nucleares de alta actividad radiactiva

Restos de uranio u otros materiales radiactivos usados para obtener la energía. → Se almacenan en piscinas de agua, fabricadas con hormigón y acero inoxidable, dentro de la central. Luego se guardan en minas excavadas en formaciones geológicas estables.

IMPORTANTE

En la siguiente dirección del Foro de la Energía Nuclear Española puedes realizar un trabajo interesante sobre las radiaciones, sus tipos y peligros:

www.rinconeducativo.org/radiacio/index.html

También encontrarás el acceso a una infografía muy educativa sobre la misma materia.

Puedes acceder directamente en:

goo.gl/qstgx6

ACTIVIDADES

13. Responde a lo siguiente:

a) ¿Cuál es el número atómico de un átomo de carga 3+ si posee 25 electrones?

b) ¿Cuál es el número atómico de un átomo de carga 2− si posee 15 electrones?

c) Un átomo es neutro y contiene 35 electrones, ¿cuál es su número atómico?

14. Cuando se analiza en el laboratorio una muestra de agua de mar, se encuentran los siguientes iones: Cl^-, Na^+, SO_4^{2-}, K^+, Ca^{2+}, Mg^{2+}, HCO_3^-.

a) Identifica los cationes y los aniones.

b) Identifica qué iones son simples y cuáles moleculares.

15. Copia y completa la siguiente tabla en tu cuaderno:

Átomo / ion	Z	A	p^+	n°	e^-
K^+	19	39			
Ca	20	40			
Al^{3+}		27		14	
S^{2-}			16	16	
Cu		63		34	
Br^-		80			36

16. A partir de la siguiente tabla, contesta a las preguntas:

Átomo / ion	p^+	n°	e^-
A	8	8	8
B	8	8	10
C	8	10	8
D	10	8	8
E	10	10	8
F	10	8	10
G	8	10	10

a) ¿Cuántos elementos distintos hay en la tabla?

b) ¿Cuáles son isótopos entre sí?

c) ¿Cuáles son átomos neutros y cuáles iones?

d) ¿Qué iones tienen la misma carga?

e) ¿Cuáles tienen la misma masa atómica?

17. Habrás oído hablar de que necesitamos hierro en nuestra dieta. Sin embargo, nadie se come un tornillo para lograrlo. La diferencia está en que lo que utilizamos es un determinado ion y no el elemento neutro. Sabiendo que el hierro puede formar dos iones, Fe^{+2} y Fe^{+3}:

a) Identifica los protones, neutrones y electrones del elemento neutro y de sus iones.

b) Busca información en enciclopedias o en Internet sobre la forma en que se encuentra el hierro que tomas en los siguientes alimentos: cereales, lentejas y espinacas.

c) Uno de los usos del hierro en el organismo es unido a la hemoglobina. Busca información sobre el comportamiento del hierro cuando la hemoglobina transporta el oxígeno.

18. El tiempo de vida media del yodo-123 es de 13 horas. Si acabo de obtener 400 gramos:

a) ¿Cuánta masa tendré cuando hayan pasado 39 horas?

b) ¿Y en 19,5 horas?

c) ¿Al cabo de cuánto tiempo me quedarán 50 gramos?

d) ¿Cuándo desaparecerá completamente todo el yodo-123?

19. Un átomo de cobre neutro tiene 29 p^+ y su número másico es 63. Indica cuántos neutrones y electrones contiene.

20. El elemento cinc tiene A = 65 y 35 neutrones. Indica cuántos protones contiene y cuál es su número Z.

6 Masas atómicas de los elementos

SABÍAS QUE..

Existe una relación entre la masa de un átomo y su número atómico. Para valores pequeños de número atómico (Z), la cantidad de protones y neutrones es aproximadamente la misma, por lo que la masa atómica (A) viene a ser el doble del número atómico (Z).

A medida que los protones aumentan, se necesitan más neutrones para compensar la repulsión, por eso la masa atómica aumenta muy rápidamente.

Ya sabes que los átomos son muy pequeños, y que los elementos se transforman unos en otros más complejos, añadiendo protones y neutrones en el núcleo y electrones en la corteza. También sabes que la masa del átomo es prácticamente la de sus protones y neutrones, lo que viene representado por su número másico A.

PIENSA Y RAZONA

- ¿Serías capaz de conocer la masa de cualquier átomo de un elemento?
- ¿Cómo podrías saber la masa del carbono que tiene de número másico 12?

Para responder, imagina que pudieras pesar los átomos en una balanza. ¿Qué se te ocurre hacer para saber la masa de cada uno?

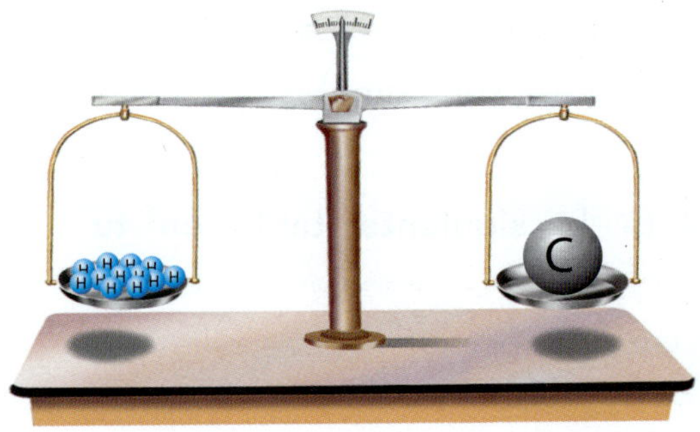

Si conocemos la masa del átomo más sencillo, el que tiene número másico 1, la de los demás átomos se obtendrá fácilmente por comparación con él. Ese elemento es el **hidrógeno.** Como deducirás fácilmente, doce átomos de hidrógeno equilibran a un átomo de carbono. Igualmente, el átomo de sodio con 23 veces más masa que el del hidrógeno, tiene una masa de 23 u, el del oro 197 veces más masa, 197 u, etc.

La IUPAC (Unión Internacional de Química Pura y Aplicada) estableció en 1961 que la unidad patrón de medida —la masa con la que se hace la comparación— sea la doceava parte de la masa del átomo de carbono de número másico 12.

La unidad patrón se llama **unidad de masa atómica (uma).** Su símbolo es **u.**

La masa de un átomo del hidrógeno (^{1}H) es prácticamente 1 u, por lo que no hay grandes diferencias importantes entre utilizar este valor o la doceava parte del ^{12}C.

Te habrás preguntado por qué empleamos la unidad de masa atómica y no el kilogramo, que es la unidad de masa para el SI. La respuesta es muy sencilla: por comodidad a la hora de hacer cálculos. Los átomos son demasiado pequeños como para expresar su masa en kilogramos o en gramos. Su equivalencia es $1\ u = 1{,}66 \cdot 10^{-24}\ g$.

Y ¿cuántos átomos serán necesarios para tener una cantidad de masa en gramos equivalente a la masa atómica?

La respuesta es $6{,}022 \cdot 10^{23}$ átomos. Es decir:

- $6{,}022 \cdot 10^{23}$ átomos de hidrógeno de masa atómica 1 u, tienen masa 1 gramo.
- $6{,}022 \cdot 10^{23}$ átomos de carbono de masa atómica 12 u, tienen masa 12 gramos.
- $6{,}022 \cdot 10^{23}$ átomos de oxígeno de masa atómica 16 u, tienen masa 16 gramos.

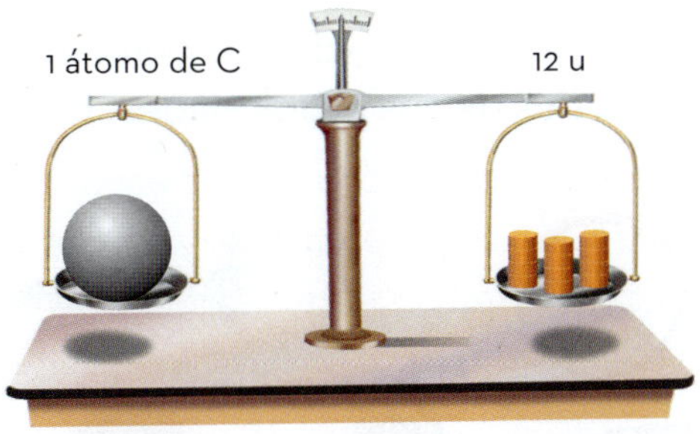

Masa de un átomo de carbono = 12 u

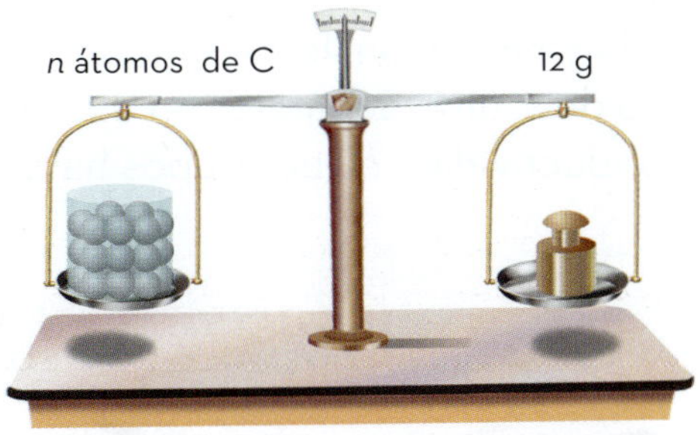

Masa de *n* de átomos de carbono = $n \cdot 12$ (u) = 12 g

Si la mayor parte de los elementos químicos tienen isótopos y, por tanto, el mismo elemento puede tener diferentes números másicos, entonces, ¿es posible saber la masa de un elemento químico que exista en varias formas isotópicas?

Al indicar la masa atómica de un elemento lo que indicamos en realidad es la masa promedio de la mezcla natural de sus isótopos. Se denomina masa isotópica o, simplemente, **masa atómica del elemento.**

Para cada elemento químico, se calcula realizando la media ponderada de los números másicos de los isótopos con su abundancia expresada en %:

$$\text{Masa atómica del elemento} = \frac{A_1 \cdot (\%)_1 + A_2 \cdot (\%)_2 + \ldots}{100}$$

CIENCIA 2.0

En el siguiente enlace podrás observar y trabajar con los isótopos:

phet.colorado.edu/es/simulations

Allí elige categoría: *química*

Y, luego, escoge: *isótopos y masa atómica.*

EJEMPLO RESUELTO

3. La plata existe en la naturaleza en dos isótopos de masas 109 u y 107 u. La abundancia relativa de cada uno es 48,2 % y 51,8 %, respectivamente. Calcula la masa atómica de la plata.

Solución

Basta con calcular la media de las masas de cada uno de los isótopos, ponderando la riqueza que hay de cada uno en la corteza terrestre. La fórmula matemática para calcular medias ponderadas, aplicada a nuestro problema sería:

$$\text{Masa atómica} = \frac{[A_1 \cdot (\%)_1 + A_2 \cdot (\%)_2 + \ldots]}{100}$$

$$\text{Masa atómica (Ag)} = \frac{(109\ \text{u} \cdot 48{,}2 + 107\ \text{u} \cdot 51{,}8)}{100} \simeq 107{,}87\ \text{u}$$

ACTIVIDADES

21. El cobre existe en la naturaleza en dos isótopos de masas 63 u y 65 u. Si la masa atómica del Cu es 63,6, calcula la abundancia relativa de cada uno.

22. El litio tiene dos isótopos en la Tierra de números másicos 6 y 7. Sabiendo que la abundancia del primero es 7,42 %, calcula su masa atómica.

7 Metales y no metales

La materia se agrupa en dos tipos de sustancias, los metales y los no metales, que tienen propiedades diferentes. Vamos a aprender a diferenciar unos de otros.

PIENSA Y RAZONA

Consigue: un clavo de hierro, un hilo de cobre, fósforo de una cerilla, papel de aluminio, un anillo de oro, un pedazo de carbón, un broche de plata y un trozo de azufre. Sepáralos en dos grupos según dos de sus propiedades: brillo y conductividad. ¿Qué grupos harías?

En función de sus propiedades, los agruparemos en:

- Un primer grupo: clavo de hierro, hilo de cobre, papel de aluminio, anillo de oro y boche de plata. Agrupa a los **elementos metálicos.**
- Un segundo grupo: fósforo de una cerilla, pedazo de carbón y trozo de azufre. Agrupa a los **elementos no metálicos.**

Las propiedades que diferencian a unos y otros están en la siguiente tabla:

	Brillo	Estado físico (a *T* ambiente)	Temperatura de fusión	Temperatura de ebullición	Conductores de calor	Conductores de electricidad
metales	sí	sólidos (excepto mercurio)	alta	alta	sí	sí
no metales	no	sólidos, líquidos y gases	bajas	bajas	no	no

ACTIVIDADES

23. **Si tienes una sustancia sólida que conduce la corriente eléctrica y que funde a altas temperaturas, ¿será metal o no metal?**

24. **El oxígeno y el nitrógeno del aire, ¿serán metales o no metales?**

25. **Identifica en tu casa tres objetos fabricados únicamente con un metal. Ten en cuenta que no tenga ningún otro componente.**

8 Abundancia de los elementos

Los elementos químicos forman toda la materia que nos rodea, incluso a nosotros mismos, puesto que estamos formados por átomos de dichos elementos.

PIENSA Y RAZONA

Agruparos por parejas o tríos y mirad a vuestro alrededor.
Identificad los diferentes elementos químicos que encontréis en vuestro entorno: vuestra casa, el instituto, la calle, el coche y demás lugares que se os ocurran. Clasificadlos en función de la abundancia con que los encontráis.
¿Piensas que son los más abundantes del planeta?

QUÍMICA 2.0

En el siguiente enlace puedes encontrar un vídeo sobre la abundancia de elementos químicos en la naturaleza:

goo.gl/8rQPo3

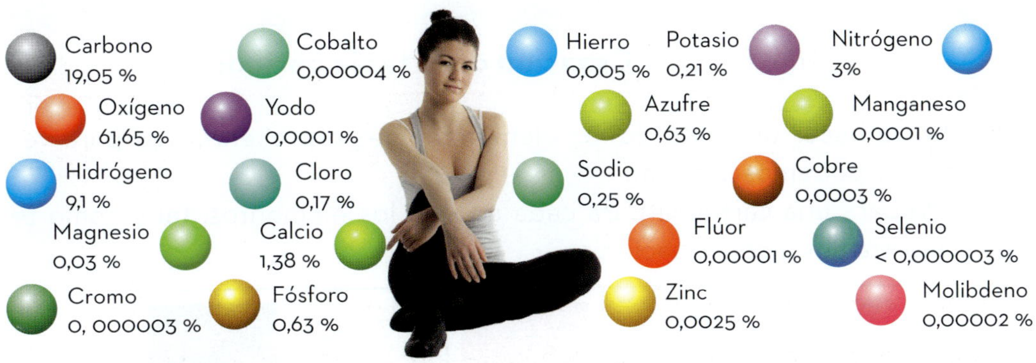

Actualmente, se conocen hasta 118 elementos químicos, pero 28 de ellos solo se pueden conseguir preparándolos en el laboratorio, así que en la naturaleza podemos encontrarnos con 90 elementos químicos diferentes. ¿Y cómo se distribuyen? Lo puedes ver en la siguiente tabla:

Universo	Hidrógeno 73,9 %	Helio 23,9 %	Oxígeno 1,1 %	Carbono 0,5 %				
Tierra	Oxígeno 49,5 %	Silicio 26 %	Aluminio 7,5 %	Hierro 3,4 %	Calcio 2,4 %	Potasio 2,4 %	Magnesio 2 %	Hidrógeno 1 %
Seres vivos	Oxígeno 62 %	Carbono 20 %	Hidrógeno 10 %	Nitrógeno 3 %	Calcio 2 %	Fósforo 1 %		

ACTIVIDADES

26. Observa la tabla del epígrafe 8:

a) Busca información e indica dónde se encuentran preferentemente los elementos más abundantes.

b) ¿Cuáles de los elementos contenidos en ellos son metales y cuáles no metales?

c) Indica su símbolo químico.

d) Representa mediante un diagrama de barras los elementos contenidos en ellos.

27. Indica el nombre y el descubridor de diez elementos que no se encuentren en la natualeza.

9 Ordenación de los elementos

Habrás visto en tu centro escolar, y también en tu localidad, que hay una biblioteca donde se guardan los libros. Como son muchos los que hay, te habrás dado cuenta de que se ordenan de una determinada manera para encontrarlos rápidamente.

Sin embargo, el orden va mucho más lejos. Si queremos leer un libro de aventuras juvenil, la ordenación por la misma temática nos facilita encontrar el que queramos.

Lo mismo sucede en el mundo científico: hemos conseguido organizar los elementos químicos en una tabla, de tal manera que podemos obtener mucha información de un elemento viendo exclusivamente el lugar en el que está situado en ella. La llamamos **tabla periódica.**

IMPORTANTE

La tabla o sistema periódico se debe a Dmitri Mendeléyev.

Su principal aportación fue darse cuenta de que debía dejar huecos a elementos que no se conocían en su época, pudiendo también predecir sus propiedades.

El elemento con número atómico 101 lleva hoy su nombre: mendelevio.

EXPERIMENTA Creación de la tabla periódica

3. Vamos a hacer una lista de los elementos más representativos para ver cómo los podemos ordenar.

a) Prepara una cartulina para cada uno de los elementos, tal y como te mostramos a continuación.

Z = 3 Li	Z = 6 C	Z = 16 S	Z = 20 Ca	Z = 13 Al
Z = 12 Mg	Z = 19 K	Z = 7 N	Z = 17 Cl	Z = 1 H
Z = 8 O	Z = 14 Si	Z = 10 Ne	Z = 4 Be	Z = 18 Ar
Z = 9 F	Z = 2 He	Z = 11 Na	Z = 15 P	Z = 5 B

b) Escribe debajo de cada elemento, cuántos electrones tiene en cada órbita.

c) Y ahora piensa en cómo los ordenarías, ¿por colores?, ¿alfabéticamente?, ¿o según los datos que aparecen indicados en las fichas?

Como acabamos de ver, los átomos de los elementos tienen una corteza de electrones que se mueven en torno al núcleo. Los electrones se colocan en órbitas, y los más importantes, los que determinan las uniones entre los átomos para formar sustancias, son los de la órbita más externa. Y en esa **órbita más externa siempre hay entre 1 y 8 electrones.**

IMPORTANTE

El hidrógeno y el helio completan su órbita con 2 electrones.

La ordenación tiene que darnos información acerca de los elementos, como la posición de los libros en los estantes de una biblioteca.

Se ordenan siguiendo dos criterios.

Número atómico creciente → Se colocan en **filas** de izquierda a derecha.

Número de electrones externos → Se colocan en **columnas** los que tengan el mismo número de electrones en la órbita más externa.

Se hacen grupos con aquellos elementos que posean el mismo número de electrones en su última capa. Cada grupo se organiza en una columna, en orden creciente de número atómico. Por último, se organizan las columnas de izquierda a derecha, en orden creciente de número atómico. Al final, se obtiene la siguiente tabla:

Z = 1 H 1 e^-							
Z = 3 Li 1 e^-	Z = 4 Be 2 e^-	Z = 5 B 3 e^-	Z = 6 C 4 e^-	Z = 7 N 5 e^-	Z = 8 O 6 e^-	Z = 9 F 7 e^-	Z = 10 Ne 8 e^-
Z = 11 Na 1 e^-	Z = 12 Mg 2 e^-	Z = 13 Al 3 e^-	Z = 14 Si 4 e^-	Z = 15 P 5 e^-	Z = 16 S 6 e^-	Z = 17 Cl 7 e^-	Z = 18 Ar 8 e^-
Z = 19 K 1 e^-	Z = 20 Ca 2 e^-						

Solo queda un elemento por colocar, el **helio (He),** que tiene 2 electrones, pero al mismo tiempo tiene esta órbita completa. Por tanto, podríamos colocarlo en la segunda columna ($2e^-$) o en la última (órbita completa). Como por su comportamiento se asemeja más a los elementos de esta última, se coloca en ella.

ACTIVIDADES

28. La colocación de los elementos también nos informa de sus propiedades. Prepara una tabla donde aparezcan los anteriores elementos y sus propiedades físicas más importantes (estado físico, temperaturas de fusión y ebullición y conductividad eléctrica) . ¿Qué puedes deducir de ello?

SABÍAS QUE..

El proceso seguido para obtener la tabla periódica como la conocemos actualmente es una muestra más de la aplicación del método científico.

Puedes hacer un amplio recorrido en la siguiente dirección:

goo.gl/DVwWul

10 La tabla periódica

QUÍMICA 2.0

Aquí encontrarás una app para descargar con muchas aplicaciones sobre átomos y sistema periódico.

www.portalprogramas.com/suite-quimica/android/

Hay un juego interactivo para aprender la posición de los elementos en la tabla periódica:

goo.gl/4u5gBU

Ahora es el momento de plantearse: ¿cómo colocamos todos los elementos de la tabla? Si queremos tener una ordenación completa, debemos concretar algún criterio.

PIENSA Y RAZONA

Vamos a analizar algo más la tabla periódica.
Fíjate bien y contesta: ¿qué grupo de elementos se colocan a la izquierda y cuáles a la derecha, sin tener en cuenta la última columna?

Los elementos que tienen el mismo número de electrones en la última órbita, es decir, los que están en la misma columna, tienen propiedades físicas y químicas muy parecidas. Este es el tercer criterio para ordenar los elementos.

Los elementos se ordenan en **periodos** (filas) siguiendo valores crecientes del número atómico, pero colocando en el mismo **grupo** (columna) los que tienen propiedades físicas y químicas muy semejantes.

La peculiar forma que tiene la tabla periódica es para conseguir que elementos similares en cuanto a sus propiedades se encuentren en el mismo grupo, esto es, en la misma columna.

ACTIVIDADES

29. **Realiza en una cartulina tamaño A3 la siguiente tabla periódica y contesta sobre ella a las siguientes cuestiones.**

Haz las casillas grandes porque anotarás información en su interior.

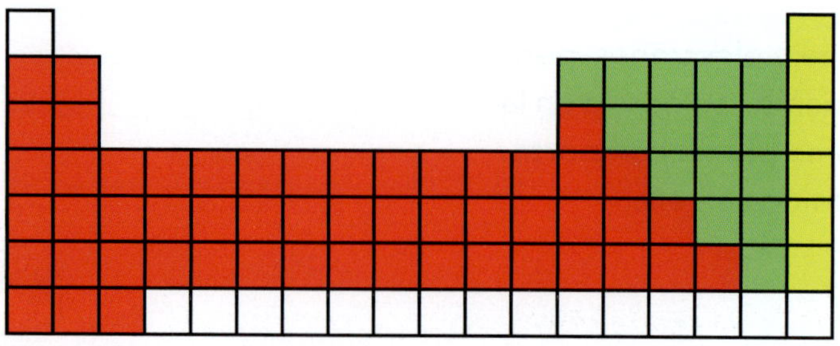

a) Coloca en ella los elementos que antes hemos trabajado del Z = 1 hasta el Z = 20.

b) Indica a qué tipo de elementos corresponden las zonas coloreadas.

30. **Ahora debes ser capaz de colocar muchos más elementos ordenadamente. Busca en Internet sus propiedades físicas y químicas principales e intenta colocar los siguientes en la tabla periódica:**

- **Manganeso (Mn) que tiene Z = 25.**
- **Hierro (Fe) que tiene Z = 26.**
- **Cobre (Cu) que tiene Z = 29.**
- **Cinc (Zn) que tiene Z = 30.**
- **Niquel (Ni) que tiene Z = 28.**
- **Galio (Ga) que tiene Z = 31.**
- **Germanio (Ge) que tiene Z = 32.**
- **Arsénico (As) que tiene Z = 33.**
- **Bromo (Br) que tiene Z = 35.**
- **Kriptón (Kr) que tiene Z = 36.**
- **Titanio (Ti) que tiene Z = 22.**
- **Cromo (Cr) que tiene Z = 24.**

La forma ordenada de los elementos en la actualidad viene dada por la siguiente estructura que denominamos tabla periódica:

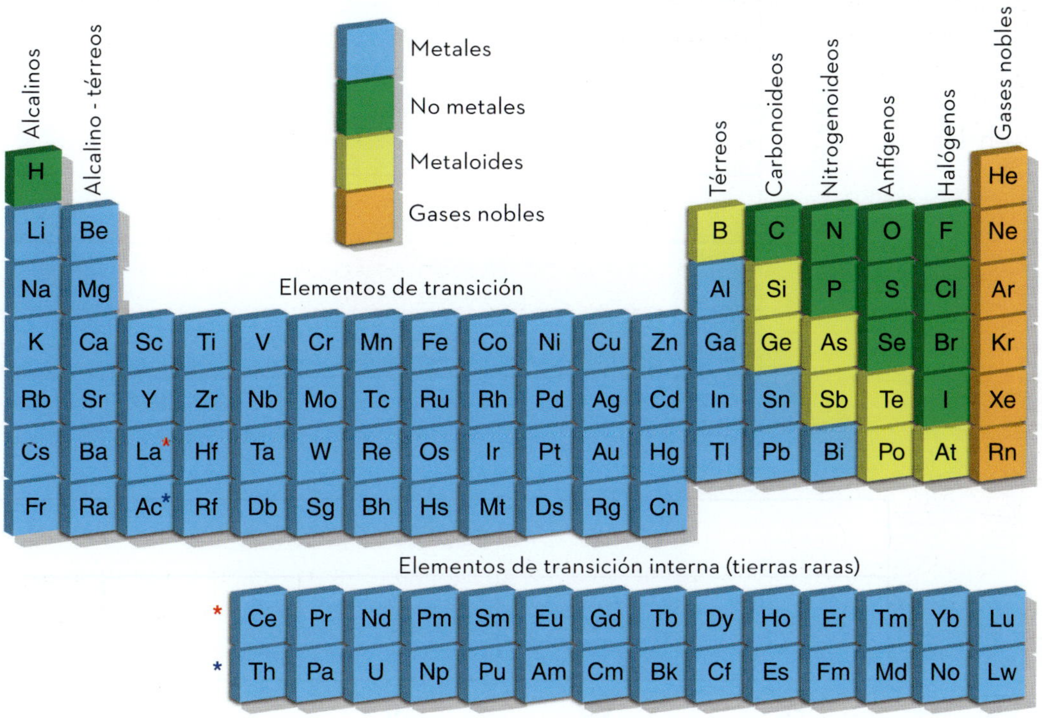

PIENSA Y RAZONA

Mira atentamente la tabla periódica y contesta:

- ¿Por qué crees que tiene una forma tan extraña, en lugar de ser una figura regular, por ejemplo, un rectángulo? ¿Por qué aparece ese hueco en la parte superior?
- Las dos filas que colocamos fuera, ¿donde se pondrían si quisiéramos colocarlas dentro de la tabla periódica?

El hidrógeno aparece situado a la izquierda y arriba del todo, en la misma columna que los elementos litio, sodio, etc.

- ¿Crees que tiene las propiedades de esos elementos?
- ¿Por qué lo hemos situado en esa posición?

ACTIVIDADES

31. Algunos elementos tienen símbolos que parecen no estar relacionados con sus nombres. Busca los nombres originales de los siguientes elementos y compáralos con sus símbolos químicos: sodio (Na), azufre (S), potasio (K), hierro (Fe), plata (Ag), oro (Au) y mercurio (Hg).

32. El hidrógeno que se coloca como primer elemento a la izquierda, ¿es un metal? ¿Qué iones puede formar?

QUÍMICA 2.0

Aquí puedes ver una magnífica tabla periódica interactiva:

goo.gl/5kFc1

IMPORTANTE

En la tabla periódica, el carácter metálico aumenta hacia la izquierda y hacia abajo, mientras que el no metálico hacia la derecha y arriba.

Ahora vamos a describir los diferentes grupos de elementos, también llamados familias, que aparecen en la tabla periódica.

Los **metales** se pueden agrupar en las siguientes familias o grupos:

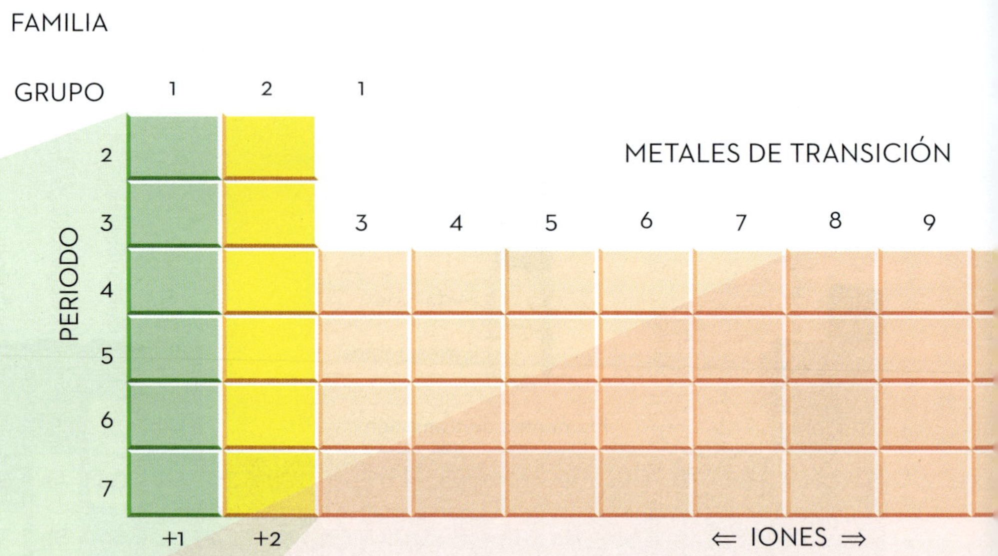

ALCALINOS 1	ALCALINOTÉRREOS 2
Li Baterías eléctricas.	**Be** Componentes hardware.
Na *Alimentación habitual.* Células fotoeléctricas.	**Mg** *Forma parte de la clorofila.* Utilizado en automóviles.
K *Transmisión de impulsos nerviosos.* Células fotoeléctricas.	**Ca** *Forma los huesos.* Purificador de metales.

Metales de transición				
8	9	10	11	12
Fe Productos siderúrgicos (con el carbono forma el acero).	**Co** Aleaciones para turbinas de aviones, catálisis del petróleo y radioterapia.	**Ni** Acero inoxidable, baterías recargables y robótica.	**Cu** Cables eléctricos y telefónicos, radiadores y frenos de automóviles.	**Zn** Protector contra la corrosión, industria aeroespacial y ordenadores.
			Ag Emulsiones fotográficas y joyería.	**Cd** Baterías y reactores nucleares.
		Pt Monedas, orfebrería, fotografía, medicina.	**Au** Joyería, monedas, electrónica y alta velocidad.	**Hg** Espejos, termómetros, lámparas y explosivos.

EL LABORATORIO EN EL AULA

1. Experimenta con aluminio (papel y polvo), magnesio (tira y polvo), fósforo y azufre:
   - **Brillo:** Raspa el metal para eliminar el óxido y comprobarás su brillo.
   - **Maleabilidad:** Los metales se pueden deformar sin romperse. Aplástalos.
   - **Conductividad eléctrica:** Los metales conducen la corriente. Forma un circuito con una pila y una bombilla o un polímetro, o mide su resistencia.
   - **Oxidación:** Espolvorea metal sobre la llama y verás cómo se ilumina, el polvo blanquecino que resulta es el óxido.

Calienta fósforo y azufre en sendos tubos de ensayo, los vapores desprendidos son sus óxidos.
Describe lo que ocurre en cada ensayo y diferencia entre metales y no metales.

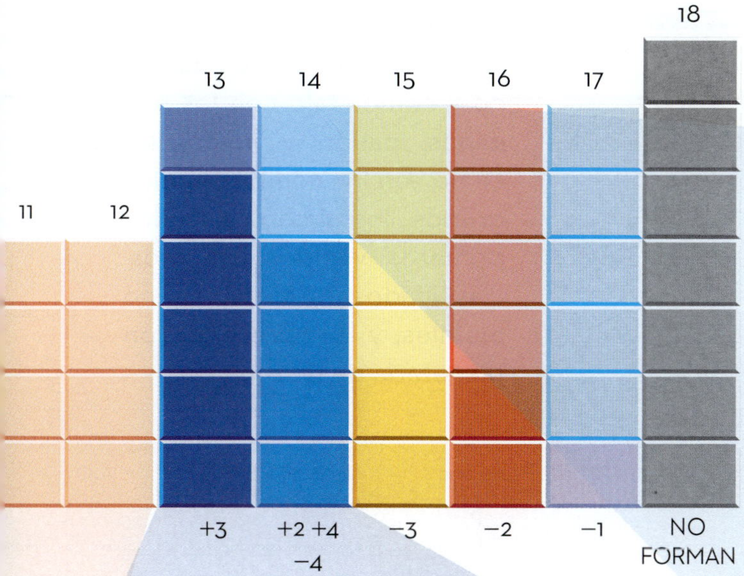

Los no metales se pueden agrupar en las siguientes familias o grupos:

CARBONOIDEOS 14	NITROGENOIDEOS 15	ANFÍGENOS 16	HALÓGENOS 17
C *Forma la materia viva.* Aceros y fibras poliméricas.	**N** *Fundamental en proteínas.* Obtención amoniaco y atmósferas inertes.	**O** *Imprescindible para la respiración.* Propulsión cohetes.	**F** Plásticos y semiconductores.
Si Chips y siliconas.	**P** Cerillas.	**S** Fabricación de pólvora y fungicidas.	**Cl** Fármacos e insecticidas.
			I Fármacos.

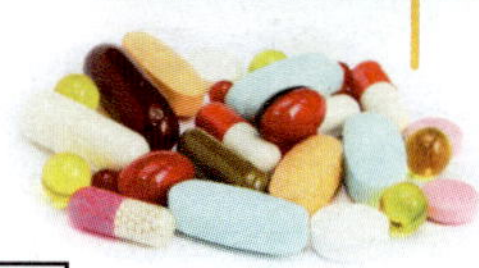

TÉRREOS 13
B Industria aeroespacial.
Al Espejos de telescopios.

CARBONOIDEOS 14
Sn Soldaduras eléctricas y protector de metales.
Pb Baterías y tuberías

GASES NOBLES 18
He Criogenia y reactores nucleares.
Ne Tubos luminosos rojos y láseres.
Ar Tubos luminosos verde-azulados y láseres.

Los últimos elementos que aparecen desubicados de la tabla en la parte inferior son las llamadas **tierras raras (lantánidos y actínidos)**, algunos de los cuales no existen en la corteza terrestre y se preparan en el laboratorio.

El grupo 18 es el de los llamados **gases nobles** o inertes que, por tener su última órbita completa, no se combinan con otros elementos; por tanto, no forman iones.

ACTIVIDADES

33. Sabiendo los iones que forman los elementos, indica el número de electrones que deben tener los elementos de cada grupo en su última órbita.

34. El hidrógeno es el elemento más abundante del Universo, totalizando hasta el 70 % de su masa total. ¿Podrías indicar dónde se encuentra?

MAPA CONCEPTUAL

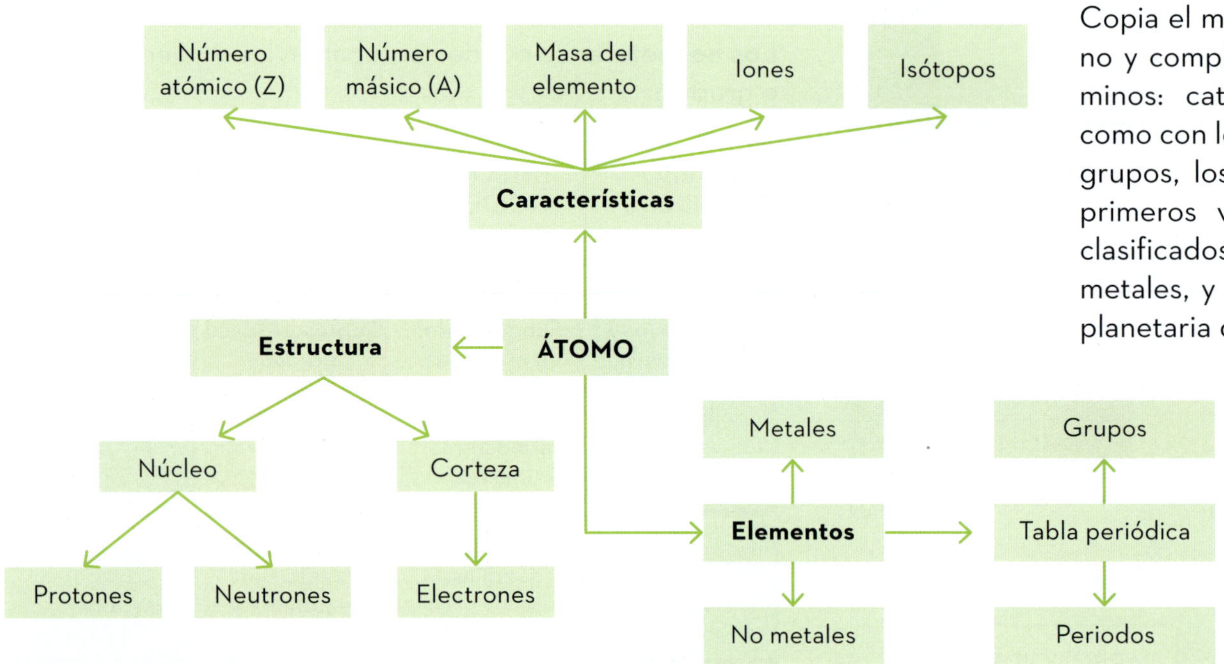

Copia el mapa en tu cuaderno y complétalo con los términos: catión y anión, así como con los nombres de los grupos, los símbolos de los primeros veinte elementos, clasificados en metales y no metales, y la representación planetaria de un átomo.

MIRA A TU ALREDEDOR

El microscopio fluorescente de alta resolución permite ver moléculas

La Real Academia de las Ciencias Sueca entregó en 2014 el más prestigioso premio de Química a los estadounidenses Eric Betzig y William E. Moerner y al alemán Stefan W. Hell por el desarrollo del nanoscopio, el microscopio fluorescente de alta resolución que, superando con creces las limitaciones de los instrumentos ópticos, permite ver los objetos a una escala nanométrica. Gracias a su trabajo, las moléculas dentro de células vivas aparecen ante los ojos de los científicos, lo que resulta fundamental a la hora de estudiar enfermedades como el Alzheimer o el Parkinson. Lo más diminuto no tiene dónde esconderse.

Betzig, del Instituto Médico Howard Hughes, y Moerner, de la Universidad de Stanford, desarrollaron la microscopía de una sola molécula. El método se basa en la posibilidad de encender y apagar la fluorescencia de moléculas individuales. La superposición de estas imágenes produce una imagen de superresolución a nanoescala. Gracias a esta invención, los científicos pueden ver cómo las moléculas crean sinapsis entre las neuronas y pueden rastrear proteínas implicadas en la enfermedad de Parkinson, la de Alzheimer o la de Huntington.

Nóbel de Química para los padres del nanoscopio. ABC, 8.10.2014 (adaptación)

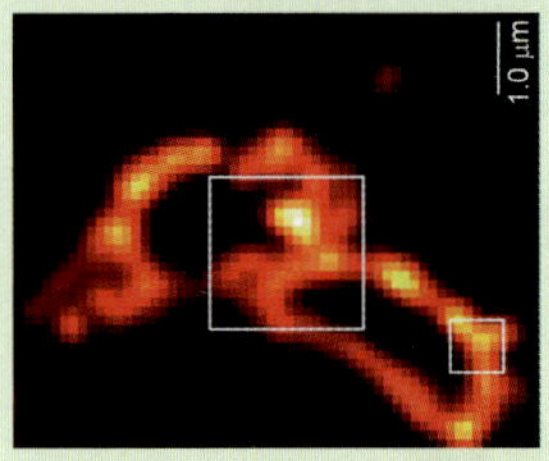

Imagen en microscopio convencional.

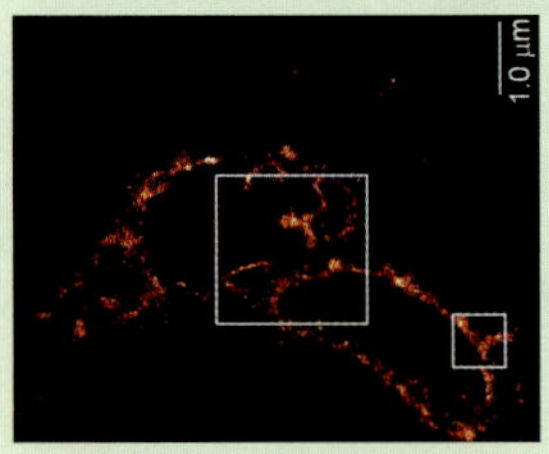

Membrana de una enzima de lisosoma.

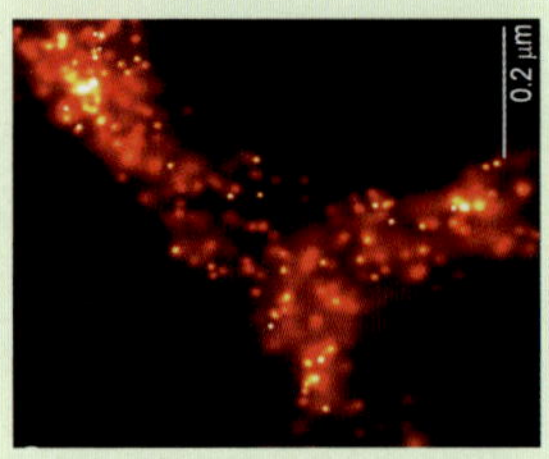

Imagen agrandada.

Cuestiones

Prepara una presentación en la que expliques qué es la fluorescencia e indica las principales aplicaciones que tiene actualmente.

PRÁCTICA DE LABORATORIO

Ensayos a la llama

Se trata de un ensayo de tipo cualitativo, es decir, con él podemos averiguar qué sustancias contiene nuestra muestra problema, pero no en qué proporción (haría falta un ensayo cuantitativo). En los ensayos a la llama, por lo general se usa inicialmente la base de la llama (menos calorífica) y seguidamente la zona oxidante, más calorífica, con diferentes propósitos.

En el ensayo de coloración, la llama actúa como fuente energética. Así, su energía posibilita la excitación energética de algunos átomos que, al regresar al estado inicial, emiten radiación de color característico para cada elemento.

Objetivo

Determinar el elemento químico presente por el color de su llama.

Material

- Botellas con pulverizador (lo ideal es una por cada elemento que queramos identificar).
- Mechero Bunsen o camping gas.
- Etanol.
- Sales de distintos compuestos: cloruros de Li, Na, K, Ba y Ca, y sulfato de cobre ($CuSO_4$), sulfato de magnesio, aluminio en polvo y dos o tres sustancias desconocidas.

Procedimiento

- Preparamos una disolución saturada de cada sal (con unos pocos miligramos es suficiente) en unos 10 cm^3 de etanol. En general, se disuelven mal en alcohol. Por eso, debemos filtrar la disolución, si no, nos podría obstruir el frasco pulverizador.
- Guardamos cada una de las disoluciones en botellas debidamente etiquetadas para no confundirlas.
- Ajustamos la boquilla del pulverizador para que proporcione una neblina lo más fina posible y la dirigimos hacia la llama de un mechero Bunsen. Aparecerá una coloración característica del elemento utilizado.

Tarea

a) Copia y completa la siguiente tabla en tu cuaderno:

Elemento	Coloración	Elemento	Coloración
litio		bario	
sodio		calcio	
potasio		cobre	
	naranja		blanco

b) Busca información para identificar a qué iones corresponden los colores que has obtenido y cuyos elementos desconoces.

c) Ahora procede igual con las disoluciones desconocidas. Anota la coloración obtenida y compárala con la tabla anterior. ¿De qué ión crees que se trata en cada caso?

ACTIVIDADES FINALES

Actividades básicas

1. Copia y completa las siguientes frases:

- Un objeto con carga eléctrica negativa es que tiene menor número de .... que de ....
- Un objeto que tiene carga eléctrica .... es que tiene mayor número de protones que de ....
- Un objeto con carga eléctrica neutra es que tiene .... número de .... que de ....

2. Describe lo que ocurre cuando:

a) Frotas un globo hinchado con lana y le acercas una varilla de vidrio.

b) Frotas un bolígrafo con lana y lo acercas al globo hinchado.

c) Frotas una varilla de vidrio con un paño de seda y la acercas al globo.

Da una explicación satisfactoria para cada suceso.

3. Las cargas eléctricas del mismo signo se repelen y las de distinto signo se atraen. ¿Dónde crees que este efecto será más notable, estando en el aire o en el vacío?

4. ¿Cuáles contienen átomos?:

a) Un virus. *b)* Un trozo de hierro.
c) El aire. *d)* Un animal.

5. Ordena de mayor a menor tamaño: átomo de oxígeno, virus, protón, electrón.

6. Calcula cuántas veces es mayor la masa del protón que la del electrón.

7. Si el núcleo del átomo de oro es de 10^{-12} m y el diámetro del átomo es de 10^{-8} m, ¿cuántas veces es mayor el átomo que el núcleo?

8. Indica qué partículas componen el núcleo de los siguientes átomos:

$^{35}_{17}Cl$ $^{39}_{19}K$ $^{56}_{26}Fe$

9. Identifica al ión de carga +2 del átomo de número atómico 20.

10. Un átomo neutro con 12 protones pierde 2 electrones. ¿En qué se transforma? ¿Sigue siendo el mismo elemento? ¿Mantiene el mismo número másico? Identifícalo.

11. Un átomo neutro con 8 protones gana 2 electrones. ¿En qué se transforma? ¿Sigue siendo el mismo elemento? Identifícalo.

12. ¿Por qué crees que el hidrógeno puede actuar como H^+ o H^-? ¿Será un metal o un no metal?

13. Observa el siguiente átomo y responde:

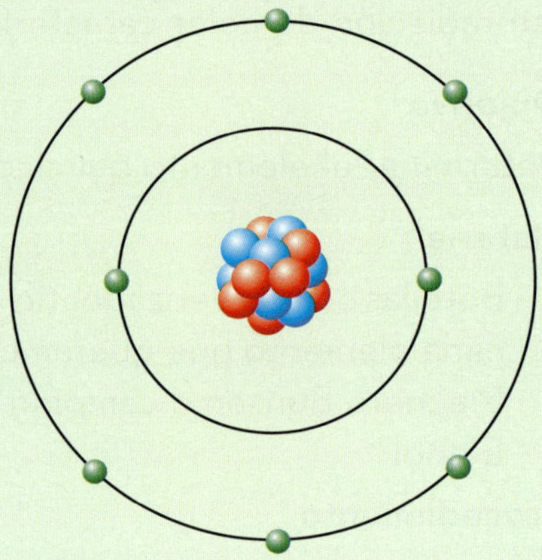

a) ¿Se trata de un átomo neutro?

b) ¿Su número másico es 13?

c) ¿Cuál es su número atómico?

d) ¿Es un ión positivo?

14. Indica cuáles de los siguientes núcleos son isótopos del mismo elemento:

$^{24}_{12}X$ $^{28}_{16}X$ $^{26}_{12}X$ $^{30}_{16}X$ $^{24}_{12}X$ $^{26}_{13}X$

15. Los residuos nucleares poseen diferente actividad radiactiva. Busca información sobre la actividad radiactiva.

16. ¿Cuál es la masa en gramos de un átomo de boro que tiene de masa 10,013 u?

17. El nombre de algunos elementos químicos procede de un científico o de un lugar. Localiza los siguientes y comenta el lugar o el científico que los nomina: Po, Cm, Ga, Pu, Rf, Es.

18. ¿Cuál es la diferencia que existe entre átomo y elemento químico?

19. Identifica cinco elementos que en su estado natural se encuentren en forma gaseosa.

Actividades de consolidación

20. Si consideramos al Sistema Solar como un hipotético átomo, identifica por su tamaño qué cuerpos serían sus electrones y cuál su núcleo, sabiendo que la distancia entre el Sol y los confines del Sistema Solar es de unos $5 \cdot 10^9$ km, y el diámetro solar es de unos 10^6 km.

21. En una línea de 1 cm de longitud hecha por un lápiz existen unos 65 millones de átomos de carbono, ¿cuál sería el diámetro de uno de ellos?

22. Copia y completa la siguiente tabla en tu cuaderno:

Átomo	Z	A	p^+	n^0	e^-
Si			14	14	
Br^-		80			36
Ni		58			28
Ag	47			60	
Al^{3+}		27		14	
Bi		209		126	

23. Indica el símbolo y el tipo de iones que forman los elementos berilio, aluminio, fósforo y flúor.

24. A partir de las siguientes observaciones relativas a dos isótopos de un mismo elemento:

- El primero tiene de número másico 35.
- El segundo tiene de número másico 37.
- El primero es neutro.
- El segundo es un anión con carga –1 que tiene 18 electrones.

Indica el número de protones, neutrones y electrones de cada isótopo.

25. ¿Por qué crees que la tabla que ordena los elementos químicos se denomina periódica?

26. Calcula la cantidad de leche que debes tomar al día para ingerir todo el aporte de calcio necesario, sabiendo que en un litro de leche hay 1,2 g de calcio, y que la cantidad diaria recomendada para una persona sana es de 800 mg.

27. ¿Qué elementos son los principales componentes de los líquidos corporales?

Actividades avanzadas

28. Describe alguna situación de la vida real en la que se contrarresten fuerzas implicadas en movimientos giratorios.

29. Si la masa atómica del potasio es 39,10 u y tiene dos isótopos, uno de ellos de masa atómica 41 u, con una abundancia del 6,7 %, calcula la masa atómica del segundo isótopo.

30. El elemento yodo–131 tiene un periodo de semidesintegración de 8,02 días. Calcula el tiempo que debe transcurrir para que de una muesta de 4 g de yodo–131 solo quede 1 g.

31. Para las exploraciones diagnósticas que utilizan isótopos radiactivos, ¿cuáles crees que se deben utilizar, los de cortos o los de largos periodos de semidesintegración?

32. A partir de su colocación en la tabla periódica, indica cuántos electrones pueden ganar o perder los siguientes elementos al formar iones: Cl, Al, Na, O, Ar y Ca. Indica dichos iones.

33. El 88 % de la dosis recibida de radiación por un individuo procede de fuentes naturales. Como ves, solo el 11,9 % es de origen artificial:

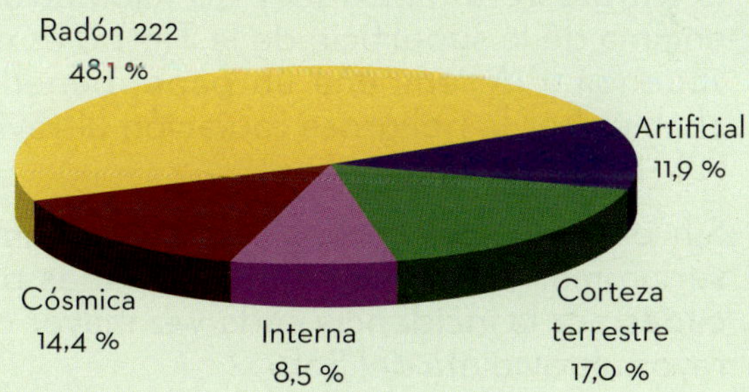

Indica:

a) ¿Qué es el radón y qué zonas de España tienen mayor concentración de él?

b) ¿Qué elementos son los que producen la radiación de la corteza terrestre?

34. ¿Qué son los bioelementos y los oligoelementos? Localiza en la tabla periódica cinco de cada clase, indicando cuáles son metales y cuáles no metales.

35. Averigua qué tipo de alimentos debemos incluir en nuestra dieta diaria para satisfacer nuestras necesidades mínimas de hierro, fósforo, magnesio, sodio y potasio.

PON EN MARCHA TUS HABILIDADES

La capa de ozono

PISA

Lee el siguiente fragmento de un artículo sobre la capa de ozono.

«La atmósfera es un océano de aire y un recurso natural imprescindible para mantener la vida en la Tierra. Desgraciadamente, las actividades humanas la están dañando de forma considerable, reduciéndola notablemente.

Las moléculas de ozono están formadas por tres átomos de oxígeno, a diferencia de las moléculas de oxígeno, que consisten en dos átomos de oxígeno. Las moléculas de ozono son muy poco frecuentes: menos de diez por cada millón de moléculas de aire. Sin embargo, durante miles de millones de años, su presencia en la atmósfera ha desempeñado un papel esencial en la protección de la vida sobre la Tierra. Dependiendo de dónde se localice, el ozono puede proteger o perjudicar la vida en la Tierra. El ozono en la troposfera (hasta 10 kilómetros por encima de la superficie de la Tierra) es ozono «malo» y puede dañar los tejidos pulmonares y las plantas. Pero alrededor del 90 % del ozono que se encuentra en la estratosfera (entre 10 y 40 kilómetros por encima de la superficie de la Tierra) es ozono «bueno» y desempeña un papel beneficioso al absorber la peligrosa radiación ultravioleta (UV-B) procedente del Sol.

Sin esta capa de ozono, los seres humanos serían más sensibles a enfermedades provocadas por la incidencia cada vez mayor de los rayos ultravioleta del Sol.»

Pregunta 1

En el texto anterior no se menciona cómo se forma el ozono en la atmósfera. De hecho, cada día se forma una cierta cantidad de ozono a la vez que otra cantidad de ozono se destruye. La tira cómica ilustra el modo en que se forma el ozono.

Supón que tienes un tío que intenta entender el significado de esta tira. Sin embargo, no estudió ciencias en el colegio y no entiende qué trata de explicar el autor de los dibujos. Tu tío sabe que en la atmósfera no hay hombrecillos pero se pregunta qué representan los de la tira, qué significan estos extraños símbolos O_2 y O_3 y qué procesos se describen. Supón que tu tío sabe que O es el símbolo del oxígeno, y lo que son los átomos y las moléculas. Escribe una explicación de la tira para tu tío. En ella utiliza las palabras átomos y moléculas tal y como se utilizan en las líneas del texto.

Pregunta 2

El ozono también se forma durante las tormentas eléctricas. Esto produce el olor característico que aparece después de ellas. En el texto se diferencia entre «ozono malo y bueno». De acuerdo con el artículo, ¿el ozono que se forma durante las tormentas eléctricas es «malo» o «bueno»? Escoge la respuesta correcta.

¿Ozono malo u ozono bueno?		Explicación
A	malo	Se forma cuando hace mal tiempo.
B	malo	Se forma en la troposfera
C	bueno	Se forma en la estratosfera.
D	bueno	Huele bien.

Pregunta 3

El texto dice: «Sin esta capa beneficiosa de ozono, los seres humanos serían más sensibles a cierto tipo de enfermedades provocadas por la incidencia cada vez mayor de los rayos ultravioleta del Sol». Nombra una de estas enfermedades específicas.

Minerales y nutrición: aporte diario

→| Tarea competencial

Los minerales son elementos químicos imprescindibles para el normal funcionamiento metabólico. El agua circula por el cuerpo y lleva estos minerales disueltos en ella. Muchos de los procesos químicos corporales dependen en gran medida de su concentración y distribución.

En función de la necesidad que el organismo tiene de ellos pueden ser:

- **Macrominerales,** que son los necesarios en cantidades mayores de 100 mg por día. Entre ellos, los más importantes son: sodio, potasio, calcio, fósforo, magnesio, azufre y hierro.
- **Microminerales,** que son necesarios en cantidades muy pequeñas. Los más importantes son: cobre, yodo, manganeso, cromo, cobalto, cinc y selenio.

Los macro y microminerales no deben ser administrados sin razones que lo justifiquen, dado que muchos de ellos son tóxicos en ciertas cantidades. El cumplimiento de una dieta alimenticia equilibrada contempla y aporta las cantidades requeridas de estos minerales.

Objetivo

Calcular el aporte diario de macrominerales en nuestra dieta, con el fin de comprobar si nuestra alimentación es o no adecuada.

Producto final

Vamos a preparar un informe que determine cómo es nuestra dieta en aporte de macrominerales y vamos a compararla con la del resto del grupo asignado por el profesor y, por último, con la de la clase.

Pasos que debes realizar

Aunque puedes proponer otra a tu profesor, una posible secuencia de pasos podría ser la siguiente:

1. Haz una lista de los alimentos que consumes en casa durante una semana, indicando la cantidad de cada uno de ellos.
2. Busca información para saber la cantidad de macrominerales que hay por cada 100 g de esos alimentos.
3. Prepara una tabla con esta información:
    - Alimento.
    - Cantidad semanal consumida.
    - Macrominerales (elementos).
    - Cantidad de cada elemento (por 100 g).
    - Cantidad semanal de elemento aportada/cantidad diaria.
4. Compárala con el resto del grupo o de la clase, según decida tu profesor.
5. Realiza un gráfico de barras que incluya las cantidades ingeridas por ti, por la media del grupo o de la clase, y agrega el dato del aporte diario necesario de cada elemento para una buena nutrición, que puedes obtener en Internet.
6. Prepara unas conclusiones acerca de lo equilibrado de tu dieta y los aportes de elementos que son insuficientes en ella.
7. Con todo ello, realiza una presentación donde muestres los resultados de tu investigación y exponla al resto del grupo.

3 UNIONES ENTRE ÁTOMOS

En la vida cotidiana habrás comprobado que cuando las personas actúan individualmente sus capacidades de acción son bastante limitadas, en cambio cuando se agrupan en función de sus intereses mutuos o sus aficiones, sus potenciales se multiplican.

Cuando te asocias a un club deportivo o de cualquier otro tipo, por ejemplo, puedes hacer muchas más actividades en grupo que tú solo.

Algo parecido ocurre con los átomos: sus efectos por separado son casi imperceptibles, pero cuando se unen para formar compuestos son capaces de constituir los diversos tipos de materiales que nos rodean.

Por separado, los individuos podemos tener efectos muy reducidos sobre el mundo que nos rodea, al igual que pasa con los átomos, pero unidos, nuestro valor es considerable.

Del mismo modo que nosotros cambiamos de parecer o de asociación, si encontramos otra que nos parezca más interesante, los átomos hacen lo mismo en las reacciones químicas: intercambian sus átomos, rompen enlaces y forman otros nuevos.

Desde este punto de vista, nuestro comportamiento como personas no nos diferencia mucho de los átomos.

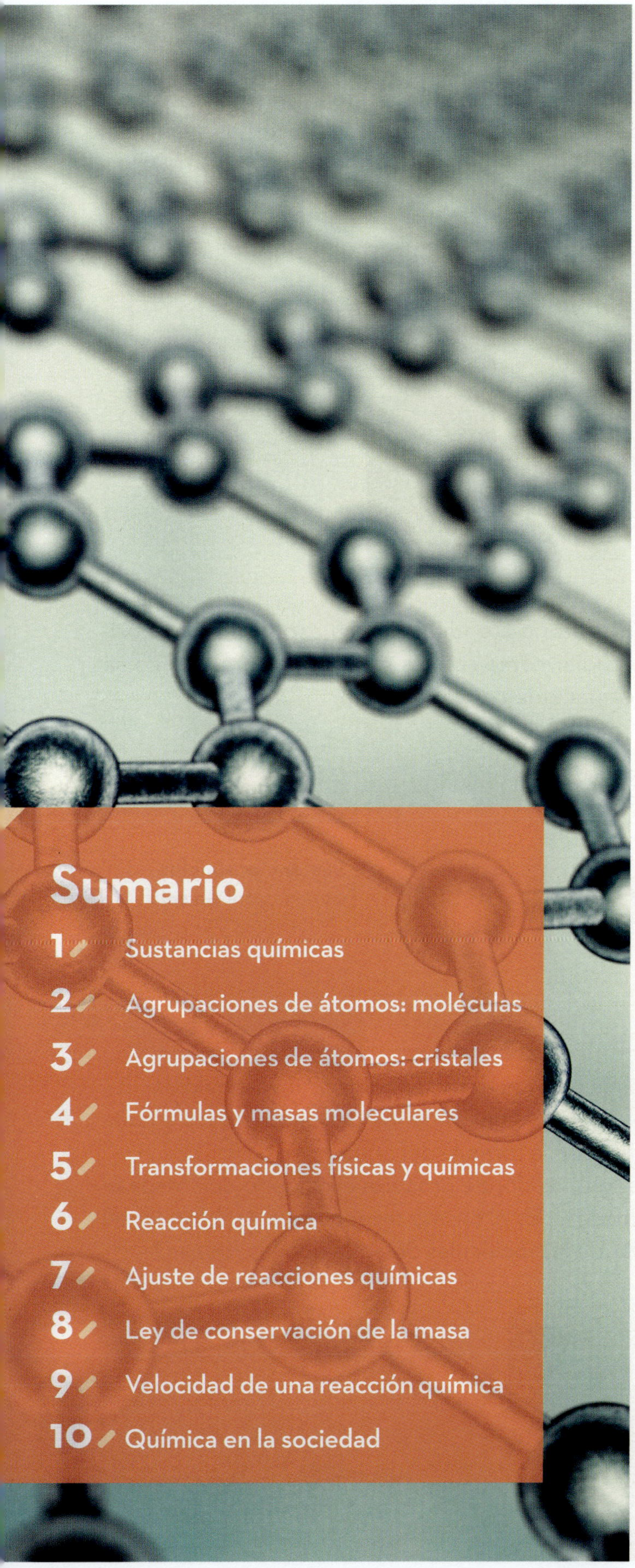

Sumario

Te proponemos un reto

En esta unidad vamos a comprobar cómo el hecho de que los átomos se unan les confiere unas propiedades peculiares. Una de ellas es la conductividad eléctrica.

Busca los siguientes materiales:

- Sal.
- Hierro.
- Arena.
- Agua destilada.
- Agua con sal disuelta.
- Un clavo.

Construye un circuito: coloca un recipiente que contenga una muestra de uno de los materiales anteriores e introduce en él un par de electrodos, cuyos cables cierren el circuito mediante una pila. Incorpora una bombilla o un led al circuito para saber cuándo hay paso de corriente y cuándo no.

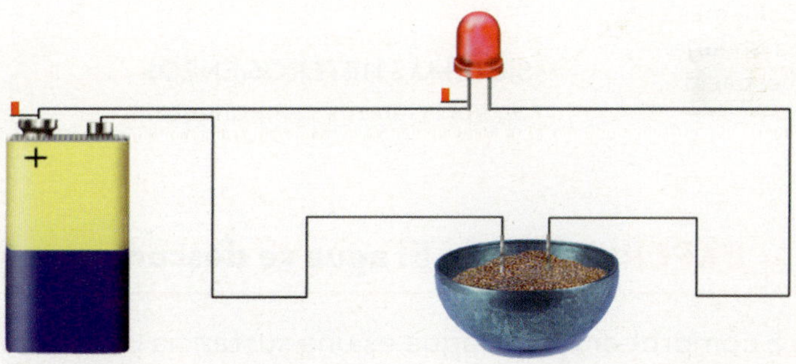

Repite el experimento con el resto de materiales y clasifícalos en función de si son capaces o no de conducir la corriente eléctrica.

Los átomos, al unirse, forman compuestos que adquieren propiedades específicas. A lo largo de esta unidad aprenderás que esas propiedades dependen del enlace que los una.

Haz una fotografía que muestre el resultado de cada experimento y organízalas todas en un mural de acuerdo a la clasificación que hayas realizado.

1 Sustancias químicas

Todo lo que nos rodea es química. La materia está formada por sustancias químicas y muchos de los cambios que nos envuelven son reacciones químicas. Pero, ¿hay algo más que química?

PIENSA Y RAZONA

Observa las siguientes imágenes:

- Identifica cuáles representan sustancias químicas y cuáles no.
- ¿Observas algo común en la clasificación?
- Lo que no es una sustancia química, ¿qué crees que es?

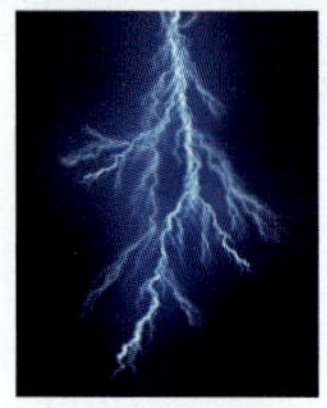

Ya conoces la clasificación de la materia atendiendo a su aspecto y composición. En esta unidad vamos a estudiar cómo son las sustancias puras, cómo se pueden presentar y qué transformaciones experimentan:

MATERIA
Todo aquello que posee masa y ocupa un lugar en el espacio

- **SISTEMAS HOMOGÉNEOS**
  No se aprecian sus componentes
  - **Sustancias puras**
    Un solo componente
    - **Compuestos**
      Poseen **más de un** elemento
    - **Sustancias simples**
      Formadas por **un solo** elemento
  - **Disoluciones**
    Más de un componente
- **SISTEMAS HETEROGÉNEOS**
  Se aprecian sus componentes

EXPERIMENTA **El agua se descompone**

1. Vas a comprobar que el agua es una sustancia pura formada por varios elementos.
Toma una pila de petaca de 4,5 V, dos cables pelados, un recipiente con agua, dos vasitos de plástico transparente y un poco de sal.

- Disuelve una cucharada de sal en agua.
- Conecta los cables a la pila, introdúcelos separados en el agua, y coloca sobre ellos dos vasitos llenos de agua. Para ello, introdúcelos en el agua, llénalos y disponlos boca abajo.

Verás que salen burbujas de los dos cables, pero de uno más que del otro. En el cable con más burbujas se está produciendo hidrógeno y en el otro, oxígeno. Interprétalo y responde a lo siguiente:

a) ¿Por qué es necesario añadir sal? Investígalo.
b) Observa el volumen de los gases obtenidos y compáralo con la fórmula del agua.
c) Averigua de dónde procede el oxígeno que respiran los peces. ¿Es el mismo oxígeno que está formando parte de las moléculas de agua que les rodean?

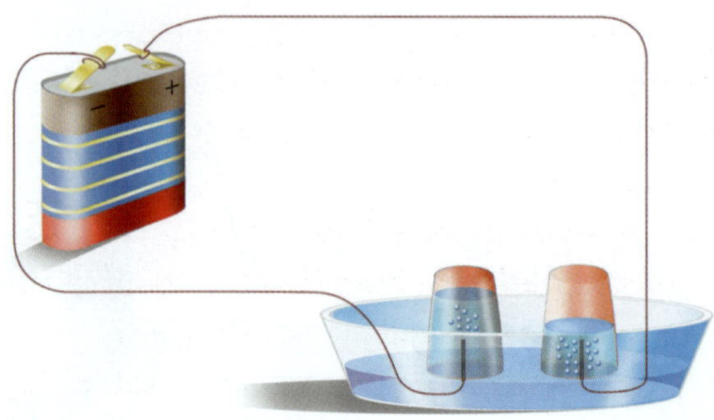

El agua es una sustancia pura que podemos descomponer en hidrógeno y oxígeno, pero estas nuevas sustancias no se pueden descomponer en otras más simples. De esta manera, en las sustancias puras se pueden distinguir:

- **Compuestos** → Sustancias formadas por elementos **diferentes.** Por ejemplo, el agua.
- **Sustancias simples** → Sustancias formadas por el **mismo** elemento. Por ejemplo, el hidrógeno o el oxígeno.

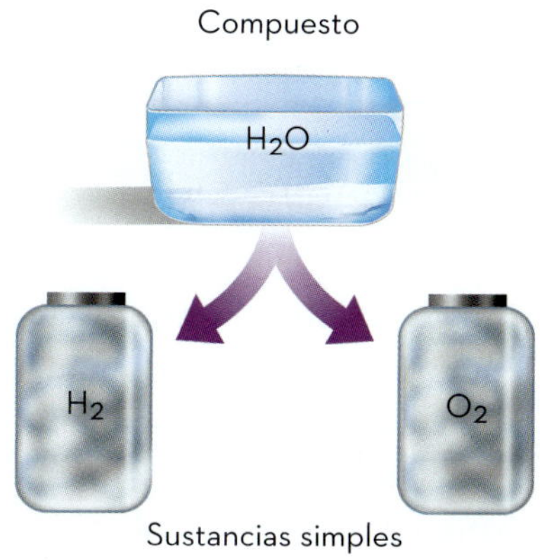

Los átomos, salvo los de los gases nobles, no existen en la naturaleza por separado y deben unirse para formar compuestos cuyas propiedades dependerán de los elementos que los constituyen. Por ejemplo:

Nombre	Fórmula	Elementos	Estado (20 °C)	$T_{FUSIÓN}$	$T_{EBULL.}$
Agua	H_2O	H y O	Líquido	0 °C	100 °C
Hidrógeno	H_2	H	Gas	−259 °C	−253 °C
Oxígeno	O_2	O	Gas	−219 °C	−183 °C

Fíjate en lo que ocurre cuando cambiamos los átomos de una sustancia. ¿Qué pasa cuando al agua (H_2O) le añadimos otro oxígeno y se forma H_2O_2?

Lo que sucede es que esta nueva sustancia tiene propiedades diferentes a las del agua. Es el compuesto que conocemos como agua oxigenada.

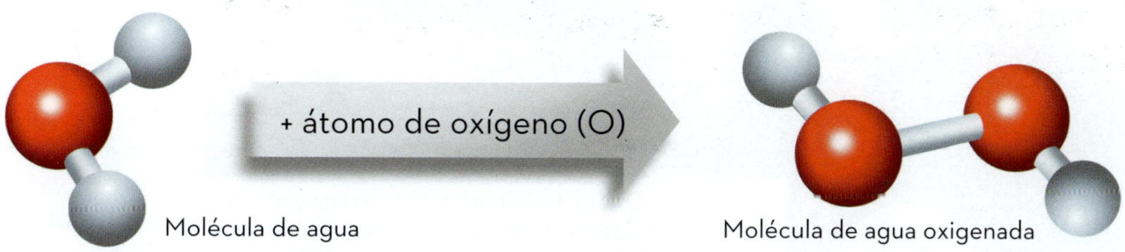

Molécula de agua — Molécula de agua oxigenada

Un **compuesto químico** depende del tipo y número de elementos que lo forman.

QUÍMICA 2.0

Esta aplicación te ayudará a observar cómo se cuentan los átomos al ajustar una reacción química. Entra en:

phet.colorado.edu/es/simulations

Selecciona la categoría de *química* y escoge el juego: *Construye una molécula.*

ACTIVIDADES

1. **Las moléculas de agua y agua oxigenada no son muy diferentes, pero algunas de sus propiedades sí lo son. Busca información en Internet sobre sus propiedades físicas (color, olor, temperatura de fusión y de ebullición, estado a temperatura ambiente), sus propiedades químicas (fórmula, elementos, toxicidad) y sus aplicaciones. Prepara una presentación comparando la información obtenida.**

2. **Infórmate sobre las propiedades físicas y químicas de las siguientes sustancias: dióxido de carbono, monóxido de carbono, oxígeno, ozono, diamante, sal de cocina y mármol.**

   Prepara un cartel explicativo mediante un procesador de textos en el que compares sus propiedades.

2 Agrupaciones de átomos: moléculas

SABÍAS QUE..

Solo existirán aquellas uniones entre átomos que permitan estabilizar al conjunto de elementos que se unan entre sí.

Las personas se asocian para conseguir diversos fines y tú haces lo mismo en la escuela o con tus amigos. Intentas agruparte con otros que tengan aficiones comunes contigo o intentas conseguir algo que en solitario no puedes lograr. A los átomos les pasa lo mismo, deben asociarse entre sí para conseguir formar sustancias cuyas propiedades sean diferentes a las de los átomos por separado.

PIENSA Y RAZONA

Los átomos no se asocian de cualquier manera. Están más cómodos —más estables— asociados con unos átomos que con otros.

a) ¿Crees que en la realidad podrán producirse todas las combinaciones entre átomos que imagines?

b) ¿Qué condiciones debería cumplir una unión entre átomos para existir?

QUÍMICA 2.0

Aquí puedes manipular los elementos para ver cómo se unen.

goo.gl/uNByMz

Los elementos no metálicos se unen entre sí o con el hidrógeno y forman **moléculas.**

EXPERIMENTA **Las moléculas de agua se mueven**

2. Llena un vaso con agua y echa en él unas gotas de colorante líquido o incluso tinta, pero no lo agites, y observa lo que sucede durante 10 minutos.
Deja una cámara fija y realiza una fotografía cada 30 s.
Explica lo que ocurre basándote en la teoría cinético-corpuscular de los gases.
Realiza una presentación con las fotos donde muestres lo ocurrido y añade tu explicación de forma oral. A esta técnica de grabación se la conoce con el nombre de *time-lapse*.

2.1. Enlace covalente

El tipo de enlace que une a los átomos que forman las moléculas de O_2, N_2, H_2O y NH_3 es el mismo. La unión se realiza a través de los electrones de la órbita más externa de los átomos que se van a enlazar. Estos electrones se comparten entre los átomos con el fin de conseguir tener todos ocho electrones en esa órbita, y de ahí surge la fuerza que los mantiene unidos. El hidrógeno es una excepción y solo necesita tener dos electrones en su última órbita.

> La unión por compartición de electrones se denomina **enlace covalente.**

Así, cuando los átomos de N y de H se combinan para formar NH_3, ambos consiguen completar su órbita más externa, el nitrógeno con ocho electrones y el hidrógeno con dos.

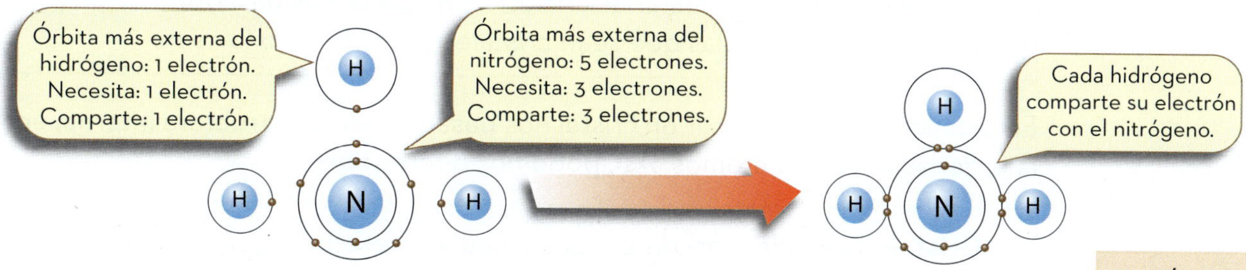

En la tabla siguiente tienes algunos ejemplos de moléculas covalentes.

Hidrógeno	H_2	Nitrógeno	N_2	Oxígeno Ozono	O_2 O_3	Flúor	F_2
		Fósforo	P_4	Azufre	S_8	Cloro	Cl_2
						Bromo	Br_2
		Amoniaco	NH_3	Agua	H_2O	Yodo	I_2

Las compuestos tienen bajas temperatura de fusión o de ebullición por lo que cambian de estado fácilmente y, por ello, a temperatura ambiente, se pueden presentar en cualquiera de los tres estados: sólido, líquido o gaseoso.

SABÍAS QUE..

La tendencia que poseen todos los átomos a rodearse de ocho electrones se denomina **regla del octeto.**

El hidrógeno es una excepción, ya que solo se rodea de dos electrones.

QUÍMICA 2.0

Para ver cómo se forman los enlaces accede a:

goo.gl/ds0IUW

Marca a la izquierda *enlaces*.

A continuación, puedes experimentar con los diferentes enlaces que aparecen.

ACTIVIDADES

3. A partir del número de electrones de su última capa predice cuántos electrones compartirá cada átomo y haz un dibujo que lo muestre.

F_2 Cl_2 O_2 N_2 H_2 H_2O

4. El amoniaco es una sustancia gaseosa a temperatura ambiente. Explica por qué la botella de amoniaco que hay en tu casa se encuentra en forma líquida. Investiga para qué se usa en el ámbito doméstico.

5. Para las moléculas: F_2, Cl_2, O_2, N_2, H_2 y H_2O, indica el estado físico a temperatura ambiente, así como si serán capaces de conducir la corriente eléctrica.

6. El ozono es una sustancia química muy importante en el ambiente de la que seguramente has oído hablar mucho en los medios de comunicación. ¿Cómo se produce en la naturaleza y cómo se destruye?

3 Agrupaciones de átomos: cristales

Es un error muy común confundir el cristal con el vidrio, así como asociar cristal y transparente. ¿Sabrías distinguirlos?

PIENSA Y RAZONA

Observa las siguientes imágenes:

a) ¿A cuál o cuáles denominarías cristal? ¿En qué te has basado?
b) Nombra tres sustancias que sean cristales y tres que no lo sean.

En química, para identificar un cristal nos basamos en su estructura interna, en la ordenación de los átomos. Así, podemos diferenciar:

- **Cristal:** forma de materia cuyas partículas presentan una estructura interna ordenada en diferentes direcciones del espacio, como el diamante.
- **Amorfo:** forma de materia cuya estructura interna no se encuentra ordenada, como el vidrio o el plástico.

Existen tres tipos de cristales según el tipo de átomos que los forman.

Cristal iónico	Elemento metálico + Elemento no metálico
Enlace iónico	El metal **cede** los electrones de la órbita más externa al no metal que los acepta, quedan ambos con ocho electrones externos, a excepción del H con dos.
	$T_{FUSIÓN}$: de media a alta.
	Solubilidad en agua: sí.
	Conductividad: fundido o disuelto en agua.
	Ejemplos: sal común (NaCl), tiza ($CaCO_3$).

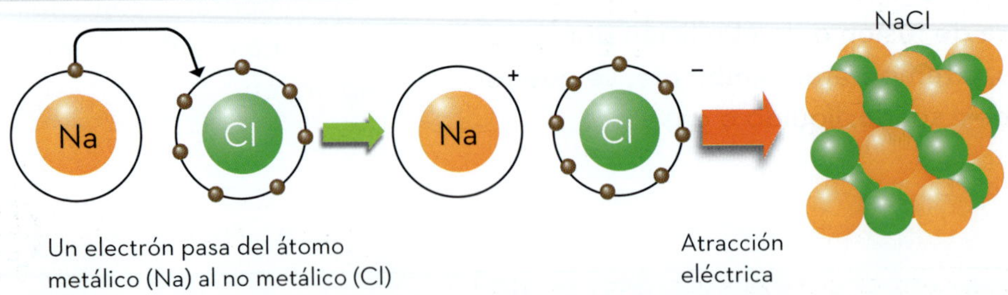

Cristal metálico	Átomos del elemento metálico unidos entre sí
Enlace metálico	El metal **cede** los electrones a una nube de electrones, quedando así todos los átomos con ocho electrones externos.
	$T_{FUSIÓN}$: de alta a muy alta.
	Solubilidad en agua: no.
	Conductividad: sí; valores muy elevados.
	Ejemplos: hierro (Fe), cobre (Cu), oro (Au).

Un electrón pasa del átomo metálico (Na) a la nube de electrones.

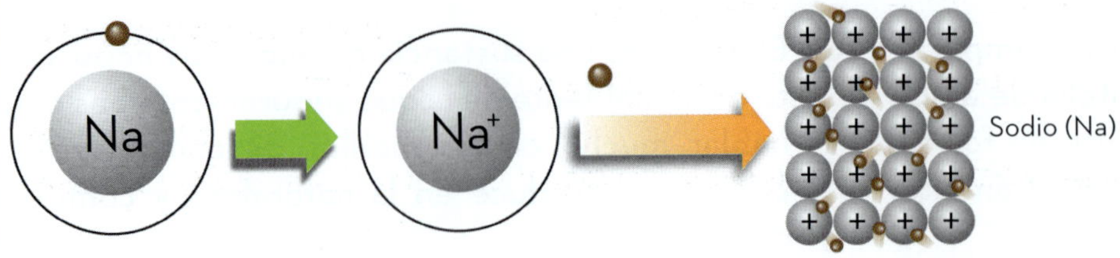

Cristal covalente	Átomos de elementos no metálicos unidos entre sí
Enlace covalente	Los diferentes no metales **comparten** sus electrones hasta llegar todos a rodearse de ocho electrones.

Se forman estructuras unidas por enlaces covalentes

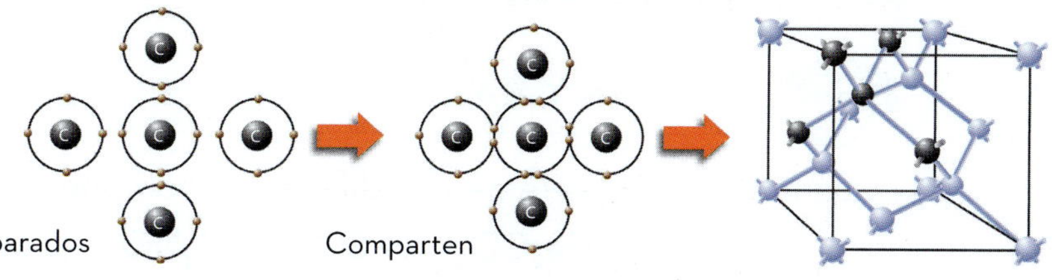

Cuarzo (SiO_2): mineral blanco o transparente donde el silicio y el oxígeno se ordenan como en el diamante.

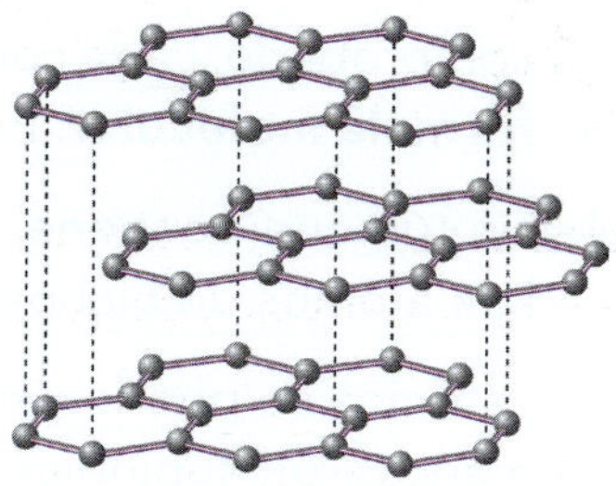

Grafito (C): estructura de átomos de carbono formando planos.

$T_{FUSIÓN}$: muy alta.
Solubilidad en agua: no.
Conductividad: muy variable.
Ejemplos: diamante (C), cuarzo (SiO_2).

EXPERIMENTA Identificando cristales

3. ¿Cuántos materiales cristalinos hay en tu entorno?
Para averiguarlo, coge un poco de tiza, sal, un anillo de oro, un clavo de hierro, una punta de un lápiz y un poco de arena.

- Intenta disolver cada uno en agua. ¿Cuáles se disuelven?
- Colócalos en un recipiente y, con ayuda de un adulto, intenta fundirlos en el fuego de la cocina. ¿Alguno se funde?
- Emplea un circuito, diseñado con una pila, y prueba la conductividad eléctrica de estas sustancias. ¿Cuáles conducen la corriente?

Después de observar sus propiedades, deduce el tipo de cristal que representa cada material investigado y redacta un breve informe de la tarea.

ACTIVIDADES

7. Indica cuáles de estas parejas pueden formar cristales iónicos y deduce su fórmula a partir del número de electrones que intercambian:

a) Potasio y azufre. *b)* Aluminio y oxígeno. *c)* Azufre y cloro.

8. La estructura cristalina de la sal de cocina (cloruro de sodio, NaCl) es muy sencilla. Búscala y construye con plastilina y palillos su celda unidad.

9. El carbono es un elemento muy peculiar, lo puedes encontrar en forma de carbón, grafito (la mina de algunos lápices) o diamante. Las tres sustancias son muy diferentes. Realiza una presentación donde las describas y compares.

QUÍMICA 2.0

En la siguiente web puedes observar cómo se realizan los enlaces químicos.

chemieupn.blogspot.com.es/

Accede a la página y selecciona: *Enlaces químicos.*

4 Fórmulas y masas moleculares

Sabes que las diferentes sustancias se distinguen por sus átomos. Pero, ¿cómo podemos expresarlo de manera sencilla y clara?

PIENSA Y RAZONA

¿Cuántos átomos y elementos diferentes componen las siguientes sustancias?

C_2H_5OH Na_2CO_3 H_2SO_4 NH_4NO_3 $Cu(NO_3)_2$ $Al_2(SO_3)_3$

Como has comprobado, cada compuesto se identifica mediante una expresión denomina **fórmula molecular.** En esta aparecen:

- Los elementos que contiene, seguidos de unos subíndices que indican la cantidad de átomos de dichos elementos.
- Diversos átomos se pueden agrupar con un paréntesis que funciona como en matemáticas, un subíndice después de un paréntesis multiplica a todos los átomos que se encuentran dentro de él.

¿Cuántos átomos y elementos diferentes componen el nitrato de cobre (II)?

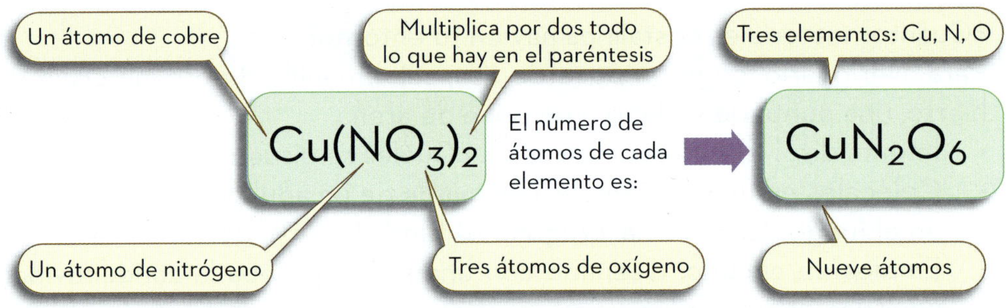

La **masa molecular** de un compuesto químico se determina sumando las masas atómicas de todos los átomos que aparecen en su fórmula.

Vamos a calcular la masa del ácido nítrico, de fórmula HNO_3.

- Lo primero es buscar en la tabla periódica las masas atómicas de cada uno de los elementos presentes en la molécula: H = 1 u; O = 16 u; N = 14 u.
- La fórmula nos indica cuántos átomos hay de cada uno de ellos. En nuestro caso, hay un átomo de hidrógeno, tres de oxígeno y uno de nitrógeno.
- Para calcular la masa molecular basta con hacer la suma de todas las masas atómicas tal y como se indica en la figura siguiente:

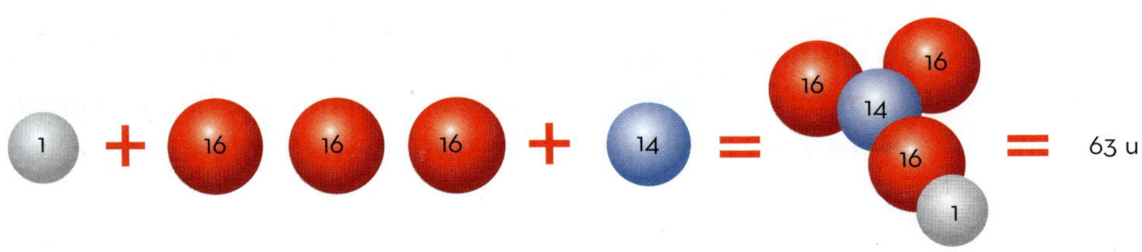

RECUERDA

Átomo es la unidad básica de la materia y está formado por un núcleo y su corteza electrónica.

Todos aquellos átomos que poseen el mismo número de protones (mismo número atómico) corresponden al mismo **elemento.**

IMPORTANTE

El término masa molecular se aplica a moléculas.

El término masa-fórmula se aplica a cristales, ya que en ellos no existe una molécula como tal, y se calcula sumando las masas atómicas de todos los átomos que aparecen en su fórmula.

EJEMPLOS RESUELTOS

1. La tiza que utilizas en clase es carbonato de calcio ($CaCO_3$). Calcula su masa molecular (M_m). Busca en la tabla periódica las masas atómicas.

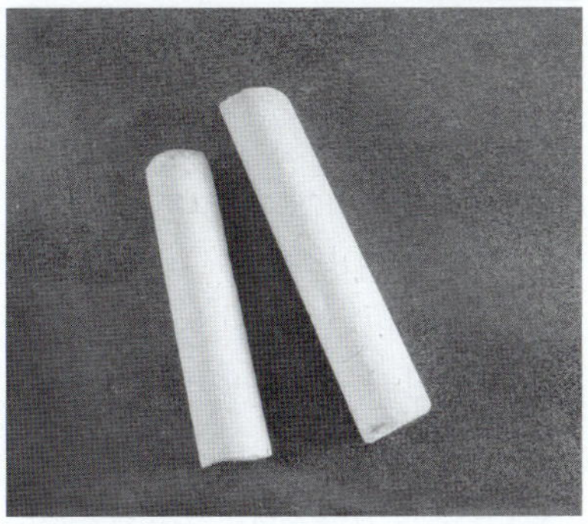

Solución

Este compuesto está formado por 1 átomo de calcio (Ca), 1 átomo de carbono (C) y 3 átomos de oxígeno (O).

Sus masas atómicas son:

$$Ca = 40\ u;\ C = 12\ u\ y\ O = 16\ u.$$

La masa molecular se calcula así:

$$M_m[CaCO_3] = 40\ u \cdot 1 + 12\ u \cdot 1 + 16\ u \cdot 3 = 100\ u$$

2. Calcula, expresándola en gramos, la masa de la molécula del sulfato de hierro (III) de fórmula $Fe_2(SO_4)_3$. ¿Y qué masa tiene un mol de esta sustancia?

Solución

La molécula está formada por 2 átomos de hierro (Fe), 3 átomos de azufre (S) y 12 átomos de oxígeno (O).

Sus masas atómicas son: Fe = 55,8 u; S = 32 u y O = 16 u.

La masa molecular será:

$$M_m[Fe_2(SO_4)_3] = 55{,}8\ u \cdot 2 + 32\ u \cdot 3 + 16\ u \cdot 12 = 399{,}6\ u$$

La masa en gramos será: $399{,}6\ u \cdot \dfrac{1\ g}{6{,}022 \cdot 10^{23}\ u} = 6{,}64 \cdot 10^{-22}\ g$

Como ves, una molécula posee una masa muy pequeña.

Como recordarás, el mol era la cantidad de partículas (aquí moléculas) para la cual la masa en umas y en gramos coincide. Así pues, un mol de $Fe_2(SO_4)_3$ posee una masa de 399,6 g.

RECUERDA

Si queremos expresar en gramos el valor de las masas atómicas o moleculares utilizamos su equivalencia:

$$1\ g = 6{,}022 \cdot 10^{23}\ u$$

También conviene que recuerdes que la masa de un mol de sustancia es igual a su masa atómica expresada en gramos.

ACTIVIDADES

10. ¿Cómo se expresa el valor de la masa de una molécula?

a) Se suele expresar en unidades de masa atómica (u).

b) Se suele expresar en gramos (g).

c) Varía según el estado físico de esa sustancia.

11. Indica cuántos átomos de cada elemento hay en los siguientes compuestos:

a) K_2S *b)* $Al(NO_3)_3$ *c)* $Ca(ClO_4)_2$

12. Calcula la masa molecular de las siguientes sustancias en umas y en gramos:

a) $Al_2(SO_4)_3$ *b)* NaCl *c)* $FeCO_3$

13. Investiga la fórmula de las siguientes sustancias y determina su masa molecular:

a) Butano *b)* Octano *c)* Glucosa *d)* Colesterol

14. Si tenemos dos moles de CO_2, ¿cuál es su masa?

15. ¿Cuántos moles son 196 gramos de ácido sulfúrico (H_2SO_4)?

5 Transformaciones físicas y químicas

SABÍAS QUE..

Puedes conseguir un imán golpeando un alfiler con un martillo.

Si lo dejas con cuidado flotando en agua conseguirás una brújula.

Asómate a la ventana y observa a tu alrededor. Fíjate en que muchos cuerpos permanecen estables, no cambian. Pero si los estudias con detalle, la gran mayoría están experimentando transformaciones.

¿Qué son estas variaciones? ¿Cuáles son sus causas? ¿Podemos aprovecharlas para algo útil?

Para poder clasificar estos cambios mejor, vamos a fijarnos en la composición química de los cuerpos. Según esta permanezca inalterada o no, tendremos:

Cambios físicos	Cambios químicos
En ellos no varía la composición de los cuerpos. La sustancia inicial y la final es la misma. Son cambios físicos los cambios de estado y mezclas	En ellos la sustancia inicial y la final son diferentes. Se les conoce con el nombre de **reacciones químicas.**

De acuerdo con ese criterio, vamos a analizar la disolución del azúcar, la fusión del hielo y la mancha de lejía en un vaquero.

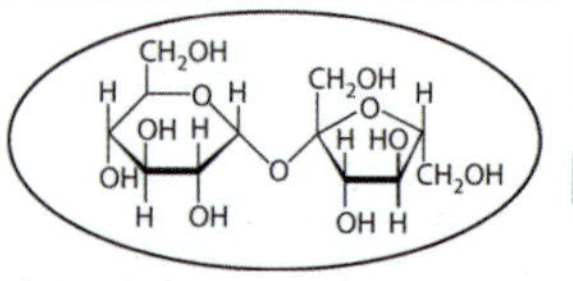

SACAROSA

Inicialmente tenemos agua y un terrón de azúcar, que es sacarosa ($C_{12}H_{22}O_{11}$) formando una estructura tridimensional.

Al disolverse, el terrón ha desaparecido, pero **sus moléculas siguen estando**, aunque separadas, disueltas en la masa de agua.

Transformación física

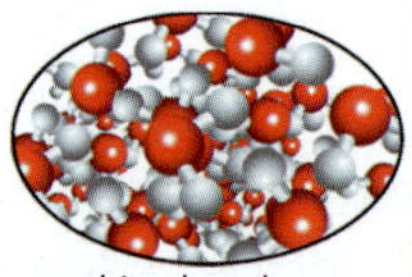

Al principio tenemos un cubito de hielo, una agrupación de moléculas de agua (H_2O) en un entramado tridimensional manteniendo estables sus posiciones.

Las moléculas de agua se han separado, se mueven libremente aunque permanecen juntas, **pero sigue siendo agua.**

Transformación física

El vaquero es fundamentalmente tejido de algodón teñido con índigo natural. La lejía es un producto oxidante compuesto por hipoclorito de sodio (NaClO).

El caracter oxidante de la lejía provoca la descomposición del tinte del vaquero. Como resultado, **el tinte ha desaparecido** y la lejía **ha producido** cloruro (Cl^-).

Transformación química

ACTIVIDADES

16. Clasifica las siguientes transformaciones. En el caso de que sean químicas, identifica sus productos inicial y final. Pregunta a tres adultos si creen que se han producido cambios químicos y analiza sus respuestas.

1 Dilatación de una varilla metálica.
2 Encendido de una cerilla.
3 Putrefacción de la fruta.
4 Luz atravesando un cristal.
5 Acción de dar cuerda a un reloj.
6 Ambientador en gel.
7 Fermentación de la uva.
8 Combustión del butano de la cocina.
9 Hacer la digestión en el estómago.
10 Imantar una varilla de hierro.
11 Hacer zumo de fruta.
12 Hervir agua.

6 Reacción química

Ya sabes que los compuestos son una **agrupación de átomos** unidos mediante **enlaces.** Esta agrupación no es fija y en determinadas circunstancias puede cambiar.

Se denomina **reacción química** al proceso por el que unos compuestos se reestructuran e intercambian átomos, rompen y forman nuevos enlaces para producir nuevos compuestos.

Para expresarlo, utilizamos la llamada **ecuación química.** En ella se escriben a la izquierda las sustancias iniciales y a la derecha, las finales. Una flecha indica el sentido de la reacción. Es habitual indicar los estados de los compuestos: sólido (s), líquido (l), gaseoso (g) y acuoso, disuelto en agua (ac).

Por ejemplo, actualmente se utiliza el gas natural para cocinar y calentarse. Este gas es una mezcla cuyo componente principal es metano (CH_4), compuesto que al reaccionar con el oxígeno de la atmósfera produce dióxido de carbono y agua en fase gaseosa, según la reacción:

$$CH_4\,(g) + 2\,O_2\,(g) \rightarrow CO_2\,(g) + 2\,H_2O\,(g)$$

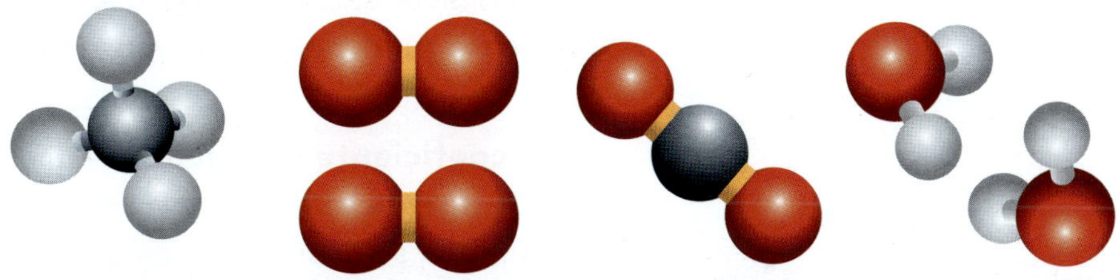

Se denomina **reactivo** a la sustancia que interactúa o reacciona con ella misma o con otras en un proceso químico.

Se denomina **producto** a la sustancia o compuesto que se obtiene o produce en un proceso químico.

Como puedes observar, en el proceso no ha desaparecido ni se ha formado ningún átomo. Sin embargo, la manera en que se encuentran enlazados ha variado. En este caso, el proceso va acompañado de **emisión** de energía, como calor y luz. En otras ocasiones aparece una **absorción** de energía y se observa un enfriamiento del recipiente de reacción.

VOCABULARIO

Exotérmicas: reacciones que desprenden energía, ya sea en forma de luz o de calor.

Endotérmicas: reacciones que absorben energía. En ellas se observa un enfriamiento del recipiente.

EL LABORATORIO EN EL AULA Una reacción que enfría

1. Encontrar reacciones endotérmicas es poco habitual. El siguiente ejemplo es bastante llamativo y no es tóxico. Solo necesitarás hidróxido de bario ($Ba(OH)_2$) y nitrato amónico (NH_4NO_3).
   Toma un cartón y mójalo. Coloca sobre él un vaso de precipitados, dentro los reactivos bien pulverizados en seco y mézclalo todo. La reacción producirá nitrato de bario, amoniaco y agua.

$$Ba(OH)_2 + 2\,NH_4NO_3 \rightarrow Ba(NO_3)_2 + 2\,NH_3 + 2\,H_2O$$

   a) Describe los reactivos y determina su masa molecular.
   b) Levanta el vaso y observa el resultado. ¿Qué ha pasado?
   c) ¿En qué estado está el agua que se ha formado?
   d) El amoniaco es un gas. ¿En qué estado aparece al final de la reacción?
   e) Piensa en alguna aplicación útil para este proceso.

7 Ajuste de reacciones químicas

> **QUÍMICA 2.0**
>
> En Phet encontrarás una aplicación que te ayudará a observar cómo se cuentan los átomos al ajustar una reacción química.
>
> Entra en:
>
> **phet.colorado.edu/es/simulations**
>
> Selecciona la categoría de química y escoge el juego:
>
> *Balanceando ecuaciones químicas.*

Considera la reacción de formación del agua (H_2O) a partir de hidrógeno (H_2) y oxígeno (O_2).

$$H_2\,(g) + O_2\,(g) \rightarrow H_2O\,(g)$$

Observa cuántos átomos hay de hidrógeno y de oxígeno en los reactivos. Compáralos con los átomos de hidrógeno y oxígeno que hay en los productos. Observarás que no son los mismos. ¡Ha desaparecido un átomo de oxígeno!

Para conseguir tener equilibrada la reacción procedemos de la siguiente forma:

$$2\,H_2\,(g) + O_2\,(g) \rightarrow 2\,H_2O\,(g)$$

Cada pareja de átomos de hidrógeno se une a un átomo de oxígeno.

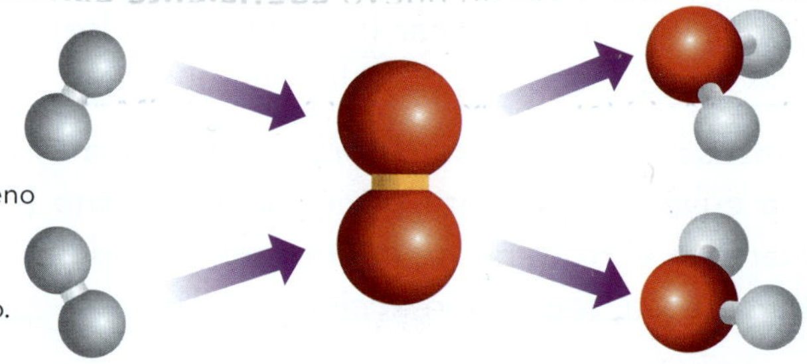

Cada molécula de agua utiliza un átomo de oxígeno y dos de hidrógeno.

Cuenta los átomos y verás que ni falta ni sobra ninguno.

Para indicar cuántas moléculas intervienen de cada compuesto, colocamos delante de su fórmula un número llamado coeficiente estequiométrico.

> El **coeficiente estequiométrico** indica la cantidad de moléculas de compuesto que reaccionan o se producen en el proceso. Si no aparece ningún número, se asume que es uno.

> **RECUERDA**
>
> Conviene no confundir átomos con moléculas. El hidrógeno se presenta en la naturaleza como un gas formado por **moléculas** constituidas por dos **átomos** de hidrógeno cada una.

Estos coeficientes no solo se refieren a moléculas individuales, indican también la **proporción** con la cual reaccionan los compuestos. En este caso, el doble de hidrógeno que de oxígeno: 2 moléculas de H_2 con 1 molécula de O_2, 20 moléculas H_2 con 10 moléculas de O_2 y así sucesivamente.

Una vez que has comprendido la necesidad de los coeficientes, ahora hay que calcularlos. Para ello, ajustamos la ecuación química.

> **Ajustar una reacción química** es determinar los coeficientes estequiométricos necesarios para que el balance de átomos esté equilibrado.

A la hora de realizar estos ajustes es muy importante que sepas:

- Los **subíndices** de las fórmulas **NO se pueden cambiar.**

H_2O	H_2O_2
Agua	Agua oxigenada

Si cambias el subíndice de una fórmula, cambias el compuesto químico.

- Solo se pueden añadir los **coeficientes** estequiométricos.

$2\,H_2O$	$3\,H_2O$
DOS moléculas de agua	**TRES** moléculas de agua

Si cambias el coeficiente, varías el número de moléculas.

EJEMPLOS RESUELTOS

3. El magnesio (Mg) se oxida fácilmente en presencia de oxígeno (O_2) para producir óxido de magnesio. Ajusta la reacción:

$$Mg\ (s) + O_2\ (g) \rightarrow MgO\ (s)$$

Solución

- Lo más práctico es suponer que el coeficiente del compuesto con más elementos (MgO) es uno. Sin embargo, vemos enseguida que los oxígenos no coinciden.
- Comenzamos por el oxígeno, suponiendo que hay uno.
- Con el **coeficiente estequiométrico** de **2** ya tenemos ajustados los oxígenos. Analizamos ahora el magnesio: a la derecha tenemos dos. Con un nuevo **coeficiente estequiométrico** de **2,** conseguimos ajustar todo el proceso:

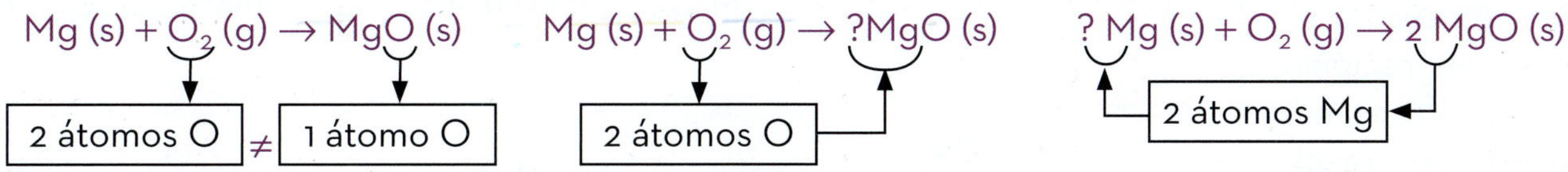

$$\mathbf{2\ Mg\ (s) + O_2\ (g) \rightarrow 2\ MgO\ (s)}$$

4. El hierro (Fe) se oxida fácilmente en presencia de oxígeno (O_2) para producir óxido de hierro (III) o trióxido de dihierro (Fe_2O_3). Ajusta la reacción:

$$Fe\ (s) + O_2\ (g) \rightarrow Fe_2O_3\ (s)$$

Solución

Suponemos que el coeficiente del compuesto con más elementos es uno.

No hay un número entero

$$Fe\ (s) + O_2\ (g) \rightarrow Fe_2O_3\ (s) \xrightarrow[\text{3 átomos O}]{\text{2 átomos Fe}} \mathbf{2}\ Fe\ (s) + \mathbf{?}\ O_2\ (g) \rightarrow Fe_2O_3 (s)$$

Observarás que no hay número entero que lo ajuste. La solución es empezar suponiendo que hay dos de Fe_2O_3.

$$Fe\ (s) + O_2\ (g) \rightarrow \mathbf{2}\ Fe_2O_3\ (s) \xrightarrow[\text{6 átomos O}]{\text{4 átomos Fe}} \mathbf{4}\ Fe\ (s) + 3\ O_2\ (g) \rightarrow \mathbf{2}\ Fe_2O_3\ (s)$$

ACTIVIDADES

17. Ajusta las siguientes reacciones químicas.

a) $Ca + O_2 \rightarrow CaO$

b) $Na + O_2 \rightarrow Na_2O$

c) $Mg + HCl \rightarrow MgCl_2 + H_2$

d) $NH_4NO_2 \rightarrow N_2 + H_2O$

e) $Fe_2O_3 + C \rightarrow Fe + CO_2$

f) $C_2H_5OH + O_2 \rightarrow CO_2 + H_2O$

g) $NaOH + H_2SO_4 \rightarrow Na_2SO_4 + H_2O$

h) $H_2CO_3 \rightarrow CO_2 + H_2O$

18. Algunas de las reacciones de la actividad 17 tienen utilidad o aplicación. Identifica entre ellas las siguientes reacciones y describe el proceso donde se utilizan:

a) La formación de burbujas en un refresco.

b) Un determinado abono de las plantas.

c) Obtención del hierro.

d) Oxidación del alcohol.

RECUERDA

Un mol de sustancia posee una masa igual a su masa atómica expresada en gramos.

SABÍAS QUE..

En el siglo XVIII, **Antoine Lavoisier** comenzó a experimentar en recipientes cerrados y pesando cuidadosamente reactivos y productos. De sus estudios se derivó la ley de conservación de la masa.

8 Ley de conservación de la masa

Como has comprobado, en una reacción química los átomos no se forman ni se destruyen. Calculamos la masa de todos los átomos que forman parte de los reactivos y la comparamos con la masa de los átomos de los productos.

Interpretamos los coeficientes estequiométricos como proporción y estudiamos la reacción en moléculas y en moles.

	REACTIVOS				PRODUCTOS		
Si trabajamos... **... en moléculas** su masa serán uma	CH_4	+	$2\ O_2$	→	CO_2	+	$2\ H_2O$
	16 u	+	**2** · 32 u		44 u	+	**2** · 18 u
	$m_{reactivos} = 80$ u			=	$masa_{productos} = 80$ u		
Si trabajamos... **... en moles** su masa serán gramos	CH_4	+	$2\ O_2$	→	CO_2	+	$2\ H_2O$
	16 g	+	**2** · 32 g		44 g	+	**2** · 18 g
	$m_{reactivos} = 80$ g			=	$masa_{productos} = 80$ g		

Como puedes comprobar, la masa de todas las sustancias que aparecen en los reactivos es **igual** a la masa de todas las sustancias que aparecen en los productos. Cuando en ciencia algo se mantiene constante es muy interesante porque permite conocer su valor a lo largo de todo un proceso: se dice que **se conserva.** Es tan importante que le otorgamos el carácter de ley. En este caso la denominamos Ley de conservación de la masa.

La **Ley de conservación de la masa** afirma que en toda reacción química la masa se conserva, es decir, la masa de los reactivos es igual a la masa de los productos.

ACTIVIDADES

19. Se han realizado las siguientes reacciones. Completa la tabla en tu cuaderno:

	CH_4 +	$2\ O_2$ →	CO_2 +	$2\ H_2O$
a)	16 g	64 g	44 g	¿?
b)	¿?	224 g	154 g	126 g

	$4\ Al$ +	$3\ O_2$ →	$2\ Al_2O_3$
c)	108 g	¿?	204 g
d)	468 g	416 g	¿?

20. Calcula la cantidad de hidrógeno (H_2) que reacciona completamente con 32 g de oxígeno (O_2) si se obtienen 36 gramos de agua (H_2O).

21. Al calentar 24,7 g de $CuCO_3$ queda un residuo de 15,9 g de CuO. ¿Qué cantidad de dióxido de carbono (CO_2) se ha desprendido?

22. Determina la masa de dióxido de carbono que se desprende al descomponerse 50 g de carbonato de calcio ($CaCO_3$) si se obtienen 28 g de óxido de calcio (CaO). Escribe y ajusta la reacción.

EL LABORATORIO EN EL AULA

2. Comprobación de la Ley de Conservación de la Masa (LCM)

A continuación se muestran unos sencillos experimentos que puedes realizar. En todos ellos medirás la masa antes de comenzar (m_1) y al finalizar el proceso (m_2). ¿Cómo piensas que deben ser ambas masas en los diferentes casos?

1. Precipitación del yoduro de plomo (II) (PbI_2)

- Toma 0,1 gramos de nitrato de plomo (II) [Pb ($NO_3)_2$] y la misma cantidad de yoduro de potasio (KI).
- Colócalos en un mortero limpio y pulveriza la mezcla. El cambio de color indica la aparición de un precipitado de yoduro de plomo (II).
- Pesa todo el producto resultante.

Interpretación

Puedes comprobar que la masa se conserva. La reacción que sucede es:

$$Pb(NO_3)_2\ (s) + 2\ KI\ (s) \rightarrow 2\ KNO_3\ (s) + PbI_2\ (s)$$

Al ser todos los compuestos sólidos, tanto reactivos como productos se pesan en su totalidad, por lo que es fácil verificar la ley.

2. Combustión del papel o la madera

- Toma un poco de cartón, varias hojas de papel o un pequeño trozo de madera y anota su masa (m_1).
- Toma un crisol o un recipiente adecuado y, con cuidado, préndele fuego hasta que se queme completamente. Puede ser conveniente colocar alguna tapa que no cierre herméticamente para impedir que las llamas salgan o se pierdan trocitos de papel.
- Pesa con cuidado las cenizas obtenidas (m_2).

Interpretación

La combustión del papel, cartón o madera se explica porque el oxígeno del aire se combina con el carbono de la madera y se desprende dióxido de carbono gaseoso, que no se pesa con las cenizas. Si repitieras el experimento en un recipiente cerrado comprobarías que la ley se cumple.

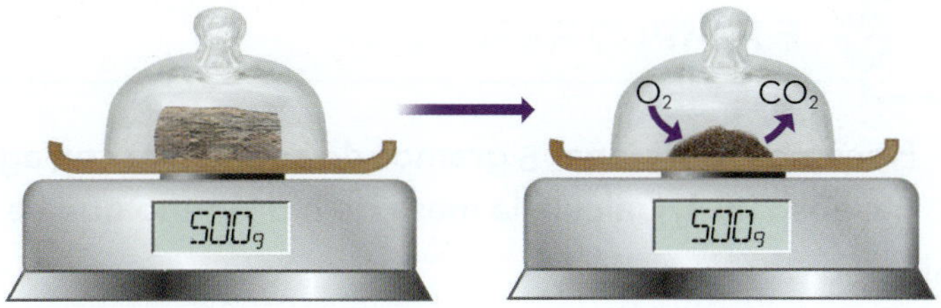

RECUERDA

La ciencia necesita que los experimentadores trabajen en colaboración.

Por ello, te proponemos que las diferentes experiencias las realices con uno o dos compañeros formando un grupo de trabajo.

Precipitación del yoduro de plomo (II) realizado en disolución acuosa.

EXPERIMENTA El globo que pesa

4. Pon un poco de bicarbonato ($NaHCO_3$) en un globo y algo de vinagre en una botella. Sin que caiga el bicarbonato, cierra la boca de la botella con el globo y calcula la masa del conjunto.
Ahora levanta el globo, deja caer el bicarbonato y verás cómo se hincha el globo. Calcula la masa de nuevo del conjunto.
Compara las masas y razona qué hubiera sucedido si no estuviese el globo.

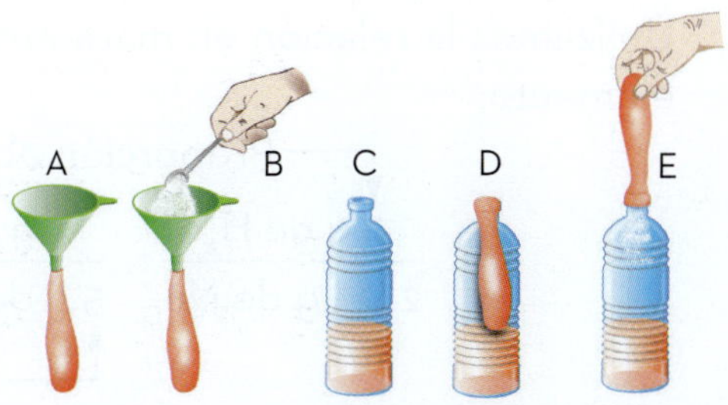

8.1. Relaciones de masa en reacciones químicas

El metano es el componente principal del gas natural.

Hasta ahora has podido determinar la masa de un reactivo o producto sabiendo las masas de los demás compuestos implicados en una reacción. Si te fijas en el siguiente ejemplo observarás que hay una relación directa entre las masas de todos ellos. Por ejemplo, si se duplica una de ellas, se duplican todas, ya que habría doble cantidad de todos los compuestos.

Trabajando en moles	CH_4	+	$2\ O_2$	→	CO_2	+	$2\ H_2O$
La masa de un mol	16 g		64 g		44 g		36 g
El doble	32 g		128 g		88 g		72 g
El quíntuple	80 g		320 g		220 g		180 g

Podemos aplicar este conocimiento para resolver problemas de reacciones químicas donde, a partir de la masa de uno de los compuestos implicados (reactivo o producto), podemos determinar la cantidad de cualquier otro.

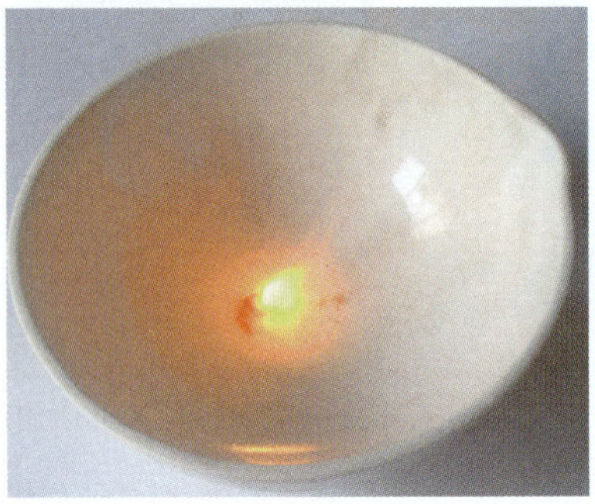

Reacción de sodio con agua.

Aunque existen diferentes procedimientos para realizar los cálculos en las reacciones químicas, recomendamos que sigas los siguientes pasos:

1. Escribir y ajustar la reacción química.
2. Determinar la masa molecular de los compuestos implicados y escribirla en gramos. Este hecho implica que trabajamos en moles de sustancia.
3. Determinar una relación en masa para las sustancias que aparecen como datos y como incógnitas en el problema. Esta relación incluye los coeficientes estequiométricos.
4. Comparar la proporción anterior con la proporción entre nuestro dato y nuestra incógnita.

EJEMPLO RESUELTO

5. Hacemos reaccionar 5 gramos de sodio (Na) con agua para producir hidróxido de sodio (NaOH) e hidrógeno gaseoso (H_2). Calcula la masa de hidrógeno que se produce. Masas atómicas: H = 1 u; O = 16 u; Na = 23 u.

Solución

- Escribimos la ecuación ajustada $2\ Na\ (s) + 2\ H_2O\ (l) \rightarrow 2\ NaOH\ (ac) + H_2\ (g)$
- Determinamos la masa molecular de los compuestos implicados. Debes tener en cuenta que la masa molecular de las sustancias no depende de los coeficientes estequiométricos.

$$M_m[Na] = 23\ u \qquad M_m[H_2O] = 18\ u \qquad M_m[NaOH] = 40\ u \qquad M_m[H_2] = 2\ u$$

Utilizamos la relación en masa entre el sodio y el hidrógeno y determinamos la masa que reacciona de este elemento:

Proporción obtenida a partir de la estequiometría

$$\frac{2\ g\ de\ H_2}{2 \cdot 23\ g\ de\ Na} = \frac{x\ g\ H_2}{5\ g\ de\ Na} \xrightarrow{\text{despejando}} x = 5\ g\ de\ Na \cdot \frac{2\ g\ de\ H_2}{2 \cdot 23\ g\ de\ Na} = 0{,}217\ g\ H_2$$

Proporción obtenida a partir del enunciado

EJEMPLO RESUELTO

6. El amoniaco (NH_3) se fabrica industrialmente combinando los gases nitrógeno (N_2) e hidrógeno (H_2). Determina la masa que se necesita de cada uno de los gases para obtener 50 g de amoniaco.

Datos de masas atómicas: H = 1 u; N = 14 u

Solución

- Escribimos la ecuación ajustada

$$N_2\,(g) + 3\,H_2\,(g) \rightarrow 2\,NH_3\,(g)$$

- Determinamos la masa molecular de los compuestos y sustancias simples

$$M_m[N_2] = 28\text{ u} \qquad M_m[H_2] = 2\text{ u} \qquad M_m[NH_3] = 17\text{ u}$$

a) Utilizamos la relación en masa entre el amoniaco y el nitrógeno y determinamos la masa que reacciona de este último elemento:

$$\frac{28\text{ g de }N_2}{2\cdot 17\text{ g de }NH_3} = \frac{x\text{ g de }N_2}{50\text{ g de }NH_3} \xrightarrow{\text{despejando}} x = 50\text{ g de }NH_3 \cdot \frac{28\text{ g de }N_2}{2\cdot 17\text{ g de }NH_3} = 41{,}18\text{ g }N_2$$

b) Para determinar la masa de hidrógeno podemos utilizar dos caminos:

- Ya que conocemos la masa del resto de los compuestos de la reacción, utilizar la ley de conservación de la masa:

$$m(N_2) + m(H_2) = m(NH_3) \Rightarrow 41{,}18\text{ g }N_2 + m(H_2) = 50\text{ g }NH_3 \Rightarrow m(H_2) = 8{,}82\text{ g }H_2$$

- Utilizar la relación en masa entre el amoniaco y el hidrógeno y determinar la masa de este último que reacciona:

$$\frac{3\cdot 2\text{ g de }H_2}{2\cdot 17\text{ g de }NH_3} = \frac{x\text{ g de }H_2}{50\text{ g de }NH_3} \xrightarrow{\text{despejando}} x = 50\text{ g de }NH_3 \cdot \frac{3\cdot 2\text{ g de }H_2}{2\cdot 17\text{ g de }NH_3} = 8{,}82\text{ g }H_2$$

RECUERDA

La uma y el gramo son unidades de masa diferentes.

Sin embargo, en una reacción química la proporción en masa entre los compuestos es similar en ambas unidades.

EXPERIMENTA **Agua que sube sola**

5. Pon agua en un plato hondo hasta que cubra el fondo. Coloca una vela pequeña en mitad del plato. Préndele fuego y cúbrela con un vaso estrecho y alargado de cristal.
Observarás que el agua empieza a entrar en el vaso y vacía el plato. La razón es la desaparición del oxígeno contenido en el aire del vaso, debido a la combustión de la vela, lo que crea un vacío y la absorción de agua.

ACTIVIDADES

23. Si tenemos un clavo de hierro (Fe) de 2 gramos que se oxida totalmente con oxígeno (O_2) para dar óxido de hierro (III) (Fe_2O_3), ¿en cuánto habrá aumentado o disminuido su masa?

24. El alcohol etílico (C_2H_5OH) arde con oxígeno para producir CO_2 y agua. Calcula la masa que se consume de oxígeno y la masa de agua que se produce al quemar 10 gramos de alcohol.

9 Velocidad de una reacción química

> **SABÍAS QUE..**
>
> La **cinética química** es la parte de la química que estudia la velocidad a la que ocurren las reacciones químicas. También trata de encontrar la forma de modificar dicha velocidad, acelerándola o frenándola.

Observa a tu alrededor, fíjate con la atención de un científico y trata de ver todas las reacciones químicas que puedas. Quizá a primera vista no consigas apreciar ninguna, sin embargo estamos rodeados de ellas.

PIENSA Y RAZONA

Mira a tu alrededor y enumera todas las reacciones que aprecies. Clasifícalas en rápidas y lentas.

Entre los muchos cambios químicos que se producen, puedes encontrar reacciones que ocurren con bastante lentitud, como el amarilleo de las hojas de los libros, el endurecimiento del caucho de las zapatillas o la oxidación de los elementos fabricados con hierro y que no estén recubiertos ni pintados. Decimos que su **cinética** es **lenta.**

En otras ocasiones, la reacción es casi instantánea, como en la explosión de un petardo. Decimos que su **cinética** es **rápida.**

9.1. Factores que afectan a la velocidad

Para poder comprender de qué factores depende la velocidad de reacción vamos a aplicar el método científico.

EL LABORATORIO EN EL AULA **Cinética química**

3. Aplicamos el método científico al estudio de las variables que afectan a la velocidad de una reacción.

a) Haz una lista de distintas causas que pueden influir en la velocidad de una reacción química, como la temperatura.

b) Realiza los siguientes experimentos y observa en cada uno la influencia de una variable sobre la velocidad de reacción. Observa si aparecen burbujas en el recipiente y a qué velocidad.

c) Analiza los resultados fijándote en la variable que hemos cambiado.

d) Por último, trata de obtener unas conclusiones sobre lo ocurrido.

e) ¿Qué pasos o etapas del método científico has utilizado en cada uno de los apartados anteriores?

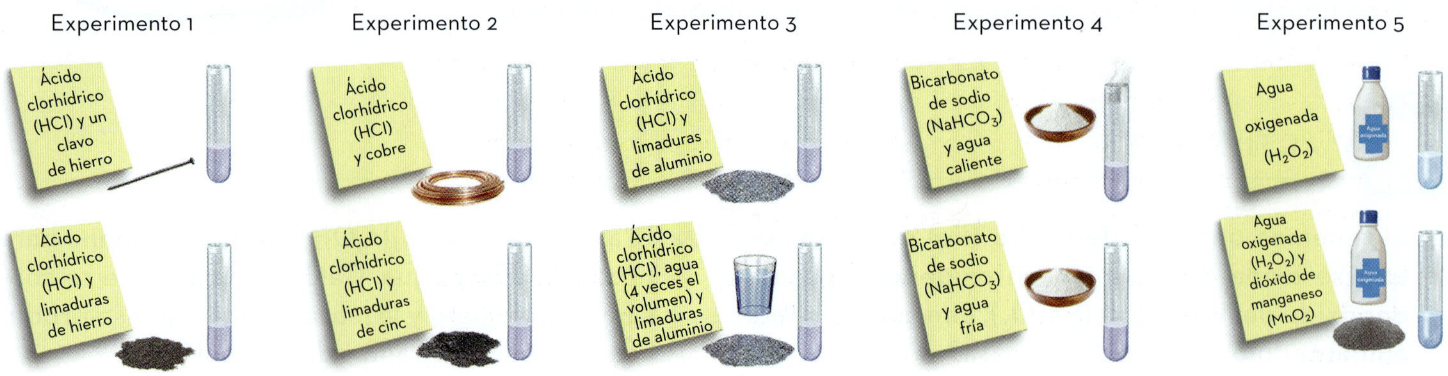

Si has aplicado los pasos correctamente, habrás determinado que los factores que influyen en la velocidad de reacción son:

FACTOR	COMPORTAMIENTO	EJEMPLO
Naturaleza de los reactivos	Las sustancias, dependiendo de su composición, pueden reaccionar a diferente velocidad o no reaccionar.	El hierro se oxida, el oro no.
Superficie de los reactivos	Cuanto más pequeñas sean las partículas de un sólido, mayor es su superficie y mayor su reactividad.	En los fuegos artificiales, la pólvora se mezcla con metales en polvo para ser rápida.
Concentración de los reactivos	Al aumentar la concentración de los reactivos, la velocidad de la reacción se incrementa.	La materia orgánica es estable en aire, pero arde en oxígeno puro.
Temperatura del sistema	Generalmente, cuanto mayor es la temperatura a la que ocurre la reacción, más rápida es.	Los alimentos se conservan mejor en la nevera ya que el frío ralentiza la descomposición.
Catalizador	Hay determinadas sustancias que, por el simple hecho de estar presentes, modifican la velocidad de reacción. Se clasifican en: • **Positivas:** aumentan la velocidad de reacción. • **Negativas** o **inhibidoras:** disminuyen la velocidad.	Algunas enzimas aceleran los procesos biológicos: son catalizadores positivos. Los conservantes alimentarios son catalizadores negativos porque reducen la velocidad de descomposición.

EXPERIMENTA Antioxidante natural

6. Toma una manzana y pártela por la mitad. A una de las mitades le añades un poco de zumo de limón recién cortado y lo extiendes con un cuchillo por toda la superficie. Espera tres horas. ¿Se han oxidado por igual ambas mitades? Interpreta el resultado.

ACTIVIDADES

25. **En los alimentos y bebidas de consumo diario encontramos multitud de conservantes. Recolecta o fotografía etiquetas de al menos cinco alimentos sólidos y tres bebidas donde se muestre el conservante utilizado. Busca información sobre ellos como su fórmula, función, posible toxicidad, etc., y redacta un artículo que informe de sus características.**

26. **Históricamente se han utilizado conservantes naturales. Identifica cinco de ellos y elabora un cartel con imágenes dónde aparezca su modo de empleo.**

RECUERDA

El laboratorio químico es un lugar donde no se puede jugar. Las experiencias siempre comportan peligro si no se está atento ni se ponen las medidas adecuadas.

El uso de gafas, bata y guantes es **imprescindible.**

SABÍAS QUE..

Los **pasivadores** son sustancias que recubren un objeto creando una película que lo aísla del exterior, impidiendo que sea atacado.

No se consideran catalizadores porque actúan como una barrera física.

9.2. Teoría de colisiones: cómo ocurren las reacciones químicas

> **RECUERDA**
>
> La teoría **cinético-corpuscular** de los gases supone que la materia está formada por partículas muy pequeñas en constante movimiento. El número de sus choques es proporcional a la presión, su velocidad a la temperatura, y el espacio que ocupan al volumen del gas.

Hasta ahora, ya has podido comprobar que una reacción química es un proceso de reordenación de átomos que implica ruptura y formación de enlaces y que puede ocurrir rápida o lentamente. Así mismo, has encontrado factores que afectan a la velocidad de la reacción. Pero, ¿cómo ocurre la reacción realmente? ¿Cómo interactúan las sustancias para formar nuevos compuestos?

PIENSA Y RAZONA

En la muestra de gas del dibujo se observan partículas de dos gases, yodo e hidrógeno, que pueden reaccionar según el proceso:

$$H_2\,(g) + I_2\,(g) \rightarrow 2\,HI\,(g)$$

¿Cómo crees que deben colisionar las partículas para que se produzca una reacción y esta sea rápida? ¿Importará la violencia del choque? ¿Pueden colisionar de cualquier forma? ¿Con cualquier orientación? ¿Tiene que haber muchas partículas?

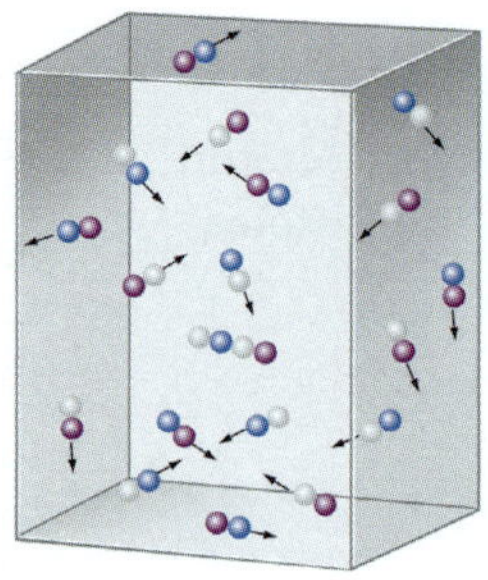

Para responder a estas preguntas tenemos que recurrir a una visión microscópica de la naturaleza. En el curso pasado estudiaste la **teoría cinético-corpuscular** de la materia aplicada a los gases. Esta teoría permite concluir que los gases están formados por diminutas partículas en constante movimiento y, debido a ese movimiento, las partículas colisionan entre ellas.

Basándonos en ello, la **teoría de las colisiones** razona que para que dos compuestos reaccionen, se han de cumplir dos condiciones:

1. Que haya suficiente **cantidad de partículas** como para que exista un número suficiente de choques (ya que a baja concentración hay pocas colisiones y a alta concentración hay muchas colisiones). La cantidad de partículas depende de la densidad o concentración de reactivos.
2. Que una fracción importante de esas colisiones corresponda a choques válidos o eficaces, es decir, que produzcan reacción. Para ello se ha de cumplir:

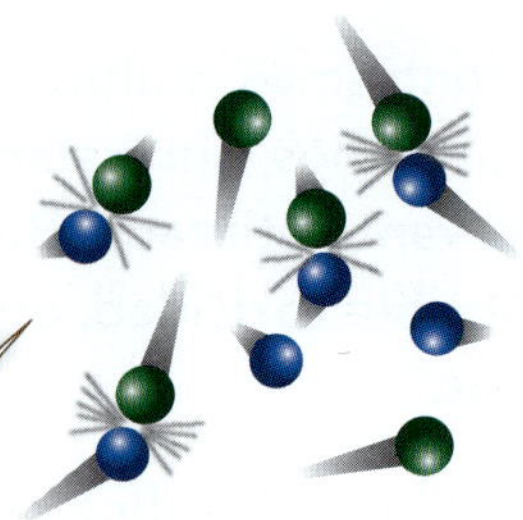

Que la colisión ocurra con la suficiente **energía** para romper o debilitar los enlaces. Ello sucede si el choque entre partículas se produce a gran velocidad. La velocidad de las partículas depende de la temperatura.

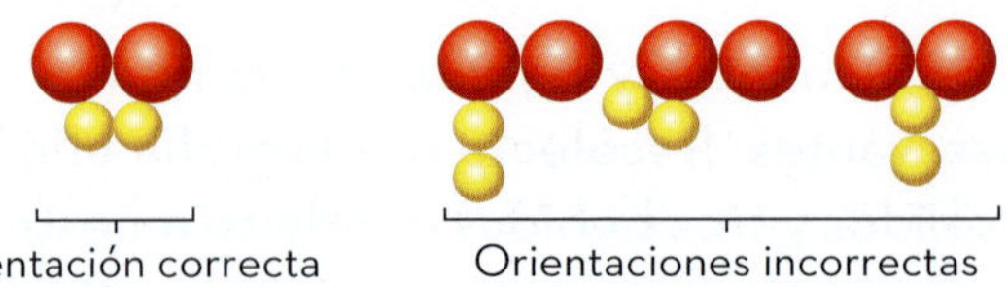

Que la colisión ocurra con la **orientación adecuada.** De lo contrario los enlaces no se debilitarán. No se puede actuar sobre este factor, las partículas colisionan de todas formas, pero solo unas orientaciones son válidas.

Como recordarás del método científico, una de las condiciones que ha de cumplir una teoría es la de explicar los hechos experimentales.

Vamos a utilizar esta teoría de colisiones para dar una explicación a los factores que afectan a la velocidad de la reacción.

FACTOR	EXPLICACIÓN
Naturaleza de los reactivos	Las diferentes sustancias presentan uniones más o menos fuertes en función de sus elementos, lo que las hace más o menos reactivas.
Superficie de los reactivos	Al aumentar la superficie de una sustancia, existen más moléculas dispuestas a reaccionar.
Concentración de los reactivos	Al aumentar la concentración de reactivos, el número de colisiones entre las moléculas también aumenta.
Temperatura del sistema	Al aumentar la temperatura, las moléculas alcanzan mayores velocidades y provocan colisiones con suficiente energía como para iniciar la reacción.
Catalizador	Son sustancias que, sin consumirse en la reacción, se unen a los reactivos y permiten rebajar o aumentar la energía necesaria para romper los enlaces.

SABÍAS QUE..

Un catalizador es una sustancia que participa de la reacción química pero no se consume en ella.

Generalmente, se unen a uno de los reactivos y modifican su estructura debilitando los enlaces (catalizadores positivos) o fortaleciéndolos (catalizadores negativos).

EL LABORATORIO EN EL AULA **Un, dos, tres... fuego**

4. Coloca un poco de yodo y aluminio sobre un crisol y mézclalos ligeramente con cuidado (debe realizarse con una campana extractora o en un lugar bien ventilado).

Espera dos minutos, y si nada ha ocurrido, añade una gota de agua y espera.

a) Ajusta la reacción que ha ocurrido:

$$Al\ (s) + I_2\ (s) \rightarrow AlI_3\ (s)$$

b) ¿Qué sustancia se ha desprendido? ¿Por qué?

c) Explica por qué ha tardado en reaccionar.

d) ¿Por qué es mejor añadir algo de agua?

e) ¿Por qué una vez que ha comenzado la reacción se mantiene a sí misma?

f) Teniendo en cuenta la sustancia que se pierde, ¿qué reactivo sobrará al final de la reacción?

EXPERIMENTA **La zanahoria explosiva**

7. Necesitas una zanahoria, agua oxigenada y una caja de plástico con cierre hermético (como las que traían los carretes de fotos).

Toma la zanahoria y rállala. Colócala dentro de la caja de plástico, vierte un poco de agua oxigenda, tápalo corriendo y aléjate.

Explica:

a) ¿Por qué ha saltado por los aires la tapa de la caja?

b) ¿Por qué hay que rallar la zanahoria?

9.3. La velocidad química en tu entorno

Podrías pensar que lo ideal es que las reacciones fueran siempre rápidas. ¿Crees que eso es lo ideal? Si todo fuera tan rápido, ¿qué pasaría con los materiales realizados con hierro? ¿Y con el papel? ¿Podríamos disponer de plásticos?

EXPERIMENTA

8. A continuación, te proponemos una serie de experiencias sencillas. En ellas analizarás la influencia de los factores que afectan a la velocidad de una reacción. Debes aplicar el **método científico** en cada uno de los casos. Ten en cuenta:

- Busca información sobre los riesgos de los productos utilizados.
- Anota y fotografía todos los pasos realizados, así como los resultados obtenidos.
- Infórmate de la reacción que ha sucedido.
- Para finalizar, realiza una presentación digital o un mural para exponerlo en público.

Ejemplo

Toma un trozo de patata, agua oxigenada y un plato. Deja caer unas gotas de agua oxigenada sobre el plato y otras sobre la patata. ¿Qué te indica sobre su uso como desinfectante?

Información sobre los productos

El agua oxigenada o peróxido de hidrógeno es un líquido transparente de carácter oxidante. Se descompone en agua liberando oxígeno gaseoso que se manifiesta mediante la aparición de burbujas. Debido a ello hay que tener precaución en su manejo evitando el contacto con los ojos y mucosas. En caso de accidente lavar abundantemente con agua y acudir a un centro de salud.

Resultados obtenidos

La gota sobre el plato no experimenta cambio. Al ponerla sobre la patata se observa que comienza a desprender burbujas.

Reacción

La descomposición del peróxido de hidrógeno ocurre muy lentamente, por lo que es inapreciable a simple vista.

Los seres vivos poseen una enzima (catalizador biológico) que acelera el proceso de descomposición de acuerdo a la siguiente reacción.

$$2\ H_2O_2(l) \rightarrow 2\ H_2O\ (l) + O_2\ (g) \uparrow$$

El oxígeno producido se manifiesta con la aparición de burbujas.

Su efecto como producto desinfectante procede de ese comportamiento. Al ponerlo sobre una herida, el oxígeno desprendido oxida las paredes celulares de las bacterias y las destruye evitando la infección. Este hecho se puede apreciar como una espuma sobre la herida.

EXPERIMENTA

9. ### 1. Cuidado con el mármol

Necesitas dos recipientes, dos trozos de mármol o piedra carbonatada y vinagre (si tienes salfumán, mejor, pero debes usarlo con muchísimo cuidado). Rompe uno de los trozos de mármol con un martillo, cuanto más pequeños mejor, e introdúcelos en un recipiente. Coloca el otro trozo de mármol, sin romper, en el otro recipiente. Añade un poco de vinagre (o salfumán) hasta cubrir el material y observa el resultado.

Nota: para finalizar la reacción añade agua en cantidad antes de sacar los restos y tirarlos a la basura (no los utilices más).

a) ¿Qué factor has variado a lo largo del experimento?

b) Infórmate sobre el ataque de los ácidos a las encimeras de mármol y redacta un breve informe sobre el cuidado del mármol.

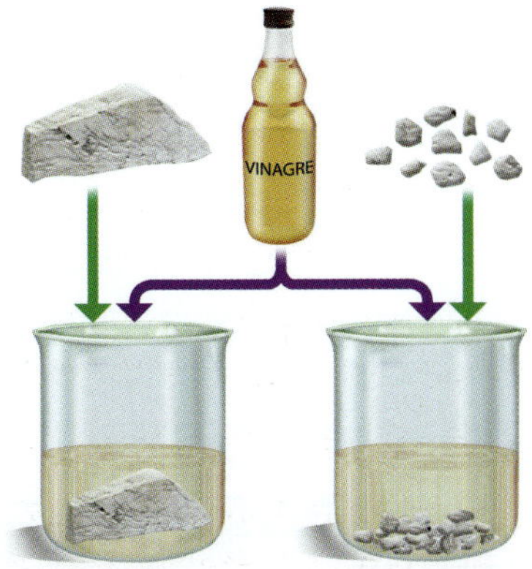

2. Medicamentos que se disuelven solos

Necesitas dos vasos, una pastilla efervescente y agua caliente y fría.
Llena los vasos, uno con agua caliente y otro con la misma cantidad de agua fría. Luego, deja caer una pastilla efervescente en cada vaso. Estas pastillas suelen contener bicarbonato sódico y un ácido sólido, por ejemplo, ácido cítrico.
Observa en qué vaso la pastilla se disuelve en menos tiempo.

a) ¿Qué factor has variado a lo largo del experimento?

b) Busca en tu botiquín medicamentos que sean efervescentes. Anota su composición y comprueba si poseen bicarbonato y cuál es el ácido utilizado.

3. Bicarbonato para la acidez

Necesitas dos vasos, vinagre, agua, bicarbonato de sodio y un reloj.
En un vaso, coloca una copa de vinagre y en otro, una copa de vinagre y agua hasta duplicar el volumen. Agrega simultáneamente a cada vaso media cucharadita de bicarbonato de sodio (es muy importante que ambos vasos tengan la misma cantidad de bicarbonato).
Observa lo que sucede y mide el tiempo en que se dejó de producir CO_2 en cada uno de los vasos.

a) ¿Qué factor has variado a lo largo del experimento?

b) ¿Por qué se toma bicarbonato de sodio cuando se tiene acidez?

4. Revela la fotografía

Disuelve en agua destilada un poco de nitrato de plata ($AgNO_3$) y viértelo en un plato. Haz lo mismo, pero con sal de cocina (NaCl). Toma una hoja de papel y sumérjela sucesivamente en las dos disoluciones.
Sin perder mucho tiempo, déjala sobre una superficie y pon encima una llave, unas tijeras y varias monedas.
Déjalo a la luz del sol o alúmbralo todo con una luz artificial directa.

a) ¿Qué factor has variado a lo largo del experimento?

b) ¿Por qué no se ha oscurecido la zona bajo los objetos?

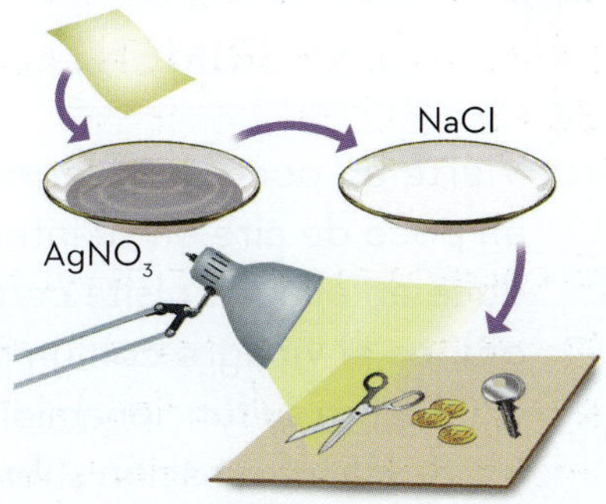

10 Química en la sociedad

La química es, junto con la electrónica, una de las ramas de la ciencia que más ha modificado el mundo donde vivimos.

Hasta hace poco, las personas se valían solo de lo que la naturaleza les ofrecía (madera y piedra para edificaciones y construcciones o tintes para dar color a las prendas).

Con el avance de la química hemos conseguido sustancias con nuevas propiedades, tales como mayor resistencia, durabilidad y flexibilidad.

10.1. Elementos y compuestos de interés

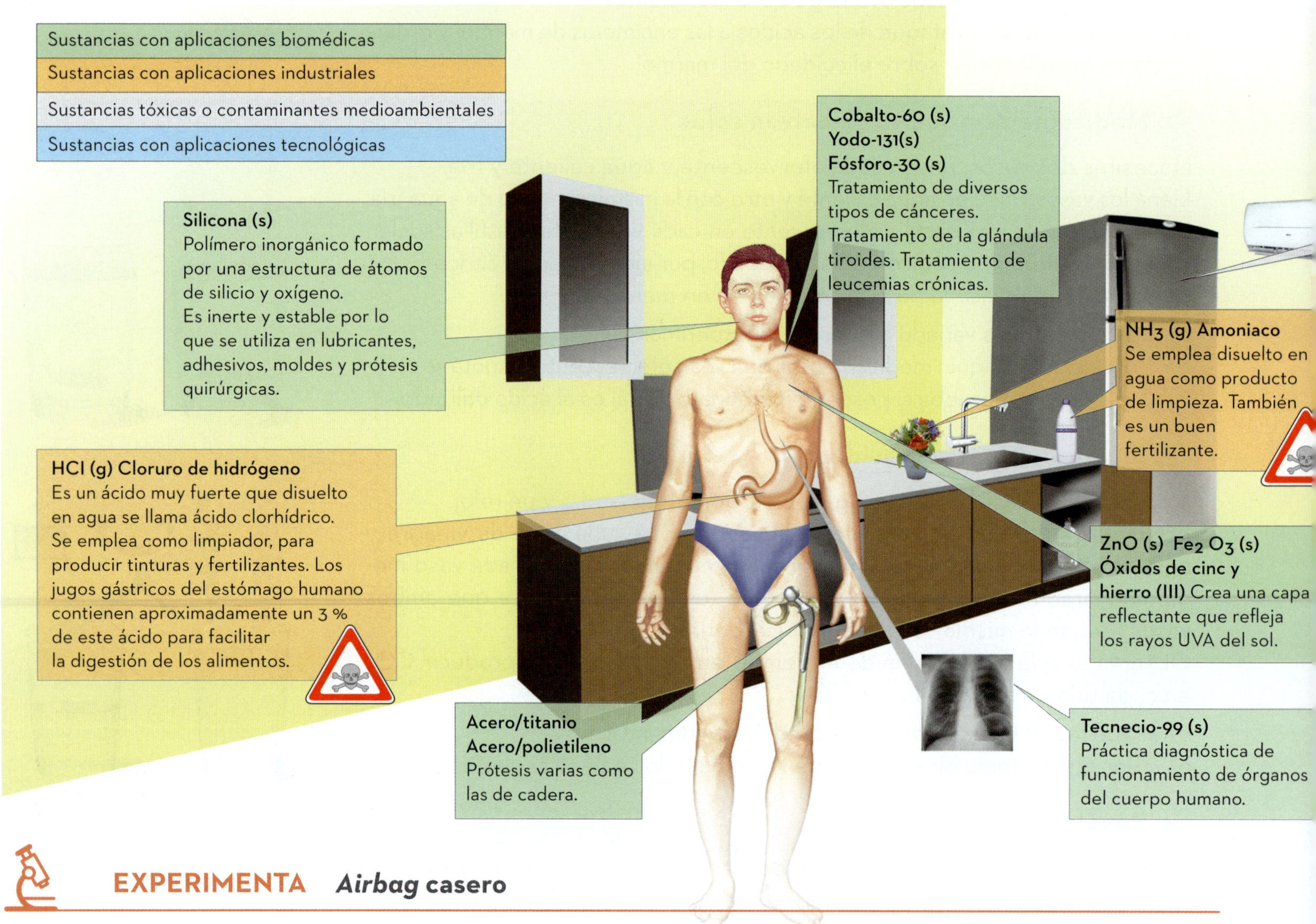

EXPERIMENTA *Airbag* casero

10. Vierte un poco de vinagre en una bolsa pequeña y hazle un nudo seguro dejando un poco de aire en su interior. Echa un puñado de bicarbonato en otra bolsa, introduce en ella la bolsita con el vinagre y ciérrala. Colócala en una superficie plana y golpea el vinagre con un martillo.

a) Explica su funcionamiento.

b) Busca información sobre cómo funcionan los auténticos *airbag*.

EXPERIMENTA Protección solar

11. Coge un carpeta o funda transparente y aplícale por una cara un poco de loción de protección solar de manera uniforme (factor 30 es suficiente). Haz unas bolas de plastilina (del tamaño de una nuez) y distribúyelas sobre un periódico de manera que puedan sostener la funda.

Coloca la funda sobre las bolas con el lado cubierto de loción hacia arriba. Expón el modelo a los rayos solares durante cuatro horas y sol de verano. Transcurrido ese tiempo, retira la carpeta y compara el color del área del periódico que estaba cubierto con la que no tapaba la funda. Explica lo que ha ocurrido.

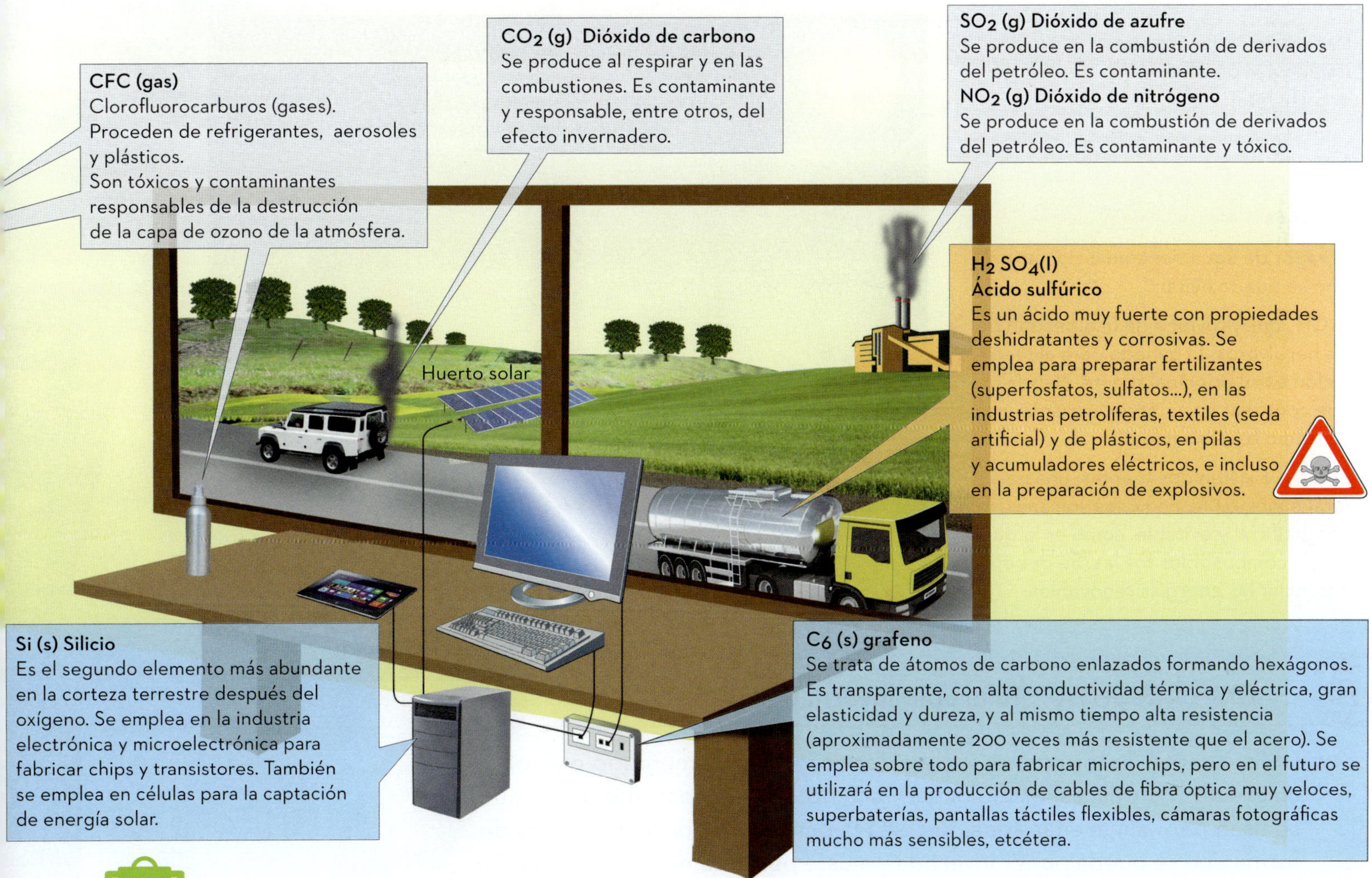

ACTIVIDADES

27. Indica tres sustancias con aplicaciones industriales que contengan en su molécula átomos de nitrógeno o de cloro.

28. El amoniaco es un compuesto clave en la industria de un país. Busca información y contesta:

e) ¿Cómo se obtiene industrialmente el amoniaco?

f) ¿Cómo su proceso de síntesis pudo haber cambiado el sentido de la Primera Guerra Mundial?

10.2. Química y medio ambiente

Seguro que has escuchado en los medios de comunicación noticias alarmantes sobre el calentamiento global, la capa de ozono o la lluvia ácida. Es tarea de todo ciudadano estar informado e interesado por estos temas cuyo alcance es global, pero también debes de tener espíritu crítico y no aceptar la información sin contrastar las fuentes.

Los siguientes puntos te proporcionarán la información básica para entender los principales problemas medioambientales. Después tendrás que ampliar tus conocimientos para convertirte en una persona con los suficientes conocimientos científicos como para formar tu propia opinión.

A. El efecto invernadero

Consecuencias

- Descenso de la capa de hielo del planeta y de los océanos, con modificación de las corrientes oceánicas.
- Modificación del clima con incremento de la sequía y fenómenos atmosféricos violentos.
- Incremento del riesgo de incendios.
- Desaparición de especies debido a la destrucción de su hábitat.

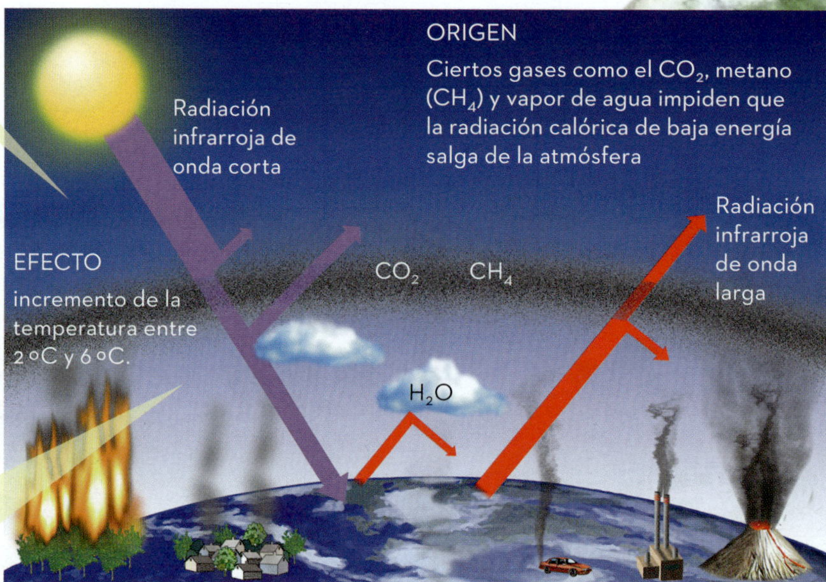

Soluciones

- El vapor de agua tiene un ciclo natural y no se puede evitar.
- El CH_4 que proviene de la digestión de los herbívoros. El ganado para alimentación es su principal fuente. Habría que controlar su número mediante un consumo responsable.
- El CO_2. Existen dos fuentes: una natural e inevitable, como los volcanes, y una artificial y evitable, como es la quema de combustibles fósiles. Se deben potenciar las energías renovables.

EXPERIMENTA **Tu propio invernadero**

12. Utiliza un par de termómetros de exterior (de los de mercurio o alcohol coloreado, no utilices los digitales) y una botella transparente de las que se usan para almacenar agua. Recorta la parte superior de la botella de forma que se pueda poner invertida y ajuste perfectamente con el suelo. Coloca la botella junto a una ventana soleada y sitúa un termómetro dentro de ella y otro fuera de ella. Los termómetros deben de estar protegidos del sol directo mediante algún objeto y sujetos con algún soporte, como un portalápices.

Toma las medidas de temperatura durante 10 minutos en intervalos de 30 segundos. Realiza una gráfica con las dos tablas obtenidas e interpreta el resultado en base al efecto invernadero que provoca la botella en su interior.

B. La lluvia ácida

Consecuencias

- Aumento de la acidez de los lagos con el perjuicio de la flora y la fauna.
- Destrucción de bosques por muerte de sus raíces debido a la acidez de la tierra.
- Corrosión de los edificios de piedra caliza: iglesias, palacios, monumentos, estructuras metálicas...

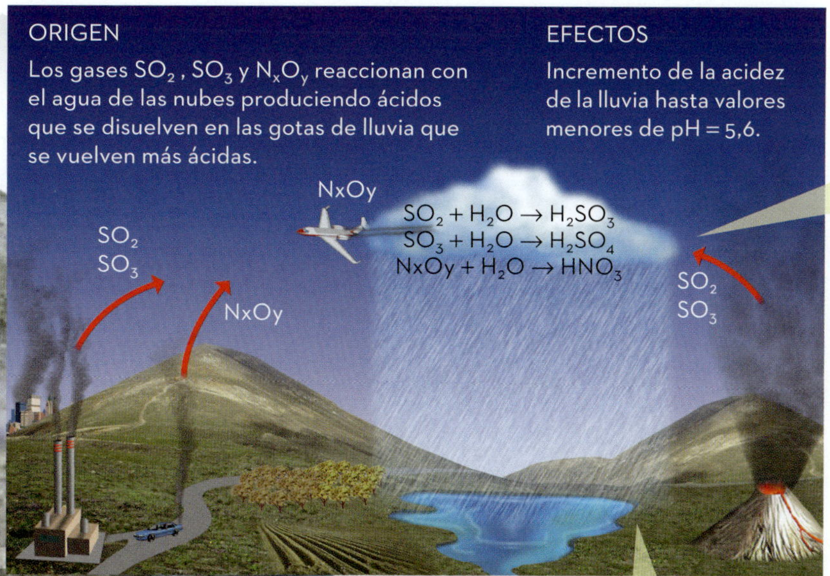

Soluciones

Se ha de reducir la emisión de óxidos de azufre y nitrógeno procedentes de la quema de combustibles fósiles. Para ello se puede:

- Disminuir el consumo de combustibles fósiles.
- Eliminar el azufre antes de la utilización del combustible.
- Eliminar los óxidos de azufre producidos en la combustión antes de ser expulsados a la atmósfera.
- Eliminar los óxidos de nitrógeno que producen los vehículos a motor mediante el uso de un catalizador.

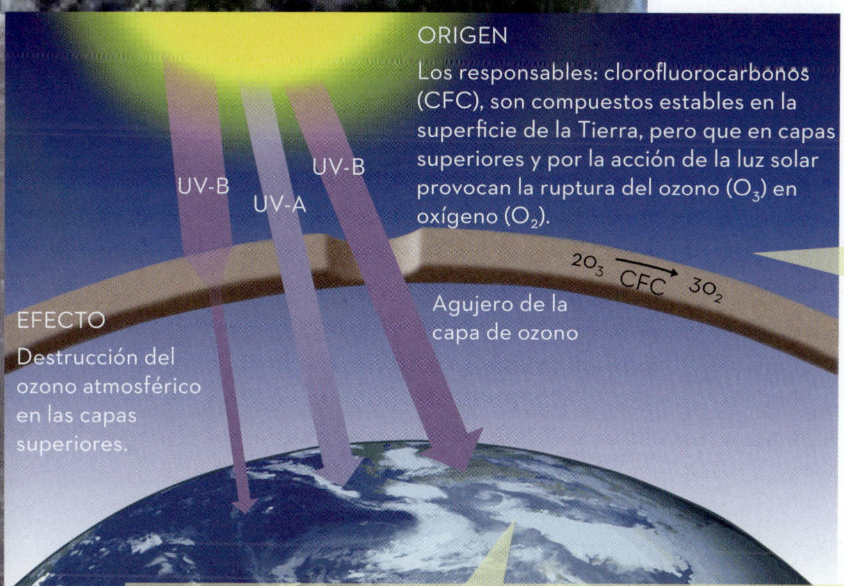

C. La destrucción de la capa de ozono

Consecuencias

El ozono se almacena en una capa en torno a los 25 km de altura y constituye una barrera a los rayos ultravioleta procedentes del sol. Su desaparición provoca:

- Incremento de cáncer de piel y problemas oculares.
- Destrucción de diversos cultivos.
- Disminución de la vida en los océanos.

Soluciones

Se ha de reducir la emisión de CFC. Estas sustancias eran los propelentes habituales de los aerosoles hasta su prohibición. También se utilizaban en sistemas de refrigeración y neveras.

Actuaciones:

- Prohibir su uso en aerosoles (así es actualmente).
- Sustituirlo en neveras y aires acondicionados.
- Prevenir los efectos, utilizando cremas de protección y gafas con factores de protección.

MAPA CONCEPTUAL

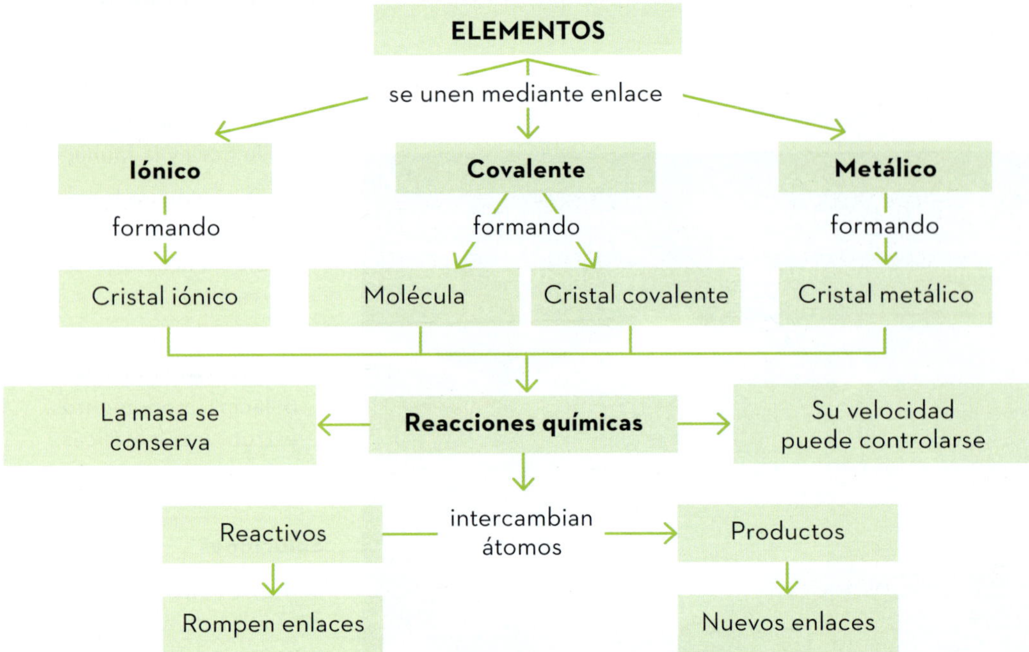

Copia el mapa en tu cuaderno e incorpora en él los siguientes conceptos: teoría de colisiones, tendencia a rodearse de ocho electrones, transformaciones físicas y químicas, endotérmicas y exotérmicas.

Así mismo, añade las propiedades más habituales de las moléculas y los diferentes tipos de cristal.

MIRA A TU ALREDEDOR

El nanogenerador eléctrico ultrafino y enrollable

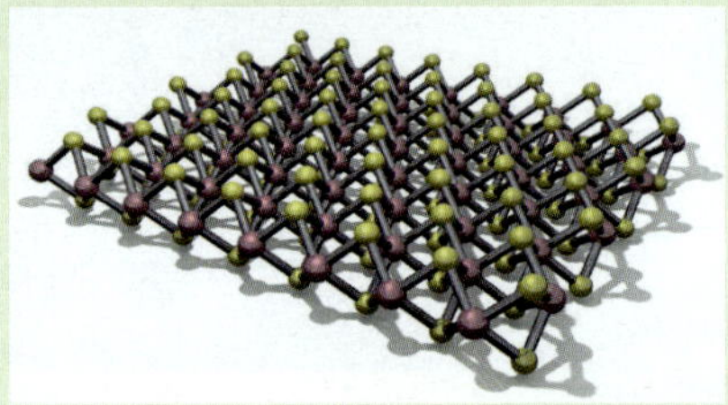

El grafeno, sintetizado por primera vez en 2004, abrió la puerta a una nueva generación de prometedores materiales bidimensionales (de un átomo de grosor) con los que, según los científicos, se fabricará la tecnología del futuro. Permitirán desarrollar dispositivos eléctricos y ópticos ultrafinos que podrán enrollarse o ser incorporados en la ropa o en las paredes.

Una investigación publicada esta semana en la revista *Nature* supone un nuevo avance para acercar al presente esos materiales del futuro. En concreto, el trabajo se ha centrado en el disulfuro de molibdeno (MoS_2), otro prometedor material utilizado muy a menudo como lubricante industrial que, como el grafeno, es muy flexible.

El resultado, aseguran, es el generador eléctrico más delgado que se ha logrado hasta ahora. Este material podría usarse para fabricar generadores eléctricos microscópicos, integrados por ejemplo en la ropa, que transformarían la energía del movimiento de nuestro cuerpo en electricidad. Estos generadores podrían cargar sensores portátiles, dispositivos médicos, e incluso el móvil.

Teresa Guerrero. Diario "El Mundo" (www.elmundo.es/ciencia) 15.10.2014 (adaptación)

Cuestiones

a) Enumera los materiales que aparecen en el texto. Busca información en Internet sobre ellos: composición, estructura, año de síntesis y utilidad.

b) Propón algunas aplicaciones cotidianas que se podrían ver beneficiadas por este material.

c) Realiza una presentación digital o videorreportaje sobre el grafeno. Debe aparecer su descubrimiento, síntesis, propiedades físicas y químicas, así como las aplicaciones futuras.

PRÁCTICA DE LABORATORIO

Formación de sustancias gaseosas

Objetivo

Experimentar con los sentidos la formación de diferentes gases a partir de reacciones sencillas.

Material

- tubos de ensayo
- ácido nítrico (HNO_3)
- ácido clorhídrico (HCl)
- cinc (Zn)
- cobre (Cu)
- mármol ($CaCO_3$)
- cloruro amónico (NH_4Cl)
- hidróxido de sodio (NaOH)
- sulfuro de hierro (II) (FeS)

Procedimiento

En cada proceso se toma una pequeña cantidad de las sustancias reaccionantes y se mezclan en un tubo de ensayo. En las reacciones de formación de amoniaco puede ser preciso calentar un poco el tubo de ensayo para producir la reacción de forma apreciable. Cuando exista advertencia sobre emisión de gases tóxicos, debeis trabajar con una campana extractora o en un ambiente muy ventilado.

Tarea

Anota lo que observes en cada experimento: calentamiento o enfriamiento del tubo, cambios de color, aparición del gas, color y olor, etc. Realiza una memoria de la práctica donde especifiques cada **reacción ajustada** y las **observaciones** hechas. Si es posible, haz fotografías y adjúntalas.

***a)* Formación de gas hidrógeno**

En un tubo de ensayo se coloca cinc y se echa un poco de ácido clorhídrico (HCl). Se forma cloruro de cinc ($ZnCl_2$) y se desprende instantáneamente gas hidrógeno. Recógelo sobre un vaso con agua y un poco de lavavajillas y observarás la aparición de burbujas. Si acercas una cerilla encendida, verás cómo explotan.

a)

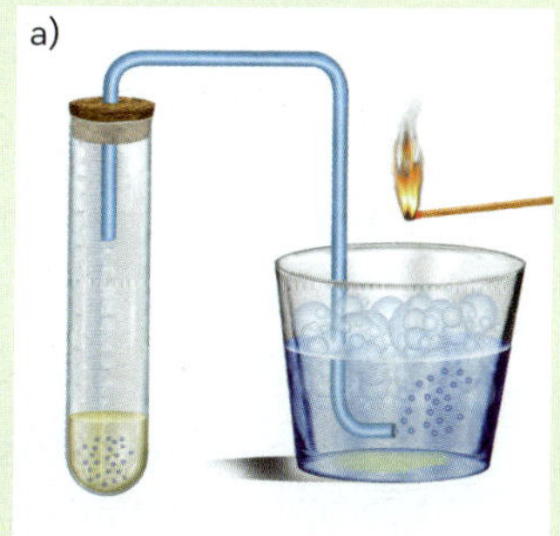

***b)* Formación del dióxido de nitrógeno**

Se colocan virutas de cobre en un tubo de ensayo y se echa un poco de ácido nítrico (HNO_3). Se produce nitrato cúprico [$Cu(NO_3)_2$], agua y se desprende dióxido de nitrógeno (NO_2). ¡Cuidado con los vapores: son muy tóxicos!

***c)* Formación de dióxido de carbono**

Al atacar mármol ($CaCO_3$) con ácido clorhídrico se forma cloruro de calcio ($CaCl_2$), agua y se desprende dióxido de carbono. Recoge el gas con un tubo y llévalo sobre una vela encendida.

c)

***d)* Formación de sulfuro de hidrógeno**

Al atacar sulfuro de hierro (II) (FeS) con ácido clorhídrico se forma cloruro de hierro II ($FeCl_2$) y se desprende sulfuro de hidrógeno (H_2S). Realiza esta reacción en un lugar muy aireado.

d)

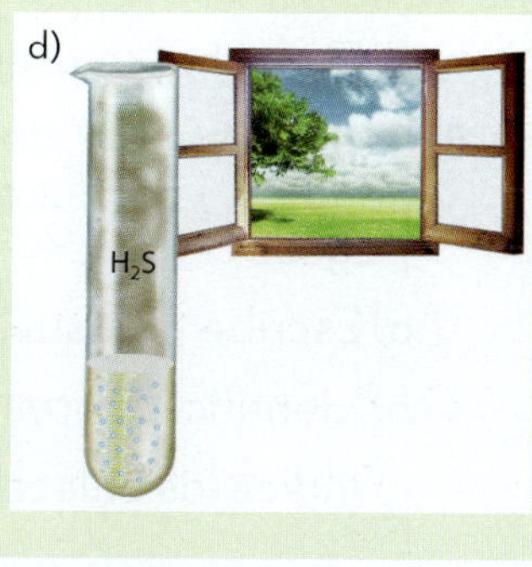

***e)* Formación de amoniaco**

Al tratar cloruro amónico (NH_4Cl) con hidróxido de sodio (NaOH) se forma cloruro de sodio (NaCl) y se desprende amoniaco (NH_3). Observa cómo se enfría el tubo por la reacción endotérmica resultante.

ACTIVIDADES FINALES

Actividades básicas

1. ¿Cómo podemos diferenciar entre sustancia simple y compuesta? Aplícalo a las siguientes sustancias puras:

   a) Ozono *c)* Grafito *e)* Co
   b) CO_2 *d)* CO *f)* Diamante

2. ¿Cuál es la razón por la que los átomos se unen para formar compuestos?

3. Relaciona las siguientes propiedades con el tipo de cristal: iónico, metálico o covalente.

   a) Conduce la corriente eléctrica en sólido.
   b) Se disuelve en agua.
   c) Es muy duro.
   d) Puntos de fusión y ebullición muy altos.

4. Identifica qué tipo de cristales poseen:

   a) Zirconita. *c)* Plomo. *e)* Oro.
   b) Talco. *d)* Cuarzo.

5. Calcula las masas moleculares de:

   a) Ozono *c)* $NaNO_3$ *e)* $Ca(ClO_2)_2$
   b) CO_2 *d)* ZnS *f)* $Al_2(SO_4)_3$

6. Explica por qué los cristales iónicos, como por ejemplo la sal, no conducen la electricidad en estado sólido y sí lo hacen disueltos en agua.

7. Identifica si los siguientes cambios son físicos o químicos. En este caso nombra los productos iniciales y finales.

   a) Encender una bombilla.
   b) La luz se refleja en un espejo.
   c) Freír un huevo.
   d) Se oscurece la plata.
   e) Encender una cerilla.
   f) El alcohol se evapora.

8. La combustión del propano (C_3H_8) con oxígeno (O_2) produce dióxido de carbono (CO_2) y agua.

   a) Escribe y ajusta la reacción.
   b) Identifica los reactivos y productos.
   c) Indica los enlaces rotos y formados.

9. Ajusta las siguientes reacciones químicas:

   a) $H_2 + Cl_2 \rightarrow HCl$
   b) $PbO + C \rightarrow CO_2 + Pb$
   c) $NaOH + HCl \rightarrow NaCl + H_2O$
   d) $Fe + Cl_2 \rightarrow FeCl_3$
   e) $Al + O_2 \rightarrow Al_2O_3$

10. Nuestro cuerpo obtiene energía haciendo reaccionar glucosa con oxígeno en un proceso denominado respiración celular.

    a) Identifica la fórmula de la glucosa.
    b) Investiga cuáles son los productos del proceso.
    c) Escribe y ajusta la reacción química entre la glucosa y el oxígeno.
    d) ¿Qué hace nuestro cuerpo con los productos?

11. El carbón es mayoritariamente carbono (C). Cuando lo quemamos se obtiene dióxido de carbono (CO_2) y mucha energía. Sabiendo que una tonelada de carbón utiliza 2666,7 kg de oxígeno, calcula la masa de dióxido que se obtiene. ¿Qué problema medioambiental presenta este compuesto?

12. La cal apagada (hidróxido de calcio, $Ca(OH)_2$) se utiliza para algunos trabajos de albañilería y se consigue añadiendo agua a la cal viva (óxido de calcio, CaO). ¿Qué cantidad de agua ha hecho falta para conseguir 5,3 kg de cal apagada si tenemos un saco de 4 kg de cal viva?

13. ¿Qué condiciones se han de cumplir para que el choque entre dos moléculas produzca una reacción química? ¿Cómo se denomina?

14. ¿Cuáles son los factores que influyen en la velocidad de reacción?

15. Los congeladores se clasifican en función del número de estrellas. Cuantas más posean más tiempo dura la comida en su interior. Explica este hecho.

16. Justifica la relación ente el efecto invernadero y el calentamiento global.

Actividades de consolidación

17. A partir de la propiedad que se menciona, clasifica las siguientes sustancias según el tipo de agrupación de sus átomos en átomos aislados, moléculas y cristales iónicos, metálicos o covalentes.

a) Gas inerte utilizado para iluminar.

b) Sólido algo duro soluble en agua.

c) Sólido que funde a baja temperatura.

d) Sólido muy duro, insoluble en agua.

e) Sólido que conduce la corriente eléctrica.

f) Líquido que bulle a 80 °C.

Después, relaciona las siguientes sustancias con los apartados anteriores: diamante, cobre, neón, alcohol, sal de cocina, cera.

18. Explica por qué las sustancias olorosas, como el alcohol, la acetona o la menta, son compuestos moleculares.

19. La gasolina tiene por componente mayoritario octano (C_8H_{18}). En el motor de un vehículo se combina con oxígeno para producir dióxido de carbono (CO_2) y agua.

a) Determina la reacción química y ajústala.

b) Calcula la masa de CO_2 que produce cada kilogramo de gasolina.

c) Sabiendo que la densidad del octano es 0,703 kg/L, calcula la masa de gasolina que hay en un depósito de un coche medio si su capacidad es de 50 litros.

d) Determina la masa de dióxido de carbono (CO_2) que se desprende cada vez que se consume un depósito de combustible de un coche.

20. El dióxido de azufre (SO_2) es uno de los mayores contaminantes que existen. Reacciona con oxígeno para formar el trióxido de azufre (SO_3). Escribe y ajusta la reacción y determina la masa de SO_3 que se obtiene a partir de 50 g de SO_2.

21. Explica de manera razonada cómo influye la temperatura en la velocidad de una reacción.

Actividades avanzadas

22. Los cambios que ocurren en la vida real suelen ser combinaciones de transformaciones físicas y químicas. Identifica las que ocurren en los siguientes casos:

a) Cocer un huevo.

b) Supositorio de glicerina en contacto con el cuerpo humano.

c) Bolsa térmica que proporciona calor.

23. Una fábrica emite a la atmósfera 2,5 T de SO_2 y 3,5 T de SO_3, principales responsables de la lluvia ácida. Calcula la masa total de ácido sulfuroso y sulfúrico que han producido.

24. Una botella de butano (C_4H_{10}) posee en promedio unos 13,5 kg de dicho gas. Cuando se quema con oxígeno produce dióxido de carbono y agua. Determina la masa de dióxido de carbono que se emite con cada botella.

25. Los cohetes espaciales se impulsan mediante los propulsores J-2. Busca información sobre qué reacción utilizan.

a) Escribe y ajusta la reacción. ¿Cuáles son los reactivos y cuáles los productos?

b) ¿Son contaminantes los productos obtenidos?

c) ¿Por qué no se utiliza en los coches?

d) ¿Sería una buena fuente de energía para los países menos desarrollados?

26. En un motor de coche, la gasolina debe arder rápidamente, pero no explotar. Para conseguirlo, se añadía el tetraetilo de plomo, un compuesto altamente contaminante y prohibido a día de hoy. ¿Cómo afecta a la velocidad de reacción?

27. Los vehículos a base de combustibles fósiles emiten, entre otros contaminantes, ozono. Explica por qué se considera perjudicial y por qué no ayuda a reparar la capa de ozono.

28. Calentarse quemando madera no se considera contaminante. ¿A qué crees que es debido?

29. El desastre de Bhopal es quizás la mayor catástrofe química de la historia. Infórmate sobre ella y redacta un informe sobre sus causas.

PON EN MARCHA TUS HABILIDADES

El catalizador

→| PISA

La mayor parte de los coches modernos están equipados con un catalizador. Este catalizador hace que los gases de escape del coche sean menos perjudiciales para las personas y para el medio ambiente. Aproximadamente el 90 % de los gases tóxicos son transformados en gases menos perjudiciales.

Aquí podemos ver los gases que entran y salen del catalizador.

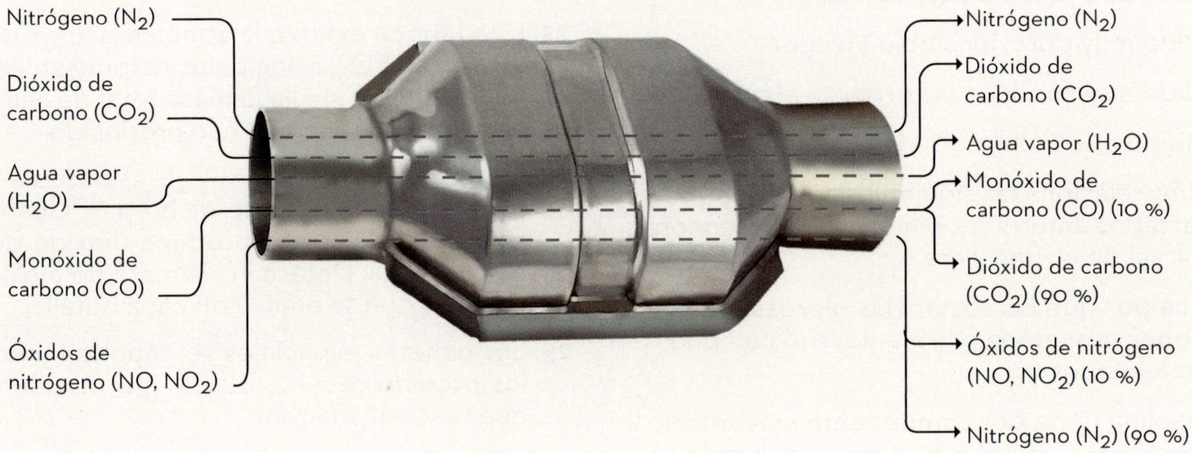

Pregunta 1

Utiliza la información de la figura anterior para dar un ejemplo de cómo el catalizador hace que los gases de escape sean menos perjudiciales.

Pregunta 2

En el interior del catalizador los gases sufren cambios. Explica qué es lo que sucede en términos de átomos y de moléculas.

Pregunta 3

Observa los gases que expulsa el catalizador. Señala un problema que los ingenieros y científicos que trabajan diseñando catalizadores deberían resolver para que los gases de escape producidos sean aún menos perjudiciales.

Pregunta 4 (Actitudes)

Contesta a las siguientes preguntas de manera razonada, de acuerdo al interés (mucho, poco, nada) que te causan:

a) Saber las diferencias que existen entre los diversos carburantes de coches en cuanto a la cantidad de gases tóxicos emitidos.

b) Comprender mejor qué ocurre en el interior de un catalizador.

c) Conocer los vehículos que no emiten gases tóxicos por el tubo de escape.

Tu localidad y los problemas medioambientales: una tarea de concienciación social

→| Tarea competencial

Objetivo

Cada poco tiempo los medios de comunicación suelen comentar, de forma generalmente dramática, los grandes problemas medioambientales que amenazan la humanidad: el cambio climático, el agujero de la capa de ozono y la lluvia ácida.

Como ciudadano responsable, debes tener una opinión adecuada fundamentada en el conocimiento real del problema y no en meras suposiciones basadas en la ignorancia. Con este trabajo deberás investigar la contribución de tu localidad a estos problemas, valorar el grado de concienciación ciudadana y plantear propuestas a nivel individual y colectivo para atenuar el problema.

Producto final

Si bien hay infinidad de posibilidades y puedes realizar la que consideres más adecuada, te proponemos que el resultado de este trabajo sea un documental en vídeo o en presentación digital. Su misión no será solo exponer el problema, sino tratar de conseguir una reflexión en el receptor del mensaje.

Pasos que debes realizar

Aunque puedes proponer otra a tu profesor, una posible secuencia de pasos podría ser la siguiente:

1. Obtener información sobre las fuentes de CO_2 más habituales y seleccionar aquellas que son mayoritarias en tu municipio. En este estudio, consideraremos únicamente el vehículo particular.
2. Determinar la masa de CO_2 que produce el vehículo familiar en una semana [deberás calcularla suponiendo que la gasolina es octano (C_8H_{18}) y reacciona con oxígeno para dar CO_2 y agua]. Para ello, cada uno de los miembros del grupo podría utilizar una tabla como la siguiente:

Semana	
Litros de gasolina consumidos (L)	
Masa de gasolina consumida (kg)	
Masa de CO_2 producida	
Promedio de usuarios	

Información para un vehículo. Si hay varios, realizar una tabla por cada uno y sumar los resultados.

3. Introducir los datos en una hoja de cálculo y realizar un gráfico de barras donde aparezcan los litros de gasolina consumidos y la masa de CO_2 producida por cada miembro. Determina la masa de CO_2 total producida y la masa de CO_2 media por usuario.
4. Averiguar la población de vuestra localidad y, a partir de los resultados anteriores, estimar la masa de CO_2 total producida por un vehículo familiar en un año (52 semanas). Conocido el número de familias, determinar la masa de CO_2 total producida por tu municipio en un año. Nota: Para estimar el número de familias, suponer que cada una posee 4 miembros.
5. Comparar el resultado obtenido en vuestra localidad con el de otros municipios de similar población y proponer soluciones a nivel individual y colectivo para disminuir el impacto que el uso del vehículo privado produce en el entorno.
6. Realizar una serie de entrevistas en las que se exponga al entrevistado los resultados del estudio y se recaben propuestas para disminuir el impacto de la emisión de CO_2.
7. Realizar un documental (vídeo o presentación) donde se informe de la problemática de la emisión del CO_2, los datos, entrevistas y resultados del estudio que habéis realizado, la comparativa en el entorno nacional y las propuestas de solución que planteáis.

Ya conoces cómo se procede en ciencia. Te proponemos ahora que te conviertas en científico para solventar una de las cuestiones fundamentales de la realidad: **¿De qué está hecha la naturaleza?**

¡Atención!: Durante todo el proceso vas a disponer de un ayudante que te irá aconsejando o planteando dudas. Su nombre es señor Water y tú eres su jefe. Juntos debéis llegar al final y tu tarea será realizar un informe detallado de todas las experiencias que hayas realizado. Para ello, debes realizar fotos o vídeos y generar con ellos un reportaje o una presentación que, después, acabarás exponiendo ante tus compañeros.

Acto 1

Una calurosa y húmeda tarde de verano, el señor Water entra en tu despacho:

– Siempre hemos oído hablar de la existencia de las partículas pero ¿debemos creer en ellas solo porque lo dicen los libros? ¿No debemos comprobarlo? Jefe, tengo en mi mano un vaso de agua con hielo.

→ **A continuación, Water te pregunta:**

¿En cuántos estados de agregación se encuentra el agua?

Acto 2

El señor Water está sentado en tu despacho y juega con una jeringuilla. Toma aire, tapona la salida y empuja el émbolo comprimiendo el gas. Después procede al revés. Tapona la salida con la jeringuilla vacía y estira el émbolo; durante unos instantes, mientras este retorna, observa que la jeringuilla queda prendida en la yema de su dedo, pero, cuando marca casi cero, se suelta. Entonces, sin mirarte, reflexiona:

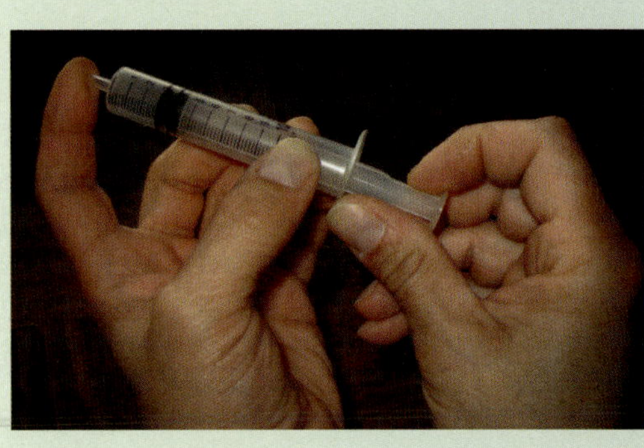

– Jefe, el gas es un estado de agregación muy simple. Podemos estudiarlo fácilmente analizando solo tres magnitudes: **presión, volumen** y **temperatura.**

→ **Después, Water manifiesta dos dudas:**

a) ¿Cómo podemos medir la presión, el volumen y la temperatura en un gas?

b) ¿Qué instrumento podemos utilizar en cada caso?

Acto 3

Más tarde, el señor Water te comenta:

– Ayer vi un documental donde explicaban que hay diferentes escalas para medir la temperatura: la Celsius o centígrada, la Fahrenheit y la Kelvin.

→ **Water te indica: ¿Puede ayudarme a completar la siguiente tabla?**

***T* (°C)**	20	−20	273		−273		−700		−80
***T* (K)**				27		1000		−80	

William Thomson, Lord Kelvin.

Acto 4

– Pensando en experiencias con gases, he encontrado algunas que podemos realizar fácilmente:

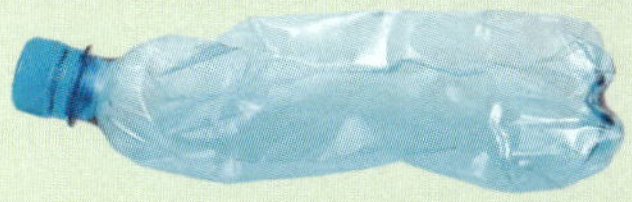

a) Tomar una botella de plástico vacía que haya estado al sol, cerrarla e introducirla al congelador. Al cabo de media hora sacarla.

b) Tomar una botella de plástico vacía y arrugada e introducirla abierta en el congelador. Al cabo de media hora sacarla, cerrarla y ponerla al sol.

Water insiste en entender lo que ha sucedido:

Observa lo que ocurre en cada caso y descríbelo con las variables presión, volumen y temperatura.

Acto 5

– Si es tan fácil estudiar el estado gaseoso, podemos averiguar cómo responde ante cambios sencillos. Como son tres magnitudes, tomamos dos como variables y otra como control. He encontrado una dirección (**goo.gl/roJdPy**) para simular el experimento.

Water te invita a que las estudies y contestes:

Con las tres primeras **leyes,** completa la siguiente tabla en tu cuaderno:

Ley	Control	Variables	Gráfica	Función	Expresión

Acto 6

– Ayer por la tarde estuve pensando en fenómenos cotidianos donde podíamos observar el comportamiento de los gases que hemos estudiado. Sin embargo, jefe, aún no logro identificar qué ley se cumple en cada uno de los siguientes casos. ¿Podemos investigarlo?

Water propone realizar las siguientes experiencias e investigar la ley de los gases implicada:

a) Los neumáticos de un coche o de una bicicleta contienen aire. Tomamos la presión en una gasolinera antes de ponernos en marcha y cuando hayamos recorrido un trayecto largo.

b) Hinchamos una pelota al sol y la dejamos durante una noche fría a la intemperie. A la mañana siguiente vemos cómo se encuentra.

c) ¿Por qué en los espráis se lee: «No lanzar al fuego, ni siquiera vacíos.»? Por qué, si están vacíos. (No realices esta experiencia.)

d) Si colocamos un cazo tapado con agua al fuego, cuando empieza a hervir, la tapa se pone a saltar. ¿Por qué? Si la tapa no se puede abrir se convierte en una olla exprés, pero ¿qué ocurre en su interior? ¿Por qué las ollas tienen una válvula de seguridad?

e) Ayer hinché unos globos, pero unas horas después estaban deshinchados, y en casa no había cambiado la temperatura ¿A qué se debe?

f) ¿Puedes indicar cinco ejemplos más?

Acto 7

– Recuerda que estudiamos la **teoría cinético-corpuscular de la materia,** la que supone que la materia está formada por partículas muy pequeñas en constante movimiento y que chocan entre ellas y con las paredes del recipiente que las contiene.

Nuevamente tu ayudante te expone sus dudas:

Existe una relación entre las siguientes variables, ¿cuál es?

Magnitudes macroscópicas	**Magnitudes microscópicas**
Presión	Espacio
Volumen	Velocidad
Temperatura	Choques

Acto 8

– Anoche no podía dormir y empecé a buscar alguna aplicación que nos sirviera para poner a prueba la teoría y la encontré en esta dirección: **phet.colorado.edu/es/simulations**. Luego, señalé *física* y, por último, escogí *propiedades del gas*. Podemos acceder a ella y probar si nuestras suposiciones son válidas. Propongo que hagamos lo siguiente:

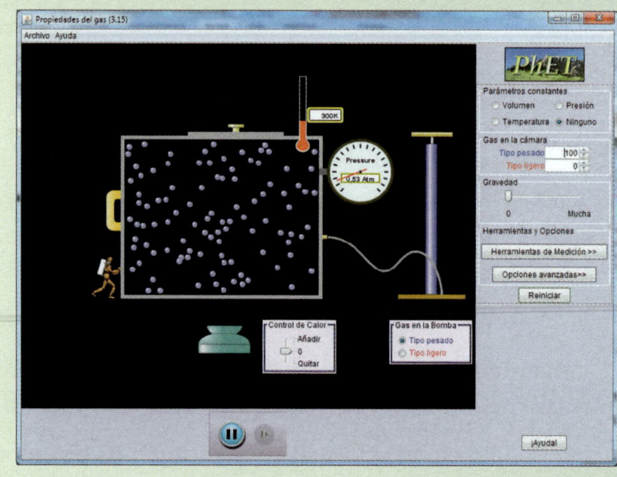

- Primero, vamos a divertirnos: hagamos lo que queramos.
- Ahora que ya sabemos cómo funciona, vamos a tratar de justificar las leyes mediante la teoría.
- Hemos de tener presente que las leyes se refieren a magnitudes macroscópicas (P, V, T), mientras que la teoría explica sus relaciones con parámetros microscópicos (choques, espacio y velocidad).
- Marcamos la opción temperatura constante y variamos el volumen. Como resultado, he preparado este esquema:

Mundo macroscópico	Al disminuir el volumen	LEY DE ________	La presión ________
	↓ entonces		↑ por lo que
Mundo microscópico	el espacio disponible para las **partículas** ________	→ en consecuencia	el número de colisiones entre las **partículas** ________

Water concluye, indicándote:

Completa el esquema anterior y, cambiando la variable control, elabora nuevos esquemas correspondientes a las otras leyes.

Acto 9

– Si hemos podido entender los gases, ¿podremos entender el resto de **estados** con la misma teoría?

→ **Ahora, plantea la siguiente actividad:**

Copia y completa esta tabla en tu cuaderno, indicando para cada estado si la magnitud es variable y constante.

Propiedad	Sólido	Líquido	Gas
Masa			
Volumen			
Forma			

Acto 10

– Buscando en el mismo lugar que el otro día, he encontrado otra aplicación: **phet.colorado.edu/es/simulations**. Marqué *física* y, por último, escogí *estados de la materia (básico).*

Con ella, cuando estamos en la pestaña: *sólido/líquido/gaseoso* y cambiamos de estado, podemos observar cómo deben organizarse las partículas para que la materia muestre los comportamientos que acabamos de estudiar.

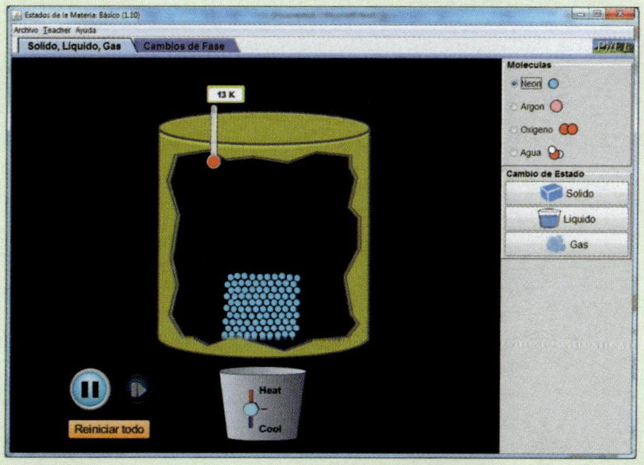

→ **Una vez más, tu ayudante te demanda consejo:**

a) Sabiendo que **la masa se conserva porque la cantidad de partículas no cambia** aunque cambiemos el recipiente, ¿cómo podemos interpretar el resto de propiedades generales?

b) Si partimos del estado sólido y vamos calentando, podremos entender qué sucede en los **cambios de estado.** ¿Cómo lo describirías? ¿Qué relación existe entre la velocidad de las partículas y los estados de agregación?

Acto 11

– He observado que, al aumentar la velocidad, antes de cambiar de estado, las partículas se separan un poco, aumentado las dimensiones del sistema, es lo que llamamos **dilatación.** Podemos utilizarlo para medir la temperatura. Sería la base del funcionamiento del termómetro.

→ **Water te muestra sus dudas:**

¿Conoces cinco casos más donde haya que tener en cuenta los efectos de la dilatación de los cuerpos a causa del aumento de temperatura?

Acto 12

– Ayer vi un documental que explicaba que, durante un cambio de estado, la **temperatura permanece constante.** Podemos ponerlo a prueba.

Water propone realizar las siguientes experiencias:

a) Ponemos unos cubitos de hielo recién sacados del congelador en un vaso de precipitados y, entre ellos, un termómetro. Calentamos el sistema y anotamos la temperatura cada 30 segundos hasta que el agua hierva. Realizamos después la gráfica temperatura-tiempo. Seguro que podemos encontrar las temperaturas de fusión y de ebullición.

b) Repetimos la práctica, pero utilizamos parafina en vez de agua. ¿Obtenemos el mismo resultado?

Acto 13

– He encontrado en el laboratorio unas gráficas que alguien había hecho y, junto a ellas, una libreta donde apuntaba las sustancias y las temperaturas de cambio de estado, pero estaba algo estropeada y no se apreciaba bien.

Water solicita ayuda:

Copia y completa la tabla y dibuja la gráfica que falta.

Sustancia		Amoniaco	Ácido sulfúrico	Acetona	Ácido salicílico
$T_{fusión}$	5 ºC				432 K
$T_{ebullición}$			337 ºC	56 ºC	221 ºC

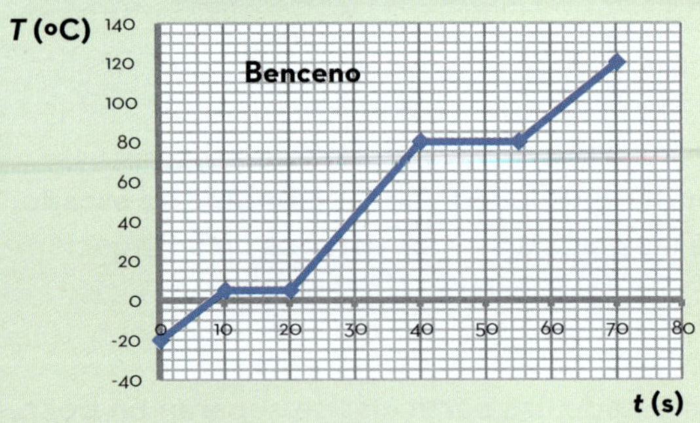

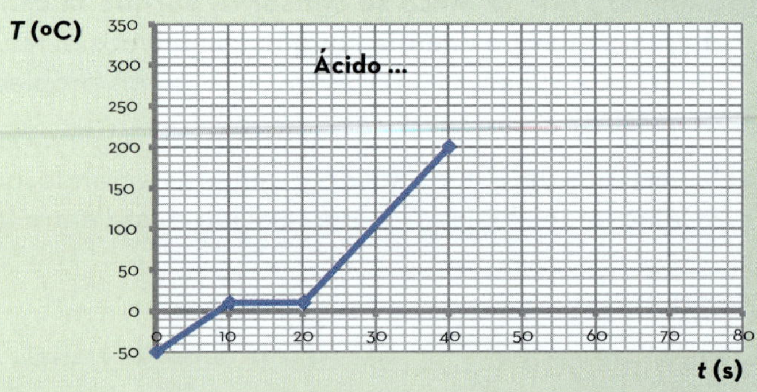

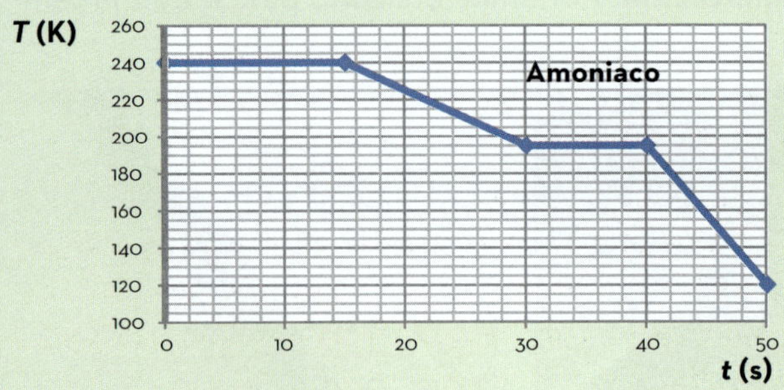

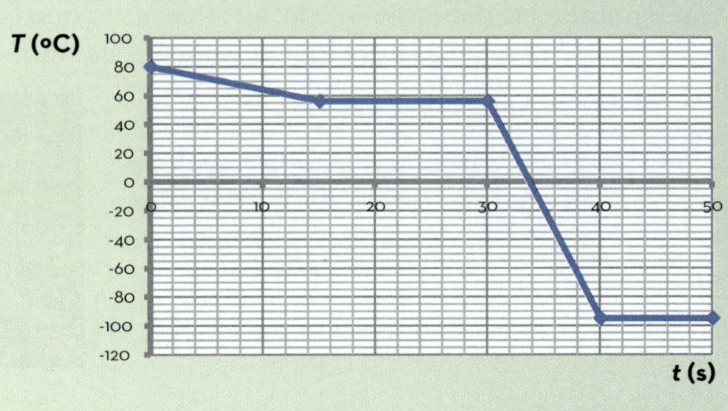

Acto 14

– Jefe, creo que con usted he aprendido mucho. Usted me ha enseñado a buscar relaciones y he pensado lo siguiente: Si la presión afecta a un gas, ¿no afectará a las **temperaturas de cambio de estado**?

He estado buscando información y he encontrado dos ejemplos de la influencia de la **presión** sobre la **temperatura de fusión.**

He estado buscando información y he encontrado dos ejemplos de la influencia de la presión sobre la temperatura de fusión en un recorte de una revista científica:

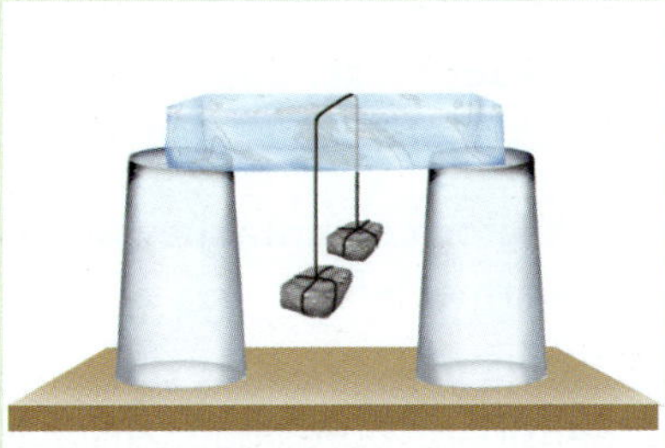

a) Fabrica una barra de hielo con algún recipiente alargado. Toma un hilo fino y resistente lo suficientemente largo como para rodear el bloque de hielo y colgar a los lados. Engancha dos pesos y déjalo como muestra la figura.

Verás cómo, poco a poco, atraviesa el bloque sin partirlo. El cable somete al hielo a una presión, lo que provoca que se funda, después, el agua vuelve a congelar.

b) Toma una botella de plástico, llénala totalmente con agua, ciérrala y ponla en el congelador alrededor de media hora. Cuando la saques, el agua aún debe estar líquida, pero muy fría. Abre media vuelta el tapón y observa: verás como el agua empieza a congelar desde la parte superior.

El agua aumenta de volumen cuando se convierte en hielo, pero como la botella está cerrada no puede hacerlo. Con ello, se incrementa la presión y se consigue que el agua se mantenga líquida por debajo de cero grados; se dice que está **subenfriada.** Al abrir el tapón, liberas la sobrepresión y congela inmediatamente.

Acto 15

– Después pensé en la **influencia** de la **presión** sobre la **temperatura de ebullición,** y se me ocurrieron varias cuestiones.

a) ¿Se acuerda de la olla exprés? ¿Por qué en ella la comida se hace tan rápido?

b) Si colocamos un recipiente con agua en una campana de vacío y vamos eliminando el aire, ¿podremos conseguir que evapore a temperatura ambiente?

c) Recuerdo haber leído que no es posible hervir un huevo en el Everest. ¿Por qué?

El señor Water te pide:

- Explica el porqué de las cuestiones anteriores.

Por último, realiza lo que pide el señor Water en su último comentario:

– Estos días han sido muy interesantes. He aprendido cómo funciona la ciencia, y hemos conseguido responder a nuestra pregunta inicial: ¿De qué está hecha la naturaleza? Me gustaría tener un **reportaje resumen** con todo lo que hemos trabajado para poder enseñárselo a mis colegas. Procure ser claro y conciso, pero al mismo tiempo sea divertido. Solo quiero que todos comprendan fácilmente la respuesta a la pregunta. Ha sido un placer trabajar con usted. Hasta la próxima.

Acto 1

El señor Water entra en tu despacho:

— Hola de nuevo, jefe. Estoy trabajando con la policía científica (CSI) y me han surgido una serie de dudas. Sé que la materia se caracteriza por poseer unas propiedades que podemos agrupar en dos tipos:

- **Generales:** que solo dependen de la extensión de materia que tomemos y no permiten diferenciar entre sustancias, tales como la masa y el volumen.
- **Específicas:** que no dependen de la cantidad de materia que tomemos y que permiten diferenciar entre las diferentes sustancias, como el color y el sabor.

→ Water comenta: hay algunas propiedades que no sabría clasificar. ¿Podría ayudarme, jefe?

a) Define y clasifica las siguientes propiedades en uno de los grupos anteriores: peso, densidad, porosidad, maleabilidad, ductilidad, impenetrabilidad, elasticidad, olor, brillo, temperatura de fusión y temperatura de ebullición.

b) Para los materiales que se describen a continuación, relaciona el uso que se hace de ellos con las propiedades que poseen: tablón de madera, cazo de cobre, hielo en un refresco, papel de libreta, anillo de plata y cable de cobre.

Acto 2

— Mientras ayudaba a los agentes del CSI, nos han traído un alijo de joyas robado, con anillos, pendientes, collares de oro y de plata, pero no sabemos si son auténticos o de bisutería. Me han comentado este experimento que se puede realizar sin dañar las joyas:

- Tomar uno de los anillos y determinar su masa con una báscula de cocina.
- Llenar un tapón con agua con la ayuda de una jeringuilla dosificadora. Luego, introducir el anillo dentro del tapón vacío de nuevo y volver a llenarlo con la jeringuilla.
- Calcular la densidad dividiendo la masa entre el volumen que se ha calculado para el anillo: $d = m/V$. Compararla con la del oro que aparece en los libros.

→ Entonces, Water insiste:

a) ¿Qué dato obtienes al calcular la diferencia entre ambas medidas de volumen?

b) ¿Qué puedes deducir de ello?

Acto 3

Jefe, también tengo estos dos líquidos: agua y alcohol etílico (ambos transparentes). Sabemos que la densidad del agua es de 1 g/cm^3, y la del alcohol etílico es 0,8 g/cm^3.

→ Entonces, Water propone:

- Empleando de nuevo la balanza casera, ¿puedes diferenciarlos sin olerlos ni probarlos? ¿Cómo lo harías? Describe el procedimiento.

Acto 1

En esta ocasión, eres tú el que pone a tu ayudante a prueba:

– Water, ¿me podrías explicar la diferencia entre una sustancia pura y una mezcla?

– Claro jefe, es muy fácil. Una **sustancia pura** es aquella en la que sus propiedades, tanto físicas como químicas, son características de la misma y permiten, por tanto, diferenciarla de otras sustancias. Una **mezcla** se produce cuando se combinan dos o más sustancias puras en una proporción que puede ser variable.

→ **Entonces, Water propone ayudarse de lo que explican en este enlace: goo.gl/SFS0rH**

a) Hay varios tipos de mezclas, ¿cuáles son? Explica la diferencia e identifica a qué tipo de mezcla corresponde: agua con sal, agua con aceite y agua con alcohol.

b) De la siguiente lista, diferencia las sustancias puras de las mezclas y, donde sea posible, identifica el disolvente y el soluto: aire, agua salada, bronce, hormigón, plomo, granito, sangre, leche, vino, champú, oxígeno, café, zumo de naranja natural, agua mineral, crema de calabacín, té, y un plato lleno de granos de arroz y garbanzos.

Acto 2

– Jefe: Sé que una **disolución** es un tipo particular de mezcla y, en ella, el soluto y el disolvente pueden estar en cualquier estado.

→ **Water propone:**

- Ayúdeme a preparar, como prueba forense para un juicio, una presentación sobre las disoluciones, identificando el soluto y el disolvente en cada caso. Cuando sea posible la preparamos y hacemos una fotografía: humo, agua salada, hidrógeno en platino, vino, latón, refresco gaseoso, niebla, aire y amalgama de mercurio.

Disolvente	Soluto		
	Sólido	Líquido	Gas
Sólido			
Líquido			
Gas			

Acto 3

– Jefe, en la policía, a veces, recibimos mezclas de las que tenemos que separar sus componentes. He encontrado esta dirección: **goo.gl/46Ghqo,** donde explican algunos procedimientos.

→ **Water plantea:**

a) Prepara un esquema resumen de los diferentes procedimientos de separación, según sean para mezclas homogéneas o heterogéneas.

b) Elige un procedimiento de separación para los siguientes sistemas:

Agua y arena.	Agua y aceite.	Tierra y tornillos.
Tinta de varios rotuladores.	Agua y alcohol.	Agua salada.

4 ESTUDIO DEL MOVIMIENTO

Si eres un poco observador, comprobarás que todo lo que nos rodea está en movimiento. Tú mismo, cuando te has levantado esta mañana, has estado en movimiento permanente: has cogido la ropa para vestirte; has ido al cuarto de baño para lavarte y asearte; has ido a la cocina para desayunar y, finalmente, has ido a clase, andando, en coche, en autobús, en metro o en bicicleta. Para realizar todos estos movimientos has recorrido una distancia y lo has hecho a una velocidad determinada, pues no es lo mismo ir andando, en bici o en coche. Y habrás tardado un tiempo diferente en hacer el mismo recorrido que hay desde tu casa a tu centro escolar.

En definitiva, el movimiento es un fenómeno que siempre está presente en nuestra vida. Incluso cuando estamos quietos, nos movemos, pues nuestro planeta, la Tierra, gira sobre sí mismo y en torno al Sol.

¿Son estos los únicos movimientos que nos afectan? En absoluto, pues el Sol también se desplaza en la galaxia mediante un movimiento giratorio alrededor de su centro; a su vez, la galaxia se mueve dentro del cúmulo de galaxias al que pertenece, que se encuentra anclado a los movimientos del supercúmulo que lo contiene.

Pues bien, en esta unidad vas a estudiar todas las variables que intervienen en los movimientos, sin olvidar que la cinemática es la parte de la física que estudia los movimientos.

Te proponemos un reto

Cuando un cuerpo cae, ¿lo hace siempre con el mismo movimiento? Te proponemos dos experimentos sencillos para ilustrar el fenómeno:

Experimento 1

¿Los objetos pesados caen antes?

Toma una goma de borrar, una hoja de papel y déjalos caer desde una altura de dos metros. ¿Cuál ha llegado antes al suelo?

Ahora, arruga el papel hasta hacer una pelota y repite el experimento. ¿Qué objeto llega antes al suelo? ¿Qué ha variado?

Experimento 2

Toma cuatro vasos altos, deja uno vacío, otro lo llenas de agua, otro de aceite y el último de glicerina (puedes comprarla en una droguería). Toma cuatro dados de plástico y un cronómetro.

Deja caer el dado en los diferentes vasos desde unos cinco centímetros por encima del agua y mide el tiempo que tarda en llegar al fondo ¿Puedes explicar la diferencia?

El siguiente vídeo te puede ayudar:

goo.gl/l6yfAJ

¿Cómo explicarías lo que ocurre con el aceite?

Sumario

1 El movimiento

El movimiento forma parte de nuestras vidas y, de hecho, vinculamos esta a su realización. La materia inerte no se mueve y, por ello, asumimos erróneamente que, lo que no se mueve, no está vivo. El movimiento es la característica más evidente de nuestro entorno, hasta el punto de que nuestro cerebro se ha especializado en detectarlo. Cuando miras una película, lo que te llama la atención es el cuerpo que se mueve. Pero, ¿qué significa que se mueve?

PIENSA Y RAZONA

En ciertos videojuegos el personaje debe atravesar intrincados laberintos, recorrer castillos y conducir un coche por las calles de una ciudad. Pero:

a) ¿Qué es lo que se mueve en la pantalla, el protagonista o el paisaje?

b) ¿Cómo detectamos que hay movimiento?

c) ¿Cómo definirías el movimiento?

Parece claro que el movimiento se caracteriza por un cambio de posición de un cuerpo respecto a otro o al medio en el que se encuentra. Pero,

d) ¿cómo podemos identificar quién se mueve?

Habrás comprobado que no es tan evidente definir qué es lo que se mueve. Lo que parece movimiento para un observador, para otro observador no lo es. Por eso decimos que el movimiento es **relativo** al observador.

ACTIVIDADES

1. **Estás en una nave espacial sin ventanas, junto a una silla y una pelota.**

   a) ¿Cómo sabes si estás en movimento?

   b) Se abre una ventanilla y observas acercarse otra nave. ¿Cuál de las dos se mueve?

2 Sistemas de referencia

Para poder decir que un cuerpo está en movimiento, debemos comparar su estado respecto a otro cuerpo que supondremos en reposo. Sin embargo, la identificación de un cuerpo sin movimiento no deja de ser una elección arbitraria.

PIENSA Y RAZONA

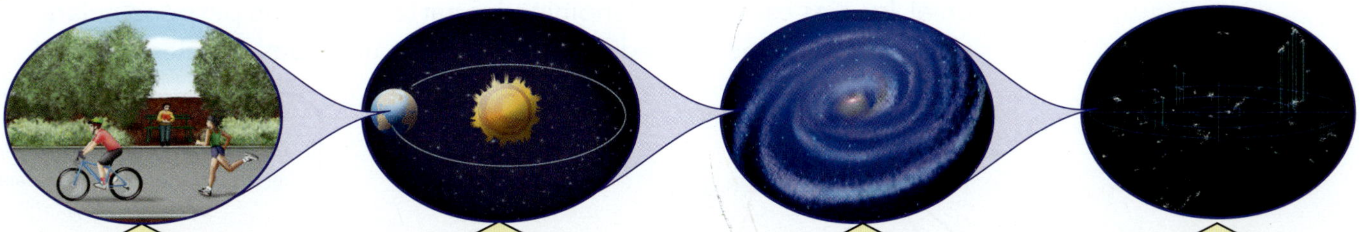

Imagínate sentado en un banco de la avenida. A tu lado pasa gente, para ellos tú estás en reposo. Pero ¿puedes asegurarlo?

Tu banco está anclado en la Tierra, que tarda un año en trasladarse alrededor del Sol, que consideramos quieto. Pero ¿está en reposo?

El Sol, junto con el Sistema Solar, rota alrededor del núcleo galáctico de la Vía Láctea en un periodo de 225 millones de años. ¿Pero está en reposo?

La Vía Láctea pertenece al denominado cúmulo local de galaxias, que a su vez se acerca a unos y se aleja de otros cúmulos. ¿Hay, pues, algo en reposo?

Contar con un punto fijo no es suficiente para identificar el movimiento. Se podría pensar que con determinar la distancia de un cuerpo a dicho punto fijo bastaría, pero ¿qué ocurre en un tiovivo? En esta atracción te mueves, pero la distancia entre tú y un punto fijo no varía.

Se necesita algo más que una distancia para estudiar el movimiento. Para solucionarlo, haremos uso de unas direcciones privilegiadas, a modo de estrella de los vientos, de modo que podamos medir la distancia respecto a ellas.

Un sistema de referencia (SR) consiste en la elección de:

- un punto considerado fijo denominado **origen** o **punto de referencia** y
- una o varias direcciones privilegiadas denominadas **ejes**.

El número de direcciones privilegiadas (denominado dimensión) dependerá del modo en que el cuerpo se mueva.

Si avanza en línea recta: Si realiza una curva: Si realiza un arco espiral:

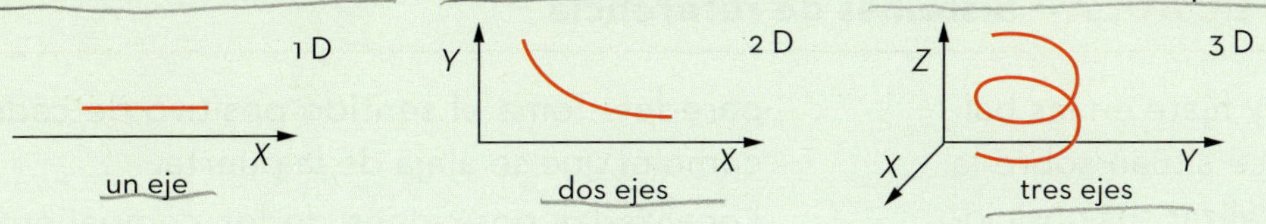

FÍSICA 2.0

Ciertos juegos ponen a prueba nuestra habilidad al manipular los sistemas de referencia.

Balance 3D es un juego para Android en el que hay que manipular una bola que rueda, al tiempo que se puede modificar la visión del SR.

Entra en:

play.google.com/store

y busca Balance 3D de BMM-Soft.

ACTIVIDADES

2. Identifica cuántas dimensiones necesitas, como mínimo, para describir los siguientes movimientos:

a) Un lanzamiento a canasta. *b)* El disparo de una bala. *c)* El vuelo de una mosca.

d) Una carrera de motos. *e)* Los 100 metros lisos. *f)* Un viaje a Marte.

3 Magnitudes del movimiento

3.1. Coordenadas cartesianas y posición

Hay muchos sistemas de referencia (SR) que se pueden construir pero, entre ellos, hay uno particularmente sencillo: el **sistema de referencia cartesiano.**

En él, los ejes escogidos, denominados cartesianos, son perpendiculares entre sí y están divididos en medidas acordes a las unidades empleadas.

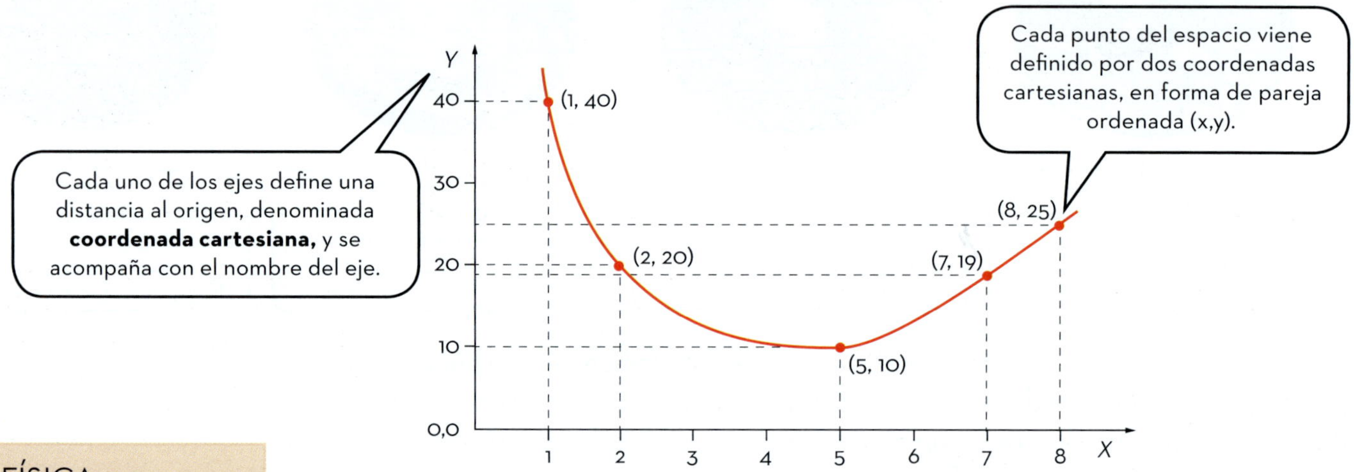

Una vez que hemos establecido cómo localizar un punto del espacio, podemos definir un concepto clave en el movimiento: la posición.

Todo cuerpo ocupa, en un tiempo determinado, un punto del espacio. Dicho punto se identifica mediante unas coordenadas que determinan la **posición** de dicho cuerpo.

Aunque el punto del espacio que ocupa un cuerpo en un instante es invariante, sus coordenadas, es decir, su posición, depende del SR escogido. Por eso se denomina **posición relativa.**

FÍSICA 2.0

En la siguiente dirección encontrarás algunas aplicaciones sobre el concepto de trayectoria.

Entra en:
goo.gl/CBGa93

Y elige la entrada:
trayectoria

EL LABORATORIO EN EL AULA **Sistemas de referencia**

1. Aparta todas las mesas del aula y fíjate en las baldosas del suelo. Cinco alumnos se sitúan sobre la baldosa que deseen. Vamos a localizar sus posiciones en dos SR.

   a) Toma como origen la baldosa del extremo de la puerta y, como ejes, las paredes.

   b) Toma como origen una de las baldosas del centro del aula y, como ejes, la fila y columna que, pasando por el origen, son paralelas a las paredes. Toma el sentido positivo de cada eje como el que se aleja de la puerta.

   Localiza las posiciones de los compañeros en cada uno de los SR. ¿Son las mismas?

   c) Cada uno de esos cinco alumnos se toma a sí mismo como origen y escoge los ejes como quiera, pero perpendiculares entre sí. Con ese SR, localiza al resto de compañeros.

   d) De todos los SR, ¿cuál es el mejor? ¿Hay alguno que consideres privilegiado?

3.2. Movimiento, trayectoria y desplazamiento

Una vez establecido el sistema de referencia y sabiendo determinar las posiciones que posee un cuerpo, podemos determinar cuándo se mueve un cuerpo.

El **movimiento** se define como el cambio de posición de un cuerpo a lo largo del tiempo, en un determinado sistema de referencia.

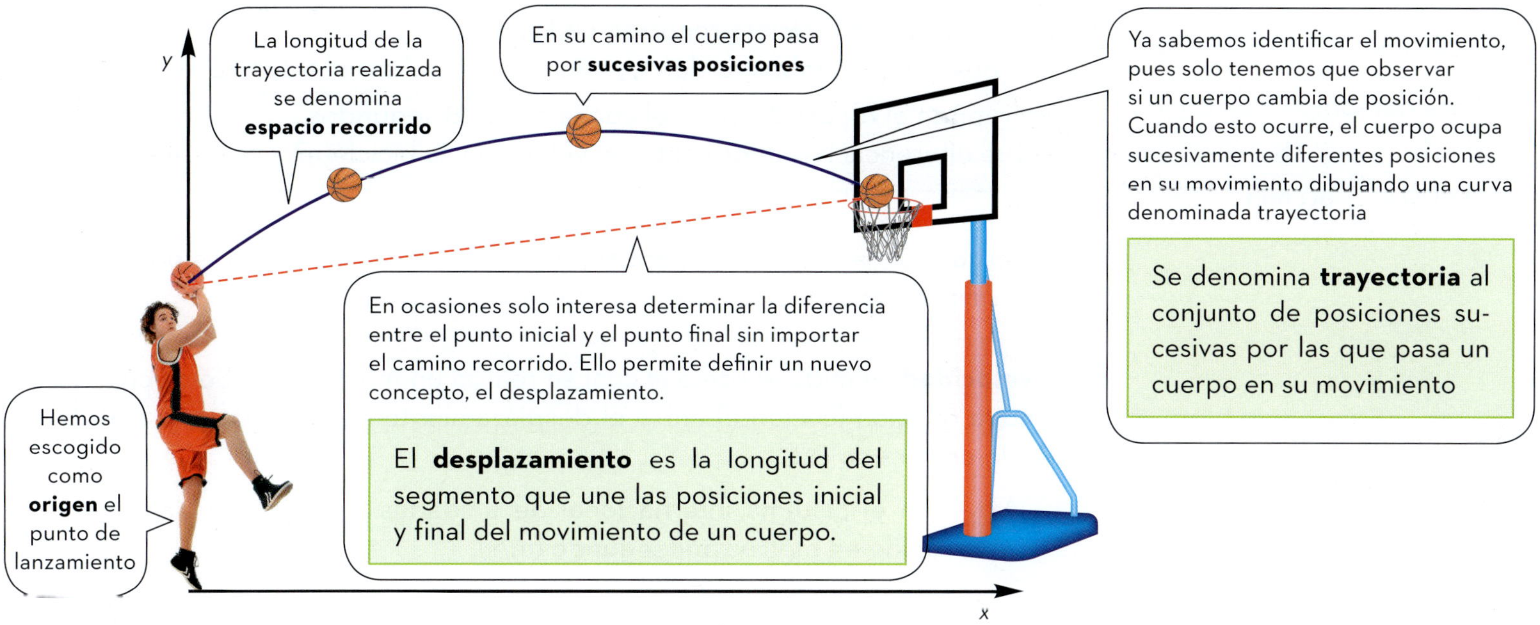

En cada eje, para determinar el desplazamiento ($\Delta x, \Delta y$) basta con restar las coordenadas inicial y final de la trayectoria.

$$\Delta x = x_{final} - x_{inicial} \qquad \Delta y = y_{final} - y_{inicial}$$

ACTIVIDADES

3. **Bea, Celia y Patricia son hermanas que acuden al mismo instituto. Como tienen diferentes amigas, realizan tres diferentes caminos, denominados A, B y C.**
   a) ¿Han realizado la misma trayectoria las tres hermanas?
   b) ¿Cuál crees que ha sido el desplazamiento en cada caso?

   Un día al mediodía, Bea se queda a comer, pero sus hermanas vuelven a casa juntas por el camino C.
   c) ¿Cuál crees que ha sido el desplazamiento y la distancia recorrida por cada hermana desde que salieron?
   d) ¿Crees que en algún caso coinciden desplazamiento y distancia recorrida?

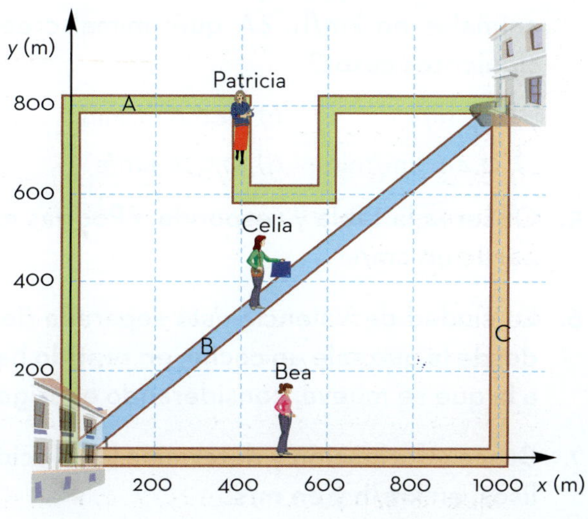

4 Velocidad

El movimiento se produce cuando cambia la posición de un cuerpo en el tiempo, pero este cambio puede ocurrir con ritmos muy diferentes. Un automóvil y una bicicleta pueden recorrer ambos un kilómetro, pero no tienen por qué realizarlo en el mismo tiempo.

RECUERDA

Utilizamos factores de conversión para transformar una unidad en otra.

- Para distancia:

$$\frac{1\ \text{km}}{1000\ \text{m}}$$

- Para tiempo:

$$\frac{1\ \text{h}}{3600\ \text{s}} \text{ o } \frac{1\ \text{h}}{60\ \text{min}}$$

PIENSA Y RAZONA

Un automóvil y una bicicleta recorren un kilómetro.

a) ¿Es posible que ambos tarden 1,5 minutos en realizar el trayecto?

Ahora repiten el recorrido, pero el coche tarda 18 segundos.

b) ¿Qué diferencia hay ahora entre el vehículo y la bicicleta?

Se necesita una magnitud que **cuantifique** el diferente ritmo al que se produce un determinado movimiento. Esa magnitud es la velocidad.

La **velocidad** (*v*) mide el ritmo al cual se realiza un movimiento. Se calcula como la relación (cociente) entre el desplazamiento (Δx) y el tiempo empleado en hacerlo (Δt).

$$v = \frac{\Delta x}{\Delta t}$$

En el Sistema Internacional de unidades (SI), la velocidad se mide en metros por segundo (m/s).

Otra unidad muy habitual para expresar la velocidad son los kilómetros por hora (km/h).

ACTIVIDADES

animales	Velocidad (km/h)
leopardo	100
gacela	72
oso	25
león	65
perro	40

4. En la tabla adjunta puedes leer la velocidad que alcanzan algunos animales en km/h. ¿A qué animal crees que nos referimos en los siguientes casos?

a) 20 m/s *b)* 666,6 m/min

c) 0,416 km/min *d)* 0,028 km/s

5. Observa la tabla y responde. ¿Podrías expresar la velocidad del leopardo en cm/s?

6. La ciudad de Valencia está separada de la de Castellón 90 km. A 30 km de Valencia hay una gasolinera desde la que sale un coche, en sentido hacia Castellón, que tarda 50 minutos en llegar. Calcula la velocidad a la que se mueve, considerando el origen en la gasolinera. Repítelo colocando el origen en Valencia.

7. Busca información y determina la velocidad del récord del mundo masculino y femenino de los 100 metros lisos, en km/h y en m/s.

EXPERIMENTA Velocidad, espacio y tiempo

1. Para afianzar el concepto de velocidad, te proponemos la siguiente actividad:

Ve a tu centro escolar o instituto por un mismo camino, pero de tres formas diferentes: caminando, corriendo y en bicicleta. En los tres casos, obviamente, la distancia que recorres es la misma; sin embargo, el tiempo que tardas en recorrerla varía sustancialmente.

El primer día, ve en bicicleta, dotada de cuentakilómetros. Marca siete puntos de referencia y determina la distancia (en metros) desde tu casa a cada uno de ellos. De esa forma, conocerás tanto la distancia total al centro escolar como las parciales de diferentes puntos de referencia.

Durante los tres días siguientes, realiza el mismo recorrido de diferente forma, tomando medidas de los tiempos que tardas al pasar por cada uno de los puntos de referencia. Con ellos rellenarás una tabla espacio-tiempo.

Distancia (m)	Día 1 *t* (s)	Día 2 *t* (s)	Día 3 *t* (s)

Para concluir, representa los datos de la tabla en un mismo gráfico, indicando el espacio recorrido en las ordenadas y el tiempo empleado en las abscisas.

Por último, responde a las siguientes cuestiones:

a) ¿Qué tipo de gráficas has obtenido? Ajusta cada una, obtén la función que la describe y di qué conclusiones obtienes de ellas?

b) ¿A qué atribuyes que el primer punto de la primera gráfica se desvíe de la recta que ha salido?

c) ¿A qué magnitud del movimiento crees que puede corresponder la pendiente de las rectas?

En el caso de que te sea imposible realizar el experimento, toma la siguiente tabla como resultado del mismo.

Distancia (m)	Día 1 *t* (s)	Día 2 *t* (s)	Día 3 *t* (s)
150	34	50	125
350	74	117	292
500	104	167	417
700	144	234	584
950	194	317	792
1200	244	400	1000

EL LABORATORIO EN EL AULA Miniolimpiadas

2. Con la ayuda de vuestro profesor de Educación Física, vamos a organizar unas miniolimpiadas de atletismo con carreras de 100 metros.

En grupos de cuatro o cinco alumnos, con la ayuda de un cronómetro, anotad el tiempo que tardáis cada uno en recorrer los 100 m.

a) Calcula la velocidad (en m/s) a la que cada uno recorre los 100 m.

b) Calcula la velocidad en km/h.

c) Busca información de las velocidades del récord del mundo y del récord de España de 100 m. Compáralas con las obtenidas por todos los componentes de vuestro grupo. ¿A quién elegiríais como representante de vuestras miniolimpiadas?

d) Haz una representacion gráfica de las velocidades obtenidas en la carrera por todos los alumnos de tu grupo.

4.1. Celeridad y velocidad

Aprendido ya el concepto de velocidad es importante que no lo confundas con el de celeridad; ambos son diferentes y se pueden confundir con facilidad.

VOCABULARIO

Escalar: magnitud física cuyo valor queda identificado únicamente por un número más una unidad, como la masa.

Vector: magnitud física cuyo valor precisa, además de un número, una dirección y sentido de aplicación. Todo ello seguido de su unidad, como la velocidad.

PIENSA Y RAZONA

Imagina que quieres ir a casa de un amigo desde tu casa. ¿Crees que da igual la dirección y el sentido hacia donde te dirijas aunque lleves la misma velocidad que has utilizado para llegar esta mañana hasta el instituto?

Recorres en bicicleta la distancia que hay desde tu casa al instituto, que se encuentra en dirección este, y lo haces de forma constante, por ejemplo a 15 km/h.

Recorres también en bicicleta la distancia que hay desde tu casa a la de un amigo, que se encuentra en dirección sur, al mismo ritmo.

a) ¿Cuál es la velocidad en cada caso?

b) ¿Dónde estarás en cada caso a los 10 segundos?

La necesidad de indicar la dirección del movimiento así como su sentido permite definir dos magnitudes relacionadas:

> La **velocidad** es la magnitud vectorial que indica el ritmo al cual se produce un movimiento y la dirección y sentido del mismo. Su módulo es la **celeridad.**

ACTIVIDADES

8. **En un mercado, un ladrón te roba la cartera y sale corriendo a una velocidad de 20 m/s. Diez segundos después, cuando vas a pagar lo que estabas comprando, te das cuenta del robo. ¿Podrías situar la posición del ladrón? Razona mediante un diagrama tu respuesta.**

9. **Haz una tabla donde expreses la celeridad y la velocidad a la que te mueves para recorrer las siguientes distancias: 10 m E, 40 m S, 30 m O y 40 m N, si tardas 3 s, 12 s, 14 s y 15 s, respectivamente. ¿A qué distancia de tu punto de partida has terminado tu movimiento? Dibuja el recorrido realizado.**

4.2. Velocidad instantánea y media

Cuando viajas en coche y miras el velocímetro, ¿qué observas? Con toda seguridad verás que varía en multitud de ocasiones. Estás observando la velocidad del coche en cada instante.

El velocímetro de un coche nos indica la rapidez o el módulo de la velocidad en un instante dado.

Si lo miras constantemente, comprobarás cómo la velocidad va cambiando debido a frenazos, acelerones, etc. A esta magnitud se la conoce como velocidad instantánea.

Velocidad instantánea es la velocidad que posee un móvil en un momento dado, en un punto de su trayectoria. Es una magnitud vectorial y su valor numérico es la celeridad.

Si en lugar de tomar estos intervalos consideras la totalidad del tiempo invertido en el viaje, estarás considerando la velocidad media que ha llevado tu automóvil.

La **velocidad media** es el cociente entre el espacio total recorrido por el móvil y el tiempo que emplea en recorrerlo.

La distancia de Madrid a Zaragoza son 300 km. Si empleamos 2 horas y media en recorrer el trayecto, para saber a qué velocidad hemos ido en el conjunto del viaje bastará con dividir el desplazamiento total ($\Delta x\Delta$) por el tiempo empleado (Δt):

$$v = \frac{\Delta x}{\Delta t} = \frac{300\ \text{km}}{2{,}5\ \text{h}} = 120\ \text{km/h}$$

Esta velocidad no solo incluye las diferentes velocidades instantáneas, sino incluso las posibles paradas que hayamos hecho a lo largo del viaje.

FÍSICA 2.0

Esta página te permite visualizar distintas animaciones que te aportarán más información sobre las magnitudes vectoriales.

goo.gl/CBGa93

Elige las entradas:

- Caos aéreo
- Velocidad media
- De viaje

ACTIVIDADES

10. ¿Puede ser la velocidad instantánea diferente de la velocidad media?

11. ¿Podrías decir en qué tipo de movimiento coincide siempre la velocidad media con la velocidad instantánea?

12. Un ciclista ha recorrido 10 km en 15 minutos, otro ha recorrido 12 km en 16 minutos y un tercero, 1 000 metros en 90 segundos. ¿Cuál de los tres se ha movido con mayor celeridad?

13. Un camión ha recorrido los 16 km que separan la fábrica del almacén en 12 minutos por una carretera cuyo límite es de 80 km/h. ¿Ha incumplido el límite de velocidad?

5 Movimiento rectilíneo uniforme (m.r.u.)

Donde:

x_0 = posición inicial (m)

x = posicion final (m)

v = velocidad (m/s)

Δt = tiempo empleado (s)

Un movimiento especialmente importante es aquel que ocurre en línea recta, a velocidad constante y que se conoce como movimiento rectilíneo uniforme y con las siglas **m.r.u.** En este caso, el SR utilizado necesita un solo eje (una dimensión) que hacemos coincidir con la línea que define la trayectoria.

Para describir este movimiento utilizamos una expresión matemática que proviene de la definición de velocidad:

$$v = \frac{\Delta x}{\Delta t} = \frac{x - x_0}{\Delta t} \rightarrow x - x_0 = v \cdot \Delta t \rightarrow \boxed{x = x_0 + v \cdot \Delta t}$$

EJEMPLO RESUELTO

1. **Tres ciudades A, B y C están separadas 60 km y 80 km, respectivamente. Un coche sale de B a las 8:00 h en dirección a C a 54 km por hora. Contesta:**

   a) ¿Cuándo llegará a su destino?

   b) ¿Dónde se encuentra a las 8:50 h?

   c) A qué velocidad debería haber ido si tuviese que llegar a las 8:50 h?

Solución

Realizamos un dibujo e indicamos el sistema de referencia (SR). El origen lo colocamos donde más nos interese, en nuestro caso, la ciudad **A,** y el sentido positivo del eje lo tomamos a favor del movimiento. Consideramos el origen de tiempos en el momento de la salida del coche.

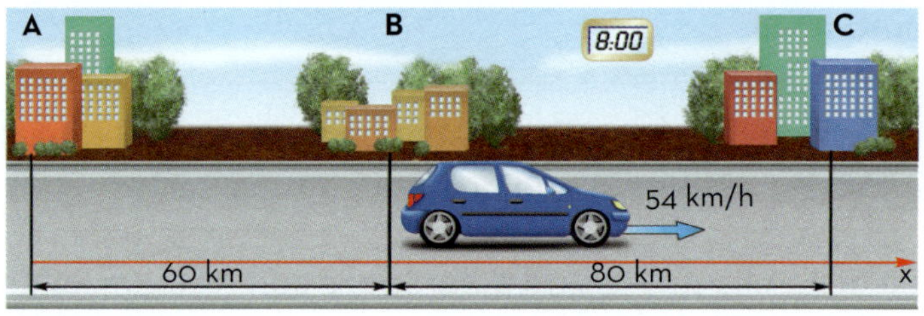

a) DATOS	FÓRMULA	RESOLUCIÓN	RESPUESTA
$x_0 = 60\,000$ m $x = 140\,000$ m $v = 54$ km/h $= 15$ m/s $t =$ ¿?	$x = x_0 + v \cdot \Delta t$	Sustituyendo... $140\,000 = 60\,000 + 15 \cdot \Delta t$ $140\,000 - 60\,000 = 15 \cdot \Delta t$ $\Delta t = \frac{80\,000}{15} = 5\,333,33$ s $=$ 1 h 28 min 53 s	El coche tarda 1h y 28 min. Es decir, llega a las 9:28 h.

b) DATOS	FÓRMULA	RESOLUCIÓN	RESPUESTA
$x_0 = 60\,000$ m $x =$ ¿? $v = 54$ km/h $= 15$ m/s $t = 50$ min $= 3\,000$ s	$x = x_0 + v \cdot \Delta t$	Sustituyendo... $x = 60\,000 + 15 \cdot 3\,000$ $x = 60\,000 + 45\,000$ $x = 105\,000\ m$	El coche se encuentra a 105 km del origen, de la ciudad **A** y a 45 km de **B**.

c) DATOS	FÓRMULA	RESOLUCIÓN	RESPUESTA
$x_0 = 60\,000$ m $x = 140\,000$ m $v =$ ¿? $t = 50$ min $= 3\,000$ s	$x = x_0 + v \cdot \Delta t$	Sustituyendo... $140\,000 = 60\,000 + v \cdot 3\,000$ $140\,000 - 60\,000 = v \cdot 3\,000$ $v = \frac{80\,000}{3\,000} = 26,666$ m/s $=$ 96 km/h	Para llegar a las 8:50 h, el coche debe circular a 96 km/h.

5.1. Las gráficas del m.r.u.

Conoces la importancia de la representación gráfica en ciencias y el movimiento no es una excepción. Pero, ¿qué forma poseen las gráficas?

PIENSA Y RAZONA

Imagina que vas en bicicleta a una velocidad constante de 20 km/h durante 2 horas.

a) Construye una tabla de tiempo, espacio y velocidad durante esas dos horas a intervalos de 0,5 horas y representa las gráficas *e-t* y *v-t*.

b) ¿Sabes dónde te encontrarías al cabo de 1 hora y 45 minutos? ¿Cuál sería tu velocidad en ese momento?

c) Interpreta el resultado y la relación que existe entre la velocidad, el espacio y el tiempo a partir de la gráfica representada.

Las representaciones gráficas de la velocidad frente al tiempo y del espacio frente al tiempo en un movimiento rectilíneo y uniforme tienen como resultado:

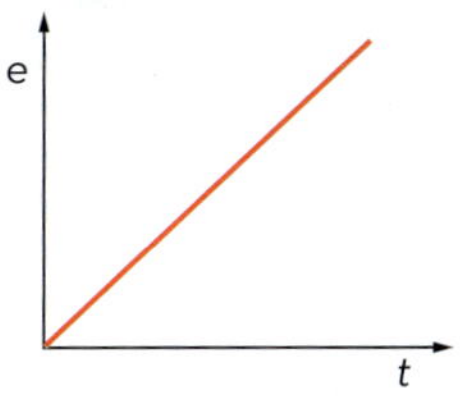

La gráfica *e-t* corresponde a una recta entre el punto inicial y el punto final. La pendiente de la recta es la velocidad.

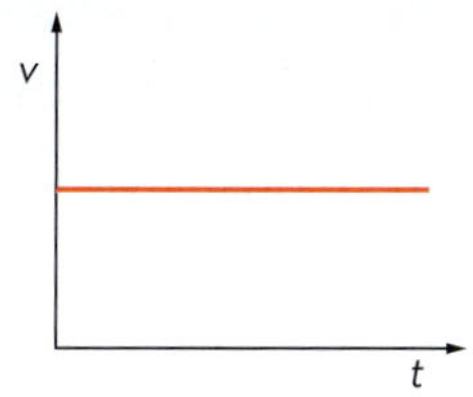

La gráfica *v-t* corresponde a una horizontal, ya que la velocidad no varía en todo el recorrido.

EJEMPLO RESUELTO

2. Un coche se mueve de acuerdo a la siguiente gráfica. Determina cuántos comportamientos diferentes manifiesta. Calcula la velocidad media de cada uno de ellos y la velocidad media de todo el movimiento.

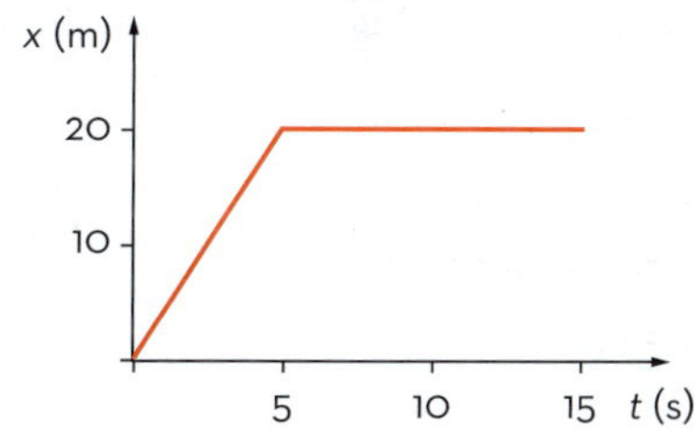

Solución

Primero debemos identificar los tramos que aparecen. En nuestro caso hay dos:
Tramo I: desde $t = 0$ s hasta $t = 5$ segundos. El espacio varía linealmente → m.r.u.
Tramo II: desde $t = 5$ hasta $t = 15$ segundos. El espacio no varía: reposo.
Calculamos la velocidad media de cada tramo:

Tramo I: $\begin{cases} x_0 = 0 \text{ m} & x = 20 \text{ m} & \text{El desplazamiento} & \Delta x = x - x_0 = 20 \text{ m} \\ t_0 = 0 \text{ s} & t = 5 \text{ s} & \text{El tiempo empleado} & \Delta t = t - t_0 = 5 \text{ s} \end{cases}$ $\quad v = \dfrac{\Delta x}{\Delta t} = \dfrac{20 \text{ m}}{5 \text{ s}} = 4 \dfrac{\text{m}}{\text{s}}$

Tramo II: $\begin{cases} x_0 = 20 \text{ m} & x = 20 \text{ m} & \text{El desplazamiento} & \Delta x = x - x_0 = 0 \text{ m} \\ t_0 = 5 \text{ s} & t = 15 \text{ s} & \text{El tiempo empleado} & \Delta t = t - t_0 = 10 \text{ s} \end{cases}$ $\quad v = \dfrac{\Delta x}{\Delta t} = \dfrac{0 \text{ m}}{15 \text{ s}} = 0 \dfrac{\text{m}}{\text{s}}$

Ahora calculamos la velocidad media de todo el recorrido:

Tramo I y II $\begin{cases} x_0 = 0 \text{ m} & x = 20 \text{ m} & \text{El desplazamiento} & \Delta x = x - x_0 = 20 \text{ m} \\ t_0 = 0 \text{ s} & t = 15 \text{ s} & \text{El tiempo empleado} & \Delta t = t - t_0 = 15 \text{ s} \end{cases}$ $\quad v = \dfrac{\Delta x}{\Delta t} = \dfrac{20 \text{ m}}{15 \text{ s}} = 1,33 \dfrac{\text{m}}{\text{s}}$

6 Aceleración

Cuando vamos a montar en bici, siempre partimos del reposo y, poco a poco, vamos aumentando la velocidad hasta alcanzar una velocidad máxima al cabo de un tiempo. Seguramente te habrás preguntado por la magnitud que mide el cambio de velocidad respecto al tiempo.

EXPERIMENTA **Siente la aceleración**

2. Sube a un coche con un adulto y, con la ayuda de un cronómetro, anota los datos del cambio de velocidad y el tiempo empleado durante esos cambios, de manera que, en cada variación de 10 km/h, anotes el tiempo empleado.

Con los datos anotados, y repetidos en varias ocasiones, decides construir una tabla de doble entrada, velocidad-tiempo, que podría ser como esta:

velocidad (km/h)	0	20	40	60	80	100	120
tiempo (s)	0	4	8	12	16	20	24

Contesta y razona las siguientes cuestiones:

a) Construye la misma tabla con la velocidad expresada en metros por segundo frente al tiempo en segundos.

b) Representa los datos de la tabla del apartado *a)* en un sistema de ejes cartesianos, colocando la velocidad en ordenadas y el tiempo, en abscisas.

c) ¿Qué tipo de gráfica has obtenido?

d) ¿A qué magnitud se corresponde el valor de la pendiente de la recta?

Se necesita una magnitud que determine el ritmo al cual cambia la velocidad, es decir, la velocidad de cambio de la velocidad. Esa magnitud es la aceleración.

La **aceleración (*a*)** mide el ritmo al cual varía la velocidad. Se calcula como la relación (cociente) entre la variación de velocidad (Δv) y el tiempo empleado en hacerlo (Δt).

$$a = \frac{\Delta v}{\Delta t}$$

En el Sistema Internacional de unidades (SI), la aceleración se mide en metros por segundo al cuadrado (m/s^2).

ACTIVIDADES

14. **Un guepardo asiático es capaz de pasar de 0 a 100 km/h en 3,5 segundos, más rápido que muchos coches deportivos. ¿Qué aceleración máxima posee?**

15. **Un coche circula a 72 km/h y se detiene en 4 segundos. ¿Qué aceleración han realizado sus frenos?**

16. **Un avión a reacción posee una aceleración de 6 g, dónde g es la aceleración de la gravedad y su valor es de 9,81 m/s^2. Calcula el tiempo que tarda en pasar de 300 km/h a velocidad supersónica (340 m/s).**

6.1. Movimiento rectilíneo uniformemente acelerado (m.r.u.a.)

En este movimiento, el móvil se desplaza por una trayectoria rectilínea con una aceleración fija o constante, lo que provoca un cambio constante en su velocidad. Una aceleración positiva aumentará de forma constante la velocidad del móvil, y una aceleración negativa disminuirá su velocidad hasta pararlo, hecho que se correspondería con una situación de frenado.

El **m.r.u.a.** es aquel movimiento en el que su trayectoria es una recta y su aceleración permanece constante.

A. Las gráficas del m.r.u.a.

Una vez que has aprendido el concepto de aceleración es importante conocer la representación gráfica de la velocidad con el tiempo.

Las representaciones gráficas de la velocidad frente al tiempo en un movimiento rectilíneo uniformemente acelerado tienen como resultado una línea recta entre el punto inicial y el punto final. La pendiente de la recta es la aceleración.

SABÍAS QUE..

El movimiento rectilíneo acelerado posee las siguientes ecuaciones:

$$x = x_0 + v_0 \cdot t + \frac{1}{2} a \cdot t^2$$

$$v = v_0 + a \cdot t$$

$$v^2 = v_0^2 + 2 \cdot a \cdot e$$

siendo e el espacio recorrido

$$e = x - x_0$$

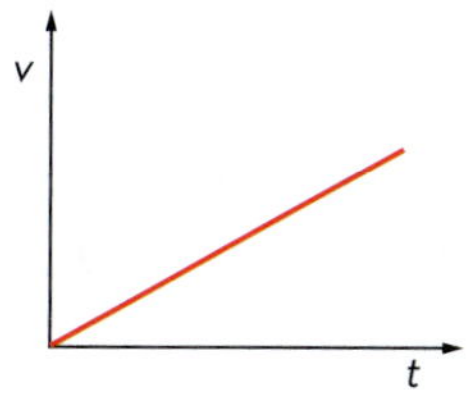

EJEMPLO RESUELTO

3. Calcula la aceleración de un cuerpo que se mueve de acuerdo a la siguente gráfica de velocidad frente a tiempo.

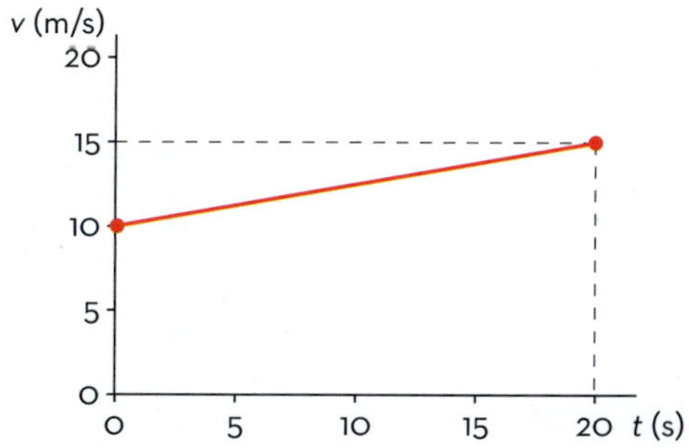

Solución

$v_0 = 10$ m/s

$v = 15$ m/s

$t_0 = 0$ s

$t = 20$ s

Variación de la velocidad

$\Delta v = v - v_0 = 5$ m/s

El tiempo empleado

$\Delta t = t - t_0 = 20$ s

$$a = \frac{\Delta v}{\Delta t} = \frac{5\ \text{m/s}}{20\ \text{s}} = 0,25\ \frac{\text{m}}{\text{s}^2}$$

ACTIVIDADES

17. Una moto se mueve de acuerdo a la gráfica siguiente. Determina la aceleración de cada tramo.

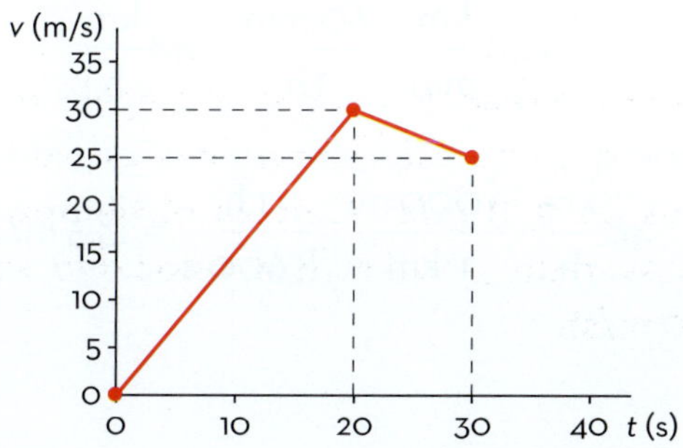

18. Un coche que circula a 54 km/h acelera a 2 m/s² durante 5 segundos. Representa la gráfica *v-t* que se obtendrá en dicho tiempo.

19. Un avión que aterriza a 360 km/h debe detenerse en 20 segundos. ¿Qué aceleración posee? Representa la gráfica velocidad frente al tiempo.

EJEMPLOS RESUELTOS

4. Un radar de carretera, para comprobar la velocidad a la que circulan los automóviles, limitada a 120 km/h, toma dos imágenes separadas por 100 metros y mide el tiempo entre ambas, resultando que un vehículo ha tardado 2,5 segundos en recorrer la distancia entre las señales. ¿Puedes determinar si el vehículo circula dentro de los límites de circulación vial?

Solución

La distancia que ha recorrido el móvil es la que separa las dos señales del radar, 100 metros. Por tanto, el vehículo ha recorrido la distancia de 100 m en 2,5 s.

Podemos decir, por tanto, que su velocidad ha sido de 100/2,5 = 40 m/s, que pasada a km/h nos daría:

$$40\ \frac{\text{m}}{\text{s}} \cdot \frac{1\ \text{km}}{1000\ \text{m}} \cdot \frac{3600\ \text{s}}{1\ \text{h}} = 144\ \frac{\text{km}}{\text{h}}$$

El vehículo circula a 144 km/h, por encima de lo permitido.

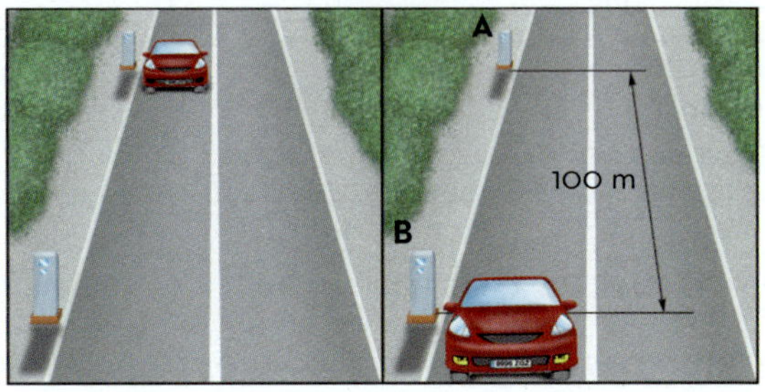

5. Un cuerpo lleva un movimiento representado en la tabla adjunta:

tiempo (s)	0	10	20	30	40	50	60
espacio (m)	0	25	50	75	100	125	150

Cuestiones:

a) Representa gráficamente los valores de la tabla.

b) ¿Cuál ha sido la velocidad media del móvil a lo largo del recorrido?

Solución

a) En primer lugar, representamos los datos que nos dan en unos ejes cartesianos:

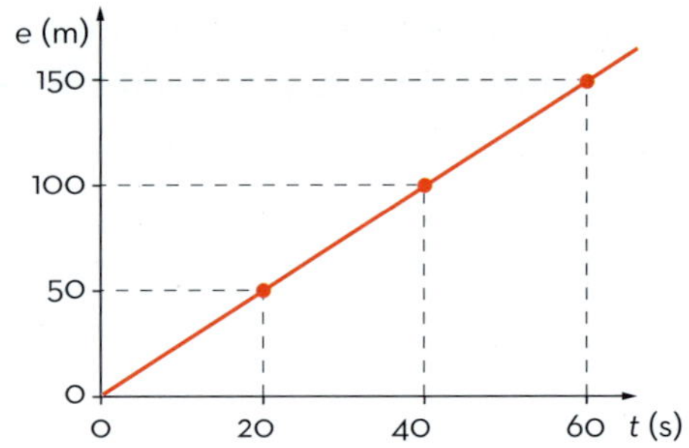

b) A continuación, calculamos la pendiente de la recta, que coincidirá con la velocidad media:

$$v = \text{pendiente} = \frac{150 - 50}{60 - 20} = 2,5\,\frac{\text{m}}{\text{s}}$$

Expresada en km/h:

$$2,5\ \frac{\text{m}}{\text{s}} \cdot \frac{1\ \text{km}}{1000\ \text{m}} \cdot \frac{3600\ \text{s}}{1\ \text{h}} = 9\ \frac{\text{km}}{\text{h}}$$

6. ¿Podrías calcular la velocidad media de un ciclista sabiendo que ha tardado 15 minutos en recorrer 12 km? Exprésala en km/h y en m/s.

Solución

Aplicamos la ecuación que relaciona la velocidad media con el espacio recorrido y el tiempo:

$$v_m = \frac{\Delta e}{\Delta t} = \frac{12\ \text{km}}{15\ \text{min}} = 0,8\ \text{km/min}$$

Ahora, convertimos ese resultado en km/h y en m/s:

$$0,8\,\frac{\text{km}}{\text{min}} \cdot \frac{60\ \text{min}}{1\ \text{h}} = 48\,\frac{\text{km}}{\text{h}}$$

$$48\,\frac{\text{km}}{\text{h}} \cdot \frac{1000\ \text{m}}{1\ \text{km}} \cdot \frac{1\ \text{h}}{3600\ \text{s}} = 13,3\ \text{m/s}$$

EJEMPLOS RESUELTOS

7. Caminando por el monte y en plena tormenta, vemos el resplandor de un rayo y, 3 segundos después, oímos el trueno. ¿Sabrías decir a qué distancia estamos de la tormenta sabiendo que el sonido se propaga en el aire a una velocidad de 340 m/s?

Solución

Según el enunciado, puedes deducir que el tiempo que ha tardado el sonido producido por el rayo en recorrer la distancia pedida ha sido de 3 segundos.

Por tanto, aplicando la ecuación que ya conoces:

$$x = x_0 + v \cdot t$$

$$x = 0 + x = 340\ \text{m/s} \cdot 3\ \text{s} = 1020\ \text{m}$$

Estamos, aproximadamente, a 1 km de la tormenta.

8. Un motorista parte del reposo y asciende por una cuesta alcanzando su cumbre a una velocidad de 17 m/s en un tiempo de 7 segundos.

Calcula:

a) El cambio de velocidad sufrido por el motorista.

b) La aceleración media del motorista.

c) Dibuja la gráfica ***v-t*** resultante.

Solución

a) El cambio de velocidad será de:

$$\Delta v = v_f - v_i = 17\ \text{m/s} - 0 = 17\ \text{m/s}$$

b) $a_m = \dfrac{\Delta V}{\Delta t} = \dfrac{17\ \text{m/s}}{7\ \text{s}} = 2{,}4\ \text{m/s}^2$

c) Por ser un m.r.u.a. la representación gráfica de la velocidad frente al tiempo es una línea recta:

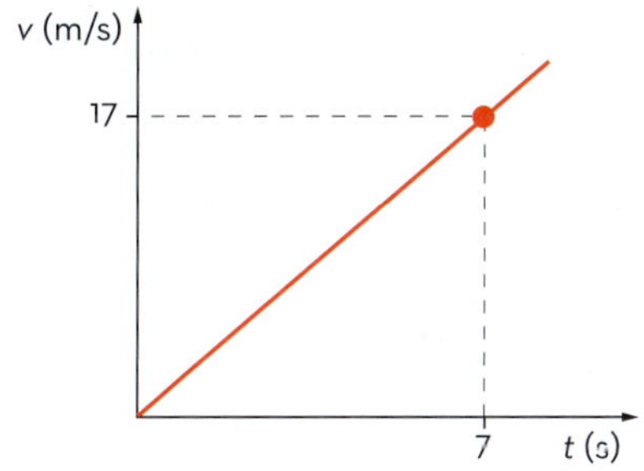

9. Una locomotora se mueve a una velocidad de 90 km/h y frena con una aceleración de 1 m/s². Calcula:

a) La velocidad de la locomotora a los 4 segundos de empezar a frenar.

b) El tiempo empleado en dicho proceso de frenado hasta detenerse.

c) Realiza la gráfica ***v-t***.

Solución

a) La locomotora, cuando empieza a frenar ($a = -1\ \text{m/s}^2$), se mueve con una velocidad inicial de 90 km/h, que es equivalente a 25 m/s. Por tanto, aplicando la ecuación:

$$v = v_0 + a \cdot t = 25\ \text{m/s} - 1\ \text{m/s}^2 \cdot 4\ \text{s} = \mathbf{21\ m/s}$$

velocidad al cabo de los 4 s de frenado.

Como la aceleración de frenado le hace perder 1 m/s por cada segundo, en 4 segundos perderá 4 m/s.

b) La velocidad final al pararse será de 0 m/s. Como partía de una velocidad de 25 m/s y tiene durante la operación de frenado una aceleración de $-1\ \text{m/s}^2$, aplicando la ecuación anterior, el tiempo en pararse será:

$$t = \frac{v - v_0}{a} = \frac{0\dfrac{\text{m}}{\text{s}} - 25\dfrac{\text{m}}{\text{s}}}{-1\dfrac{\text{m}}{\text{s}^2}} = \mathbf{25\ s}$$

c)

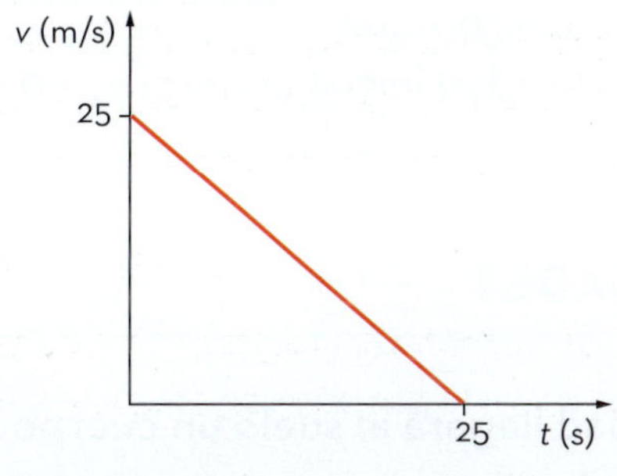

empezamos a tiempo cero a 25 m/s y finalizamos a los 25 s a 0 m/s (parados).

7 El movimiento en tu vida

Vamos a estudiar algunos movimientos cotidianos y asociarlos a experiencias reales.

Caída libre de cuerpos

Cuando un cuerpo se halla cerca de la superficie terrestre, está sometido a la acción de la gravedad, una aceleración consecuencia de la fuerza del mismo nombre y que condiciona el movimiento de los objetos.

En los movimientos verticales, nuestro SR tendrá el suelo por origen y el eje positivo irá en dirección vertical, sentido ascendente. Bajo estas condiciones, la **velocidad** será positiva si asciende y negativa si desciende. La **gravedad** será siempre negativa, pues se opone a los incrementos de velocidad (ojo, que no de celeridad).

Las ecuaciones anteriores del m.r.u.a. son válidas sustituyendo la aceleración «a» por la gravedad g (9,8 m/s²) con signo negativo.

$$x = x_0 + v_0 \cdot t - \frac{1}{2} g \cdot t^2 \quad v = v_0 - g \cdot t \quad v^2 = v_0^2 - 2 \cdot g \cdot e \begin{cases} \text{donde el espacio:} \\ e = x - x_0 > 0 \text{ si sube} \\ e = x - x_0 < 0 \text{ si baja} \end{cases}$$

EJEMPLO RESUELTO

10. Una maceta ha caído desde la azotea de un edificio. La altura desde la azotea al suelo es de 20 metros. Calcula con qué velocidad llegará al suelo y cuánto tardará.

Solución

El cuerpo comienza en la posición 20 m y finaliza en el suelo:

$$\left.\begin{array}{l} x_0 = 20 \text{ m} \\ x = 0 \text{ m} \end{array}\right\} \begin{array}{l} e = x - x_0 \\ e = 0 - 20 = -20 \text{ m} \end{array}$$

Como se trata de un cuerpo que cae libremente, su velocidad inicial es cero: $v_0 = 0$ m/s.

Por tanto, aplicaremos la siguiente ecuación:

$$v = \pm\sqrt{v_0^2 - 2 \cdot g \cdot e} \quad \text{donde}$$

$$v = -\sqrt{0 - 2 \cdot 9{,}8 \text{ m/s}^2 \cdot (-20 \text{ m})} = -19{,}8 \text{ m/s}$$

La velocidad de la maceta al llegar al suelo será de 19,8 m/s; como desciende, tomamos signo negativo.

El tiempo podemos calcularlo, utilizando cualquiera de las ecuaciones: $x = x_0 + v_0 \cdot t - \frac{1}{2} g \cdot t^2$; $v = v_0 - g \cdot t$

Empleamos la primera, despejando el tiempo:

$$t = \sqrt{\frac{2 \cdot x_0}{g}} = \sqrt{\frac{2 \cdot 20 \text{ m}}{9{,}8 \text{ m/s}^2}} = 2{,}02 \text{ s}$$

ACTIVIDADES

20. Con qué velocidad llegará al suelo un cuerpo que cae desde 50 m de altura y con una masa de:

a) 20 kg

b) 50 kg

c) ¿Qué crees que ocurriría si hiciéramos ese mismo experimento en la superficie lunar?

Lanzamientos verticales ascendentes

En el lanzamiento vertical hacia arriba, la gravedad hace que disminuya progresivamente la velocidad del cuerpo que asciende, partiendo de una velocidad inicial. En la parte más alta, el cuerpo se para, por lo que la velocidad final de este movimiento será nula. Debes tener en cuenta que la aceleración de la gravedad ha sido negativa en todo el trayecto.

EJEMPLO RESUELTO

11. Lanzamos una pelota verticalmente hacia arriba con una velocidad de 20 m/s.

a) ¿Qué altura alcanza?

b) ¿Cuánto tiempo tarda en llegar arriba?

Solución

a) Con los datos que tenemos, gravedad y velocidad inicial, localizamos la ecuación que más se adapta a ellos: $v_f = \sqrt{v_0^2 - 2gh}$, en donde h representa la altura. Como la velocidad final v_f es cero, despejamos h:

$$h = \frac{{v_0}^2}{2\,g} = \frac{(20\ \text{m/s})^2}{2 \cdot 9{,}8\ \text{m/s}} = 20{,}41\ \text{m}$$

b) Tenemos dos ecuaciones:

$$v_f = v_0 - g \cdot t \quad \text{o} \quad x = x_0 + v_0 t - \frac{1}{2} g \cdot t^2$$

Utilizamos la primera de ellas, recordando que

$$v_f = 0\ \text{m/s} \qquad t = \frac{v_0}{g} = \frac{20\ \text{m/s}}{9{,}8\ \text{m/s}^2} = 2{,}04\ \text{s}$$

Situaciones de frenado

La aceleración puede favorecer el movimiento aumentando la velocidad, como hemos visto hasta ahora. Pero hay muchas situaciones en la vida diaria en que se opone al movimiento: son los sucesos de frenado. En estos casos la aceleración es negativa, lo que provoca la disminución de la velocidad del móvil.

EJEMPLO RESUELTO

12. Calcula el espacio recorrido por un coche que se mueve con velocidad uniforme de 90 km/h, si el conductor observa que se ha cruzado un animal en la carretera y tarda en aplicar los frenos 1,2 s. Si frena a partir de ese momento con una aceleración de 3,0 m/s², calcula la distancia total recorrida en el frenado.

Solución

Primero pasamos la velocidad a unidades del SI:

$$v_0 = 90 \frac{\text{km}}{\text{h}} \cdot \frac{1000\ \text{m}}{1\ \text{km}} \cdot \frac{1\ \text{h}}{3600\ \text{m}} = 25 \frac{\text{m}}{\text{s}}$$

Luego, aplicamos las ecuaciones del movimiento rectilíneo uniforme para calcular el espacio que recorre antes de aplicar los frenos:

$$e = v_0 \cdot t = 25\ \text{m/s} \cdot 1{,}2\ \text{s} = 30\ \text{m}$$

A continuación, calculamos el espacio que recorre frenando hasta que se para por completo:

$$e' = \frac{v^2 - {v_0}^2}{2 \cdot a} = \frac{0^2 - 25^2}{2 \cdot (-3{,}0)} = \frac{-625}{-6{,}0} = 104{,}17\ \text{m}$$

El espacio total es la suma de los dos espacios: el que recorre sin frenar más y el que recorre frenando:

$$e_T = e + e' = \mathbf{134{,}17\ m}$$

MAPA CONCEPTUAL

Copia este mapa en tu cuaderno y añade las fórmulas para calcular velocidad, aceleración y espacio recorrido. Incluye también algunos ejemplos de movimientos.

MOVIMIENTO
- según la trayectoria
  - **Rectilíneo**
    - según la velocidad
      - Velocidad instantánea
      - Velocidad media
      - **Uniforme**
        - si la velocidad es constante → Movimiento rectilíneo uniforme (mru)
      - **Acelerado**
        - si la aceleración es constante → Movimiento rectilíneo uniformemente acelerado (mrua)
  - **Circular**

MIRA A TU ALREDEDOR

El futuro de los trenes

En la actualidad, podemos afirmar que el futuro de los trenes de alta velocidad se encuentra sin duda en los sistemas de desplazamiento magnético. La idea partió de los físicos americanos James R. Powell y G. Dandy que, para evitar el rozamiento, consiguen que el tren «levite». Es decir, imagínate que tu mesa fuera un imán y que le acercaras desde arriba otro imán por el mismo polo. Notarías que el imán «no quiere» acercarse a la mesa; «flota» y, por lo tanto, no rozaría con la mesa. Este hecho se basa en el fenómeno de la superconductividad, fenómeno descubierto por H. Karmelingh Onnes en 1911. La búsqueda de materiales superconductores a temperaturas no demasiado bajas es actualmente un campo de investigación para numerosos científicos. El prototipo japonés ML500R alcanzó los 515 km/h en las pruebas realizadas.

Cuestiones:

a) Busca en internet información sobre los trenes magnéticos y localízalos en un mapa usando Google Earth, Google Maps o dipity. ¿Cómo imaginas que serán los trenes dentro de 150 años?

b) En muchas películas futuristas, los coches flotan sobre la carretera. ¿Crees que sería viable este tipo de vías? ¿Qué dificultades tiene su construcción? ¿Qué pasaría con los peatones si los coches viajaran a velocidades tan elevadas?

c) *Muchos trenes que circulaban con máquinas diésel están siendo sustituidos por trenes eléctricos para reducir la contaminación atmosférica.* Teniendo en cuenta que en España un alto porcentaje de la electricidad que consumimos procede de centrales termoeléctricas, ¿crees adecuada la afirmación del texto en cursiva?

PRÁCTICA DE LABORATORIO

Estudio de un movimiento uniformemente acelerado

Objetivo

Cálculo de la aceleración en un m.r.u.a. Descenso por plano inclinado.

Materiales

- Carril de descenso entre 2-2,5 metros.
- Soporte con nuez.
- Bola de acero.
- Cronómetro (analógico o digital con fotocélula).
- Papel milimetrado.

Montaje

Coloca el carril como se indica en la figura y señala en él cinco o seis posiciones equiespaciadas.

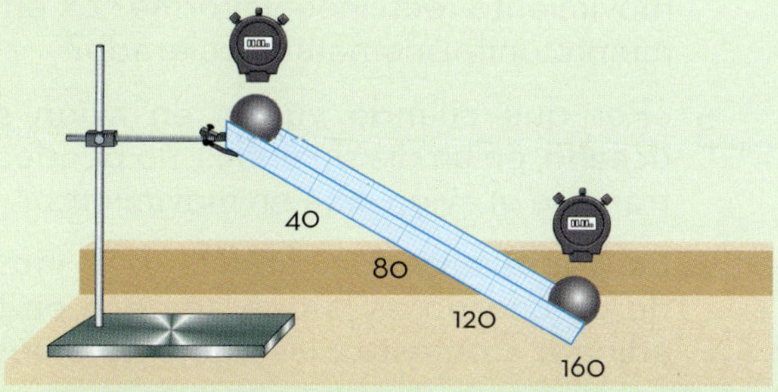

Ten en cuenta:
Para tomar medidas precisas la inclinación del plano no debe superar los 10°.

Procedimiento

1) Deja rodar una bola por el carril inclinado y toma el tiempo cuando pase por la primera señalización. Este tiempo será t_1. Repite esta misma operación en la misma señalización al menos dos veces más. Con ello obtendrás los tiempos t_2 y t_3. Realiza la media de estos tres tiempos y con ello obtendrás el tiempo medio de la primera posición.
2) A continuación, realiza la misma operación y toma los tiempos cuando la bola pase por la segunda señalización; así obtendrás los tiempos para esa distancia recorrida. Calcula nuevamente la media de esos tiempos para obtener el tiempo de la señalización.
3) Repite la operación para el resto de las distancias señaladas.

- Construye la siguiente tabla:

e	e (cm)	t_1 (s)	t_2 (s)	t_3 (s)	t_m (s)
40					
80					
120					

Cuestiones:

a) Representa gráficamente las distancias recorridas frente al tiempo medio que ha tardado la bola en recorrer esas distancias.

b) ¿A qué tipo de función corresponde? Determina la expresión matemática que la describe.

c) Plantea el problema como un m.r.u.a. donde el SR tiene por origen el inicio del movimiento, el eje positivo coincide con el carril y la velocidad inicial es nula. Determina la función que se obtiene y compárala con la que obtuviste en el apartado anterior. ¿Puedes ahora determinar la aceleración de descenso de la bola?

d) Si tienes oportunidad, varía la inclinación del carril y repite todo el experimento. ¿Encuentras alguna relación entre la inclinación y la aceleración?

ACTIVIDADES FINALES

Actividades básicas

1. Define qué es un sistema de referencia.
2. ¿Qué diferencias existen entre el desplazamiento y el espacio recorrido por un móvil?
3. ¿Cómo definirías la trayectoria de un móvil?
4. ¿Qué magnitud permanece constante en el movimiento rectilíneo uniforme? ¿Y en el movimiento uniformemente acelerado?
5. ¿Por qué cuando vuelas en avión sobre el océano, en un día sin nubes, no puedes demostrar que el avión está en movimiento?
6. La representación gráfica del movimiento de un cuerpo es la que aparece en la figura adjunta. Contesta a las siguientes cuestiones:

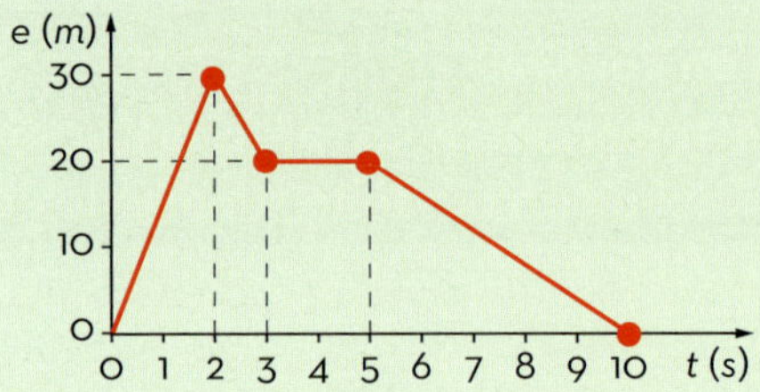

   a) Explica razonadamente los movimientos que el móvil ha seguido desde el principio.

   b) ¿Cuál ha sido la velocidad que ha llevado el móvil en cada tramo?

   c) ¿Qué espacio ha recorrido mientras ha durado el movimiento?

   d) ¿Cuál ha sido el desplazamiento del móvil?

   e) Calcula la velocidad media del recorrido.

7. De las siguientes gráficas, deduce razonando tus respuestas:

   a) ¿Cuáles corresponden a un m.r.u y cuáles a un m.r.u.a.?

   b) ¿Hay alguna gráfica que no corresponda a ninguno de los movimientos estudiados?

a)

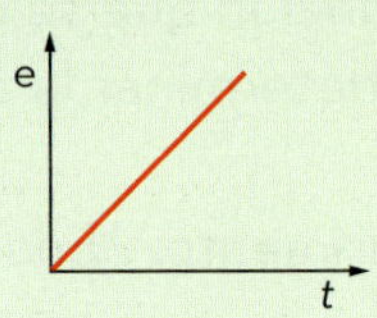

b)

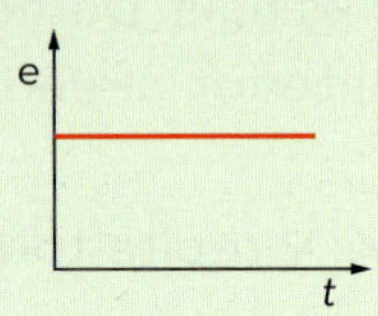

c)

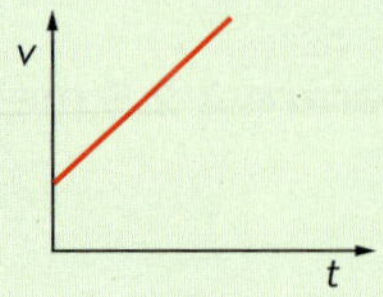

d)

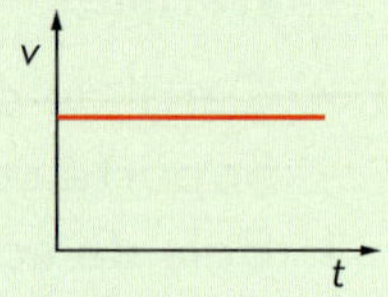

e)

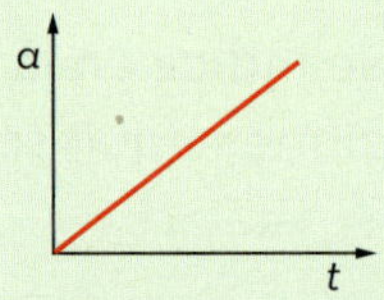

f)

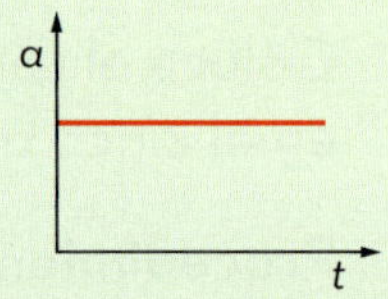

8. Un vehículo circula a 54 km/h en dirección este durante diez minutos. Después a 72 km/h en dirección sur durante diez minutos más, por último, retorna a su casa a 90 km/h. Calcula:

   a) El espacio recorrido y el tiempo empleado en cada tramo.

   b) La velocidad media del recorrido.

   c) El desplazamiento realizado.

9. Contesta las siguientes cuestiones:

   a) ¿Cómo varía la velocidad de caída de un cuerpo que se deja caer desde la cima de una montaña hacia abajo?

   b) ¿Qué variación sufre la velocidad de caída de un cuerpo que se lanza hacia arriba?

10. Cuando los cuerpos caen en caída libre:

   a) ¿A qué aceleración están sometidos?

   b) ¿Cuál es su valor?

11. Indica cuerpos o sistemas materiales que se muevan a tu alrededor continuamente, desde las nubes hasta el mar.
12. En la gráfica de la figura adjunta se representa la gráfica del movimiento de dos coches.

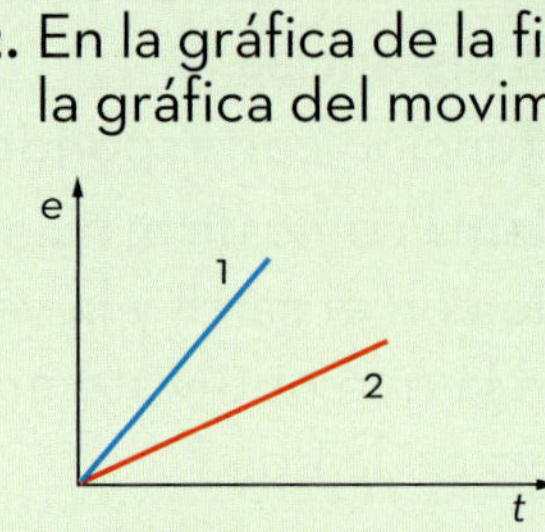

   a) ¿Cuál ha circulado a mayor velocidad?

   b) ¿Qué tipo de movimiento han tenido?

Actividades de consolidación

13. Si tu viaje al instituto en bicicleta lo haces con una rapidez media de 20 km/h y tardas 13 minutos en llegar, ¿a qué distancia de tu casa se encuentra el instituto?

14. Un amigo y tú hacéis una carrera. Le das 50 metros de ventaja. Ambos vais en la misma dirección y el mismo sentido, pero la rapidez de tu amigo es de 18 km/h y la tuya es de 25 km/h.

a) ¿Cuánto tiempo tardas en coger a tu amigo?

b) Espacio recorrido hasta ese instante.

c) Representa la gráfica espacio/tiempo de los dos.

d) ¿Qué significa el punto de corte de las dos rectas?

15. Los datos de *e*, *v* y *t*, correspondientes al inicio de un recorrido que ha realizado un coche con m.r.u.a., se han recogido en la siguiente tabla de forma incompleta.

Tiempo (s)	0	5	10	
Velocidad (m/s)	0	40	80	
Espacio (m)	0		400	700

a) Copia y completa la tabla.

b) Calcula la aceleración del coche.

c) Representa las gráficas $e - t$, $v - t$ y $a - t$.

16. El movimiento de un cuerpo responde a la gráfica de la siguiente figura.

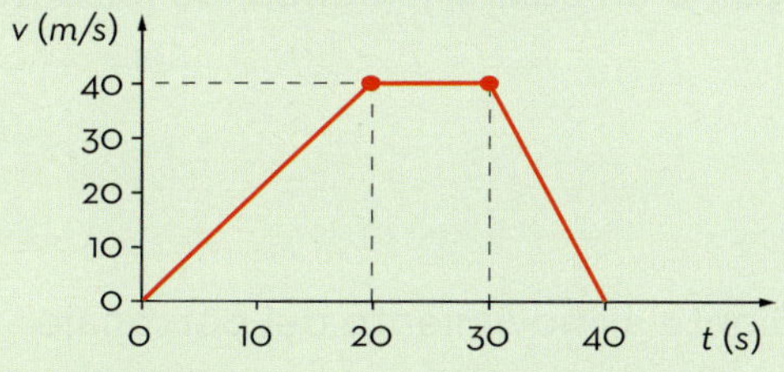

Contesta:

a) ¿Qué movimiento lleva en cada tramo?

b) Calcula el espacio recorrido cuando el tiempo transcurrido ha sido de 30 s.

17. Desde qué altura ha caído un cuerpo que llega al suelo con una velocidad de 20 m/s?

Actividades avanzadas

18. El movimiento, sobre una línea horizontal, correspondiente a un móvil viene dado por la expresión: $e = 10 + 20 \cdot t$, donde el espacio viene en metros y el tiempo en segundos. Calcula:

a) La posición del objeto a los 30 segundos.

b) El tiempo transcurrido hasta que el móvil se encuentre a 500 metros del origen.

c) ¿Cuál es la velocidad del móvil?

d) Representa la gráfica del movimiento.

19. Dos familias van en coche a visitar una ciudad que se encuentra a 450 km de su lugar de origen. Una de ellas va a 100 km/h de media, mientras que la otra va a 120 km/h.

a) ¿Cuánto tiempo antes debe salir el más lento para encontrarse en una gasolinera a 240 km del punto de partida?

b) Si el coche que marcha a mayor velocidad sale 15 minutos más tarde, ¿cuánto tiempo tardará en alcanzar al otro y qué distancia han recorrido ambos en ese momento?

c) Representa ambos movimientos en la misma gráfica.

20. La ecuación de velocidad de un móvil viene dada por la siguiente expresión: $v = 30 + 3 \cdot t$

Donde la velocidad está expresada en m/s y el tiempo en segundos. Contesta a las siguientes cuestiones:

a) El tipo de movimiento que lleva:

b) ¿Cuál es la velocidad inicial del móvil?

c) ¿Cuál será su velocidad a los 5 segundos?

d) ¿Cuál es su aceleración?

e) El espacio recorrido en 50 segundos.

f) El tiempo necesario para que el móvil tenga una velocidad de 35 m/s.

g) Construye una gráfica $v - t$, que represente el movimiento.

21. Calcula la profundidad de un pozo, sabiendo que al tirar una piedra tardas 4 segundos en oír el ruido que esta hace al chocar contra el agua. (Dato: velocidad del sonido 340 m/s).

Don Juan Tenorio

PISA

Seguro que conocéis la historia del intrépido Don Juan Tenorio, personaje ideado por José Zorrilla a mediados del siglo XIX. En él se narran las desventuras de Don Juan, un galán que, tras una apuesta, ha de seducir a la mayor cantidad de doncellas, en ocasiones, teniendo que huir o batirse en duelo.

En esta ocasión, localizamos a Don Juan en el siglo XXII y, en previsión de la ocasión, se ha provisto de un cinturón antigravedad último modelo. Dice el texto:

«Encontrábase Don Juan junto a su amada en la azotea del piso ochenta y seis, cuando súbitamente fue sorprendido por el padre de la doncella. Sacóse este la espada láser y de igual forma respondió Don Juan. Empero hubo olvidado recargarla la noche anterior, por lo cual no encendiose.

Sorprendido por el hecho y recordando su última adquisición, sonrió a su amada y lanzose por el balcón. Dos segundos después del salto, el cinturón accionó y la gravedad ya no le afectó.»

Sabrías contestar las preguntas:

Pregunta 1

¿Cómo piensas que finaliza la historia? Escoge la respuesta y razona tu contestación:

a) Al activar el cinturón, Don Juan queda suspendido en el aire, ya que carece de la aceleración de la gravedad. En consecuencia, el padre de la doncella le da alcance y acaba con él.

b) Al activar el cinturón, Don Juan comienza a ascender, ya que, al no haber gravedad, la Tierra no le atrae y sale despedido hacia el espacio exterior.

c) Al activar el cinturón, Don Juan queda liberado de la aceleración de la gravedad, pero sigue descendiendo y se fractura una pierna.

d) Al activar el cinturón, Don Juan queda flotando, puede volar como un pájaro y, meneando los brazos, escapa.

Pregunta 2

Representa la gráfica de velocidad frente a tiempo correspondiente al movimiento del personaje.

Pregunta 3

Imagina cómo sería la vida en ausencia de la aceleración de la gravedad.

Escribe un texto de diez líneas donde relates una historia semejante a la anterior y donde aparezcan al menos tres efectos diferentes de la realidad, consecuencia de la falta de esta aceleración.

El peligro del suelo mojado

Objetivo

Vamos a analizar la influencia del suelo mojado sobre la conducción. En este caso utilizarás una bicicleta como sistema de locomoción.

Producto final

Como resultado, realizarás un tríptico informativo donde explicarás cómo afecta un suelo mojado a la conducción. Mostrarás todos los resultados obtenidos y tratarás de concienciar al lector de la peligrosidad de conducir sobre un firme mojado.

Pasos que debemos realizar

En primer lugar, necesitas unas bicicletas y un lugar amplio como el patio del colegio. También necesitas una manguera o bastantes cubos de agua, un cronómetro y una cinta métrica. Si es posible, utiliza conos de señalización para marcar las medidas. Como siempre, formarás un equipo de investigación de tres o cuatro miembros.

1. Divide el recorrido en tres tramos: zona de aceleración, zona m.r.u. y zona de frenada, y márcalos de alguna forma: con tiza, con conos, con una mochila...

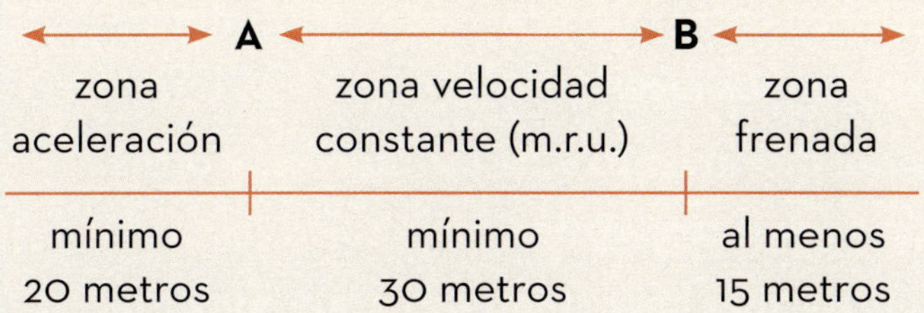

2. En primer lugar, debes escoger la velocidad de la bicicleta. Para ello, practica un poco y, entre dos compañeros, determinad el tiempo que tarda en recorrer la zona m.r.u. (entre **A** y **B**) ya que, conocido el espacio, puedes calcular la velocidad del movimiento. Lo interesante es que practiques hasta que en todas las ocasiones obtengas una velocidad similar.
3. Ahora, realiza el recorrido y frena en seco al llegar al punto B. Mide el tiempo del tramo m.r.u., así como la distancia de frenada: desde el punto B hasta que para la bici (sin derrapar la rueda trasera). Con estas medidas tendrás la velocidad previa y la distancia de frenada, y así podrás completar en tu cuaderno una tabla como la adjunta.

   Repite el experimento hasta tres veces con esta velocidad, aproximadamente, y obtén la distancia media de frenado para esa celeridad.

e (m)	*t* (s)	*v* (m/s)	Frenada (m)
	Medias:		

4. Prueba después con otras dos velocidades diferentes. Al finalizar, debes obtener una tabla con tres velocidades diferentes y cada una con tres medidas distintas.
5. Ahora, moja la zona de frenada y repite las nueve medidas intentando volver a conseguir las velocidades anteriores, y obtén una nueva tabla. Deberás tener para cada velocidad dos distancias de frenado: una en seco y otra en mojado.
6. Representa en un gráfico de barras las velocidades y su diferente distancia de frenado. ¿Aumenta mucho la distancia con suelo mojado?
7. Elabora un tríptico divulgativo donde expreses los resultados obtenidos y trata de concienciar al lector del problema de correr cuando el terreno está húmedo.

5 LA FUERZA Y SUS APLICACIONES

¿Por qué se mueven los objetos? ¿Por qué caen al suelo si no los sujetamos? ¿Por qué se mueve la Tierra alrededor del Sol en una órbita casi circular? ¿Por qué nos resbalamos en el hielo y nos cuesta tanto andar dentro del agua? ¿Por qué es más fácil levantar un cuerpo con una palanca que sin ella?

Obtener la respuesta a todas estas preguntas ha sido el objetivo de los físicos desde la Antigüedad hasta los años finales del siglo XVII. En ese momento Isaac Newton organizó todo el trabajo de físicos como Galileo, Hooke, Halley y otros muchos menos célebres, y enunció tres leyes que nos indican que los movimientos se deben a las interacciones entre cuerpos y que estas interacciones se describen mediante fuerzas del modo que explican sus leyes.

Desde entonces han surgido nuevas preguntas acerca del movimiento y de las fuerzas, y otros científicos tan conocidos como Albert Einstein han dado nuevas respuestas.

En esta unidad vas a estudiar las leyes de Newton, las fuerzas más importantes y lo que constituye el paso siguiente a la ciencia: la tecnología; es decir, las aplicaciones. Conocer las fuerzas nos ha permitido diseñar máquinas que nos facilitan la ejecución de muchas tareas.

Sumario

Te proponemos un reto

Antes de comenzar la unidad, puedes reflexionar sobre sus contenidos si sales a la calle con tu bicicleta.

Te proponemos algunas preguntas y varias posibles respuestas. Elige para cada pregunta la respuesta o respuestas correctas:

- Comienza a pedalear por un parque y, en un momento dado, suelta los pedales. ¿Qué o quién es el responsable de que la bicicleta se termine parando?
- Busca una zona del parque cuesta abajo y pedalea en ella. ¿Qué o quién te ayuda en tu movimiento?
- Es fácil percibir que cuesta más pedalear sobre terreno arenoso que sobre asfalto. ¿Qué o quién es el responsable de esta diferencia?

Elige las respuestas para cada pregunta:

a) La fricción entre las ruedas y el suelo.

b) La bicicleta se detiene porque es su tendencia natural.

c) La gravedad.

d) La fuerza normal.

e) La fricción es distinta sobre asfalto y arena.

f) La bicicleta aumenta su velocidad cuesta abajo porque su tendencia natural es a ocupar el lugar más bajo posible.

g) La fuerza normal en el asfalto es mayor que en la arena.

1 Las fuerzas y sus consecuencias

Todos los objetos que nos rodean se mueven continuamente de diversas maneras: en línea recta, como un ascensor, o con trayectoria curva, como la Tierra en su traslación respecto al Sol, con velocidad constante o variable, etc. Además, a diario, también vemos objetos cuya forma cambia, como un vaso que se rompe contra el suelo o una goma que podemos deformar fácilmente.

PIENSA Y RAZONA

Supermán es un superhéroe en cuyas películas le hemos visto saltar grandes alturas, levantar grandes pesos, correr a gran velocidad y doblar gruesas barras de hierro. Para realizar estas cuatro tareas, ¿se necesitan superpoderes o solo es necesario poder realizar grandes fuerzas?

FÍSICA 2.0

Visita esta web para ayudarte a fijar los conceptos:

goo.gl/6mhbfB

Elige la entrada *Elementos de un vector.*

Cuando una pelota rebota en una pared se produce una interacción entre la pelota y la pared. El término **interacción** significa que la pared influye sobre el estado de la pelota y cambia el sentido de su movimiento, y la pelota influye sobre el estado de la pared; por ejemplo, si la pared fuera muy débil podría deformarla o romperla. Las fuerzas son las herramientas que emplea la física para describir las interacciones entre los cuerpos.

Las **fuerzas** son las responsables de que los cuerpos cambien su estado de movimiento o se deformen.

Las fuerzas en el Sistema internacional se miden en **Newton.** Un Newton (N) es la fuerza que, aplicada sobre un cuerpo que tiene una masa de 1 kg, produce sobre él una aceleración de 1 m/s^2.

Las fuerzas son **magnitudes vectoriales.** Eso significa que para describirlas completamente es necesario indicar su módulo, dirección, sentido y punto de aplicación. Recuerda que las magnitudes que quedan definidas completamente solo con su módulo (como la temperatura o el tiempo) se denominan magnitudes escalares.

ACTIVIDADES

1. **¿Produciría el mismo efecto empujar con una fuerza idéntica un armario y un castillo hinchable? ¿Entre qué cuerpos se produce la interacción en cada caso?**

2. **Al empujar una estantería ligera y vacía a media altura consigues trasladarla sin problema.**

   a) ¿Lograrías el mismo efecto si aplicaras la fuerza en la parte baja de la estantería?

   b) ¿Y si la aplicaras en la parte alta?

   c) En cada uno de estos casos, ¿quién estaría en peligro, tú o tu amigo que va por delante, guiándote?

EXPERIMENTA Geometría con imanes

1. Es fácil ejercer una fuerza sobre un cuerpo tocándolo, es decir, realizando una acción que cambie su movimiento o lo deforme. Lo que queremos es que observes las fuerzas a distancia.
Necesitas las fichas magnéticas y un cuenco con agua. Pon cuatro fichas en el agua y verás cómo flotan y se sitúan en los vértices de un cuadrado. Aplica una fuerza sobre ellas con tus manos y júntalas en el centro.
a) ¿Qué sucede cuando las dejas libres?
b) ¿Están las fuerzas interaccionando entre sí a distancia?
Puedes ver un vídeo de este experimento aquí: **goo.gl/AY0bPW**

Las fuerzas pueden efectuarse por **contacto directo** o **a distancia.**

Las fuerzas a distancia son aquellas en las que los cuerpos que interactúan no se tocan, no están en contacto. Las fuerzas a distancia más importantes son la **fuerza gravitatoria** y la **fuerza electromagnética.** Mediante la fuerza gravitatoria los cuerpos interaccionan entre sí a través de su masa, y mediante la fuerza electromagnética interaccionan a través de su carga eléctrica.

Un cuerpo que recibe o ejerce una fuerza experimentará:

- Un cambio en su movimiento.
- Una deformación.

Los cambios en el movimiento de un cuerpo pueden implicar que un cuerpo en reposo empiece a moverse, que un cuerpo moviéndose aumente o reduzca su velocidad o que cambie la dirección o sentido de la misma. En todos los casos, una fuerza es la responsable de este cambio de movimiento.

SABÍAS QUE..

Los materiales se clasifican en:

Rígidos: no se deforman bajo la acción de una fuerza.

Plásticos: se deforman a causa de la fuerza y no recuperan su forma.

Elásticos: se deforman con una fuerza, pero recuperan la forma inicial cuando cesa aquella.

ACTIVIDADES

3. Pon un ejemplo que muestre la necesidad de indicar el punto de aplicación de una fuerza.

4. Haz un dibujo en el que representes todas las características de las fuerzas que ejercen entre sí dos coches que chocan frontalmente.

5. Una fuerza de contacto, como la fuerza muscular del dedo en la esponja, provoca una deformación. ¿Causa deformación en los cuerpos una fuerza a distancia como la fuerza de la gravedad?

6. Un teléfono móvil no puede deformarse y, por eso, si se cae, se rompe. Para protegerlo, empleamos fundas de plástico que sí se deforman. Sería una buena idea que existiera un móvil que pudiera doblarse, enrollarse, etc. Investiga y redacta un texto de unas diez líneas sobre el grafeno.

2 Composición de fuerzas

Es usual que sobre un cuerpo actúe más de una fuerza simultáneamente. Pero, ¿cómo podemos calcular la resultante de varias fuerzas sobre un cuerpo?

2.1. Fuerzas concurrentes

Cuando dos o más fuerzas actúan simultáneamente sobre un cuerpo, que se puede considerar puntual, se pueden reemplazar por una única que las engloba y que se denomina **fuerza resultante F_R.**

Fuerzas paralelas

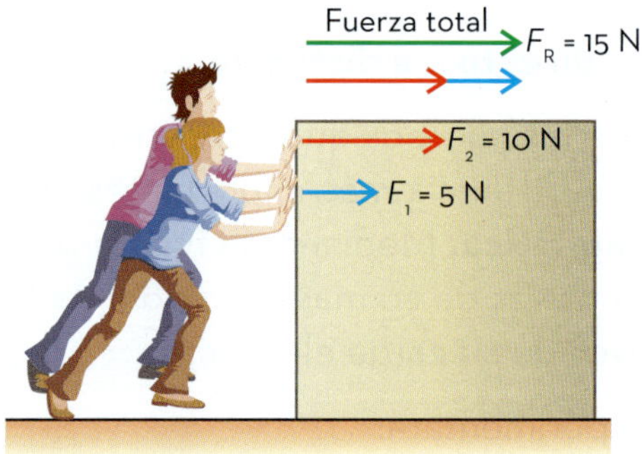

$F_R = F_1 + F_2$

$F_R = F_1 - F_2$ donde F_1 es la fuerza de mayor módulo.

Fuerzas perpendiculares

Se utiliza el teorema de Pitágoras para calcular la fuerza resultante.

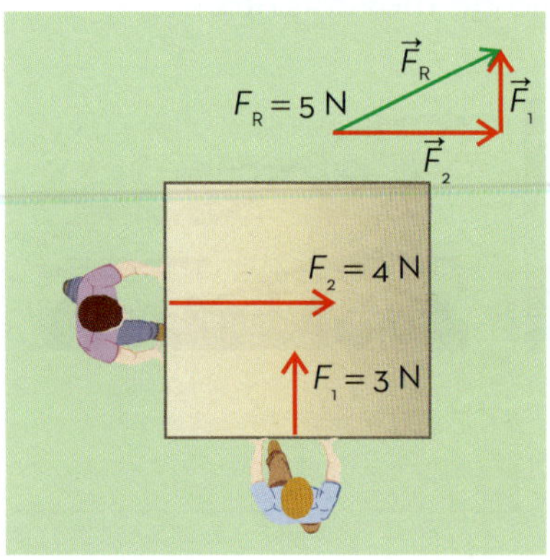

$F_R{}^2 = F_1{}^2 + F_2{}^2$

$F_R{}^2 = 3^2 + 4^2$; $F_R{}^2 = 9 + 16$

$F_R = \sqrt{25} = 5$; $F_R = 5$ N

La fuerza resultante será una fuerza de 5 N de módulo, cuya dirección formará aproximadamente 37° respecto a la horizontal y su punto de aplicación será en el propio cuerpo.

ACTIVIDADES

7. **Calcula el valor de la fuerza resultante del sistema de la figura adjunta, indicando su módulo, dirección y sentido.**

8. **Un barquero ejerce una fuerza este de 10 N, y la corriente, una fuerza norte de 6 N. ¿Cuál es la fuerza resultante sobre la barca?**

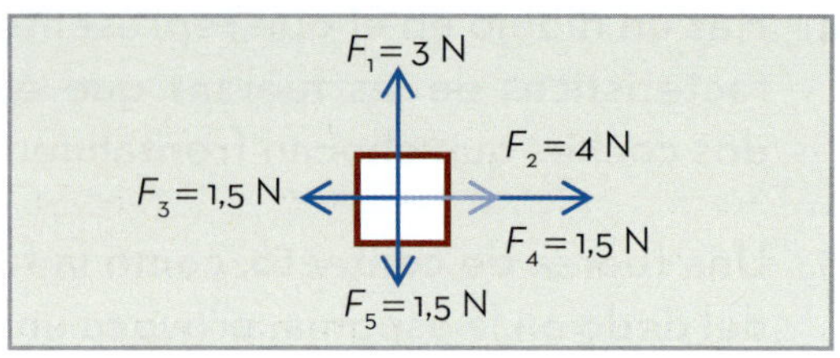

2.2. Fuerzas no concurrentes

Si el cuerpo sobre el que actúan las fuerzas no se puede considerar puntual, las fuerzas se aplican en distintos puntos del cuerpo y se denominan **fuerzas no concurrentes.**

Fuerzas paralelas

La fuerza resultante se calcula igual que en el caso de fuerzas concurrentes: sumando o restando sus módulos según si presentan el mismo sentido o sentidos contrarios. El punto de aplicación de la fuerza resultante se calcula mediante la fórmula:

$$F_1 \cdot d_1 = F_2 \cdot d_2$$

d_i: se denomina brazo y es la distancia entre la fuerza F_i y la resultante.

Fuerzas en el mismo sentido		
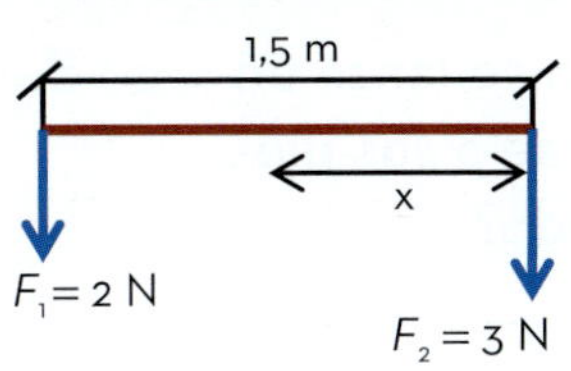	Se debe cumplir: $3 \cdot x = 2 \cdot (1{,}5 - x)$ $3x = 3 - 2x$ $5x = 3$; $\mathbf{x = 0{,}6}$	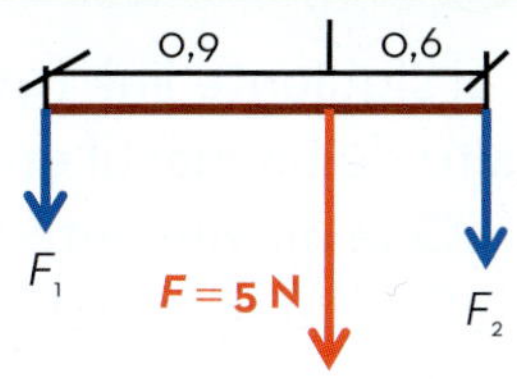

El punto de aplicación corresponde al punto en el que la aplicación de la fuerza resultante tendría el mismo efecto que la aplicación de las dos fuerzas originales. Si en este punto efectúas la fuerza resultante en sentido contrario, neutralizas las dos fuerzas aplicadas y se dice que el sistema se encuentra en equilibrio.

Fuerzas en sentido contrario		
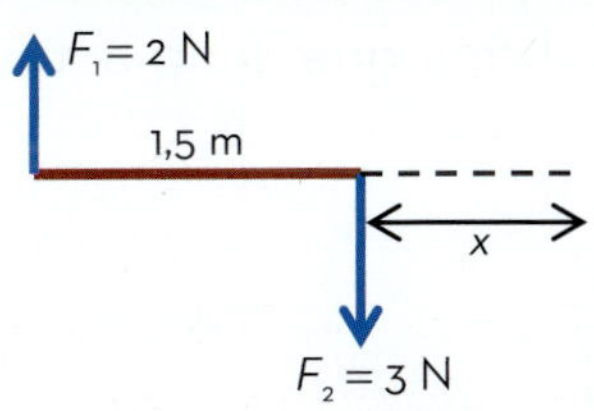	Se debe cumplir: $3 \cdot x = 2 \cdot (1{,}5 + x)$ $3x = 3 + 2x$ $x = 3$; $\mathbf{x = 3}$	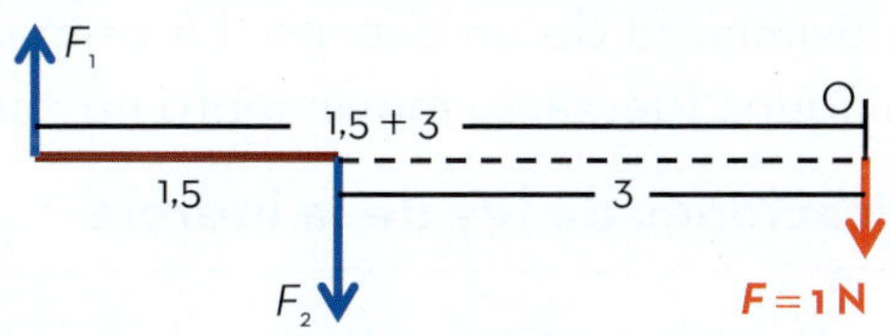

En el caso de que las dos fuerzas paralelas de sentido contrario tengan el mismo módulo constituyen lo que se denomina un **par de fuerzas.** La fuerza resultante de un par de fuerzas es cero y su acción genera solo un movimiento de rotación.

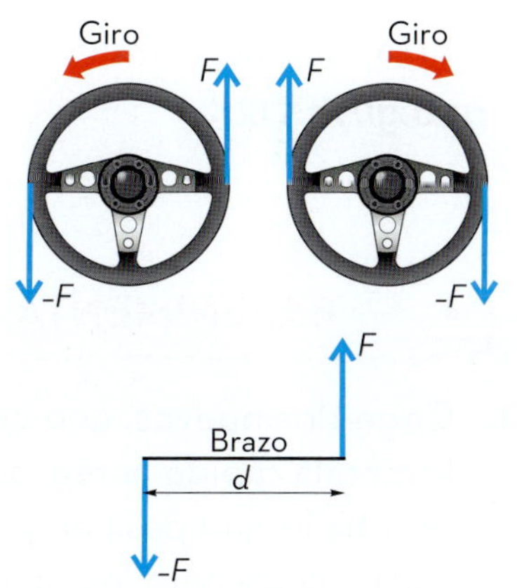

El volante como ejemplo del par de fuerzas.

ACTIVIDADES

9. Una lámpara está compuesta por una barra de 60 cm y de sus extremos cuelgan dos focos de 5 y 4 N de peso. ¿En qué punto de la barra debemos colgar la lámpara para que esté en equilibrio? ¿Cuál debe ser la fuerza mínima que debe soportar la estructura del techo para que la lámpara no se caiga? Dibuja un esquema de las fuerzas que actúan en cada foco y en la estructura del techo.

3 Leyes de Newton

Isaac Newton fue el primero que, a finales del siglo XVII, consiguió describir matemáticamente las interacciones y sus efectos mediante las fuerzas. Newton transformó la física para siempre. Y lo hizo solo con tres leyes.

Hace 4000 años un ser humano empleaba una palanca para levantar una gran piedra y lo hacía probando diferentes posiciones del punto de apoyo. Hace 200 años, otro ser humano diseñaba una palanca empleando la ecuación $F_1 \cdot d_1 = F_2 \cdot d_2$, y acertaba a la primera con la posición del punto de apoyo. ¿Por qué suele decirse que «las matemáticas son el lenguaje de la ciencia»?

Primera ley de Newton: ley de la inercia

La primera ley de Newton fue enunciada un siglo antes por Galileo Galilei, pero fue Newton quien la refinó y le dio la forma definitiva.

PIENSA Y RAZONA

En el siguiente link (**goo.gl/PAoIAf**) puedes ver cómo se lanza un saco desde lo alto de un mástil en un barco que navega y cómo cae a sus pies.

- ¿Qué movimiento tenía el saco antes de ser lanzado?
- ¿Qué fuerzas actúan sobre él?
- ¿Por qué no cae detrás del mástil si este está en movimiento?

FÍSICA 2.0

Esta simulación te permitirá afianzar conceptos de la primera y la segunda ley de Newton y de la fuerza de rozamiento:

goo.gl/XtXJ2K

El enunciado de la primera ley de Newton es:

> Si sobre un cuerpo no actúa ninguna fuerza o la **fuerza resultante** es **cero,** el cuerpo se mantiene en **reposo** o con **velocidad constante.**

Hemos definido las fuerzas como todo aquello capaz de cambiar el estado de movimiento de un cuerpo. La primera ley de Newton afirma que si no actúa ninguna fuerza, tu movimiento no cambia.

EXPERIMENTA Aplicaciones de ley de la inercia

2. Coge dos huevos, uno cocido y otro crudo. Gira el huevo duro, páralo con la mano y levántala rápidamente: se quedará parado. Haz lo mismo con un huevo crudo, y comprueba lo que pasa al quitar la mano.
Aplica la primera ley de Newton para explicar el comportamiento observado.

ACTIVIDADES

10. **Explica lo que le sucede a un niño cuando, al ver a un perro delante de él, aprieta los frenos fuertemente.**

11. **¿Por qué nos caemos hacia delante cuando frena el autobús si no vamos sujetos? ¿Es importante llevar el cinturón de seguridad?**

Segunda ley de Newton: ley fundamental de la dinámica

La segunda ley de Newton permite cuantificar la aceleración que adquiere un cuerpo cuando se aplica una fuerza. La segunda ley de Newton es:

$$\text{Fuerza} = \text{masa} \cdot \text{aceleración} \rightarrow \vec{F} = m \cdot \vec{a}$$

Si sobre un cuerpo no actúa ninguna fuerza o la fuerza resultante es nula, la aceleración de ese cuerpo será: $a = \frac{F}{m} = \frac{0}{m} = 0 \text{ m/s}^2$.

Un cuerpo así se dice que está en **equilibrio.** Observa que la primera ley de Newton está incluida dentro de la segunda.

La fuerza resultante es nula.

Tercera ley de Newton: ley de acción-reacción

La tercera ley de Newton indica que, para describir una interacción entre dos cuerpos, hacen falta dos fuerzas. Estas fuerzas se llaman **fuerza de acción** y **fuerza de reacción,** y poseen el mismo módulo, la misma dirección, sentidos contrarios y distintos puntos de aplicación.

Acción: el neumático se empuja en el pavimento
Reacción: el pavimento empuja al neumático

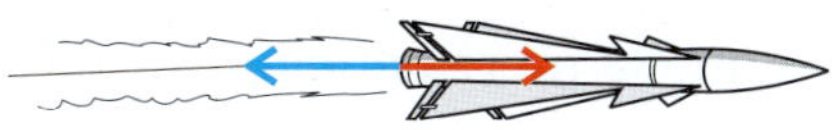
Acción: el cohete empuja a los gases
Reacción: los gases empujan al cohete

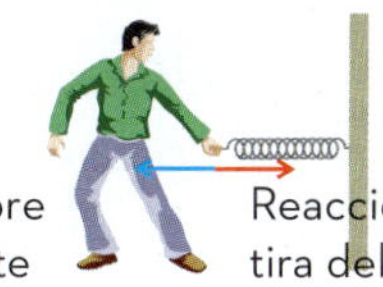
Acción: el hombre tira de un resorte
Reacción: el resorte tira del hombre

EJEMPLO RESUELTO

1. **Sobre un cuerpo en reposo de 20 kg de masa se aplica una fuerza de 60 N. ¿Cuál es su aceleración y velocidad a los cinco segundos? En ese instante cesa la fuerza. ¿Qué velocidad tiene 5 segundos después?**

Solución

Aplicando la segunda ley de Newton, calculamos la aceleración del cuerpo: $F = m \cdot a \rightarrow a = \frac{F}{m} = \frac{60 \text{ N}}{20 \text{ kg}} = 3 \text{ m/s}^2$

Aplicando la definición de aceleración, calculamos: $a = \frac{v - v_0}{\Delta t} = \frac{v - 0}{5} \rightarrow v = 5 \cdot a = 15 \text{ m/s}$

En los siguientes 5 segundos no actúa ninguna fuerza sobre el cuerpo, por tanto, su aceleración es cero. Esto implica que su velocidad es constante y seguirá siendo 15 m/s.

ACTIVIDADES

12. **Sobre un cuerpo que está en reposo aplicamos una fuerza de 50 N durante 10 s y adquiere una aceleración de 3 m/s². ¿Qué masa tiene el cuerpo? ¿Qué velocidad llevará el cuerpo a los 10 segundos?**

13. **¿Por qué es más difícil girar en el supermercado con un carrito lleno que con uno vacío?**

14. **Al dar un salto, ¿en qué dirección y sentido hacemos la fuerza sobre el suelo? ¿Y por qué ascendemos?**

4 Fuerzas destacadas

¿Qué haces para organizar tu ropa? La clasificas. Por un lado, las chaquetas; por otro, los pantalones; por otro, los calcetines. Los físicos hacen lo mismo con las fuerzas: un nombre y una ley para las interacciones por masa; otra para las interacciones entre cuerpos cargados, etc. A continuación, se describen las principales fuerzas que actúan a nuestro alrededor y que nos permiten explicar la mayoría de los cambios que observamos a diario.

SABÍAS QUE..

La Ley de la Gravitación Universal es una de las leyes más importantes e impresionantes de la ciencia. Su forma es muy sencilla, pero es capaz de explicar la caída de los cuerpos, las mareas y el movimiento de planetas y satélites.

4.1. Fuerza de atracción gravitatoria

En nuestro universo, todas las masas se atraen entre sí y la fuerza que describe esta interacción es la **fuerza de la gravedad.** Fue también Isaac Newton quien encontró las principales características de esta fuerza, que son:

- Es proporcional a las masas que interaccionan.
- Es inversamente proporcional al cuadrado de la distancia que separa a las masas.

Ley de la gravitación universal

$$F_{\text{gravedad}} = G\,\frac{m_1 \cdot m_2}{d^2}$$

Donde G es una constante con un valor muy pequeño.

Observa que la fuerza aumenta a medida que lo hace la masa de los cuerpos implicados, pero disminuye cuando se incrementa la distancia que los separa.

El valor tan pequeño de la constante G es la causa de que la fuerza de la gravedad solo tenga efectos apreciables cuando uno de los cuerpos tiene mucha masa.

Este es el caso de los sistemas orbitales, donde existe un cuerpo central con gran masa y uno o varios cuerpos menores giran a su alrededor. La combinación de una fuerza atractiva y un movimiento, ambos perpendiculares entre sí, da lugar a una trayectoria circular. La Luna alrededor de la Tierra, los planetas alrededor del Sol y este alrededor del centro de la Vía Láctea son manifestaciones de esta fuerza.

FÍSICA 2.0

Observa la acción de la fuerza de la gravedad entre la Tierra y el Sol. Esta simulación además te permite «desactivar» la gravedad y ver lo que sucedería:

goo.gl/CWjc43

¿Por qué no cae la Luna sobre la Tierra? Porque la curvatura de su movimiento la mantiene dentro de una circunferencia. Si fuera a mayor velocidad, se alejaría poco a poco de la Tierra. Si su velocidad fuera menor, acabaría cayendo en espiral.

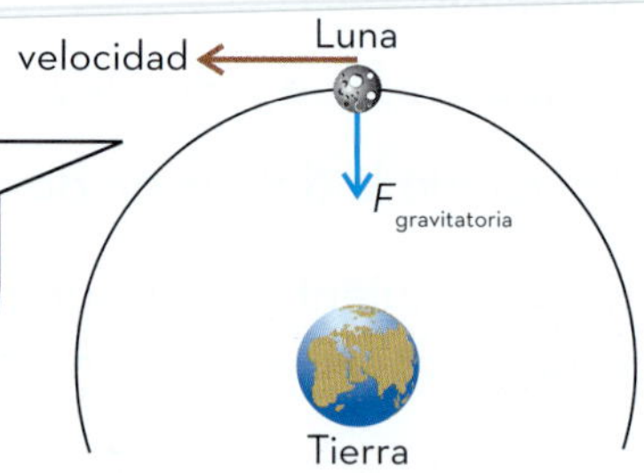

ACTIVIDADES

15. **Se envía un rayo láser a la Luna, donde refleja con un espejo y vuelve a la Tierra. Si medimos que el tiempo empleado ha sido de 2,533 segundos, calcula la distancia a la que se encuentra el astro.**

16. **Date cuenta de las distancias a las que actúa la fuerza gravitatoria. Sabiendo que la velocidad de la luz es de unos 300 000 km/s, determina:**

a) El tiempo que tarda la luz del Sol en llegar a la Tierra sabiendo que el radio de la órbita son 150 millones de kilómetros.

b) Si a las 12:00 desaparece el Sol, ¿qué notarías a las 12:05?

17. **Si la mitad de la tierra desapareciera, ¿cómo cambiaría la fuerza de atracción con el Sol?**

Masa y peso

El **peso** es el nombre que recibe la fuerza de atracción gravitatoria que ejerce un cuerpo muy masivo (por ejemplo, un planeta, un satélite, etc.) sobre los cuerpos situados en su cercanía.

Está dirigido hacia el centro de la Tierra y es igual al valor de la masa que poseen los cuerpos multiplicada por una aceleración, que conocemos como aceleración de la gravedad *(g)*.

$$\vec{P} = m \cdot \vec{g}$$

En física es muy importante diferenciar el peso de la masa. La masa es una **magnitud escalar** que mide la cantidad de materia que tiene un cuerpo. Su unidad en el SI es el kilogramo (kg). El peso es una **magnitud vectorial** que mide la fuerza con que un cuerpo masivo, como la Tierra, atrae a otro cuerpo situado en su cercanía. Su unidad en el SI es el Newton.

SABÍAS QUE..

La aceleración de la gravedad es aproximadamente la misma en todos los puntos de la superficie de la Tierra y tiene un valor de 9,8 m/s^2, disminuyendo cuando aumentamos la altura respecto a la superficie terrestre.

EJEMPLO RESUELTO

2. Un astronauta es capaz de levantar en la Tierra una masa de 60 kg. ¿Cuál sería la masa máxima que podría levantar en la Luna? Dato: aceleración de la gravedad en la Luna = 1,6 m/s^2.

Solución

Cuando se levantan 60 kg en la Tierra nuestros músculos vencen la fuerza peso de ese objeto, que es igual a $P = 60\ \text{kg} \cdot 9{,}8\ \dfrac{m}{s^2} = 588\ \text{N}$

En la Luna, con esa fuerza levantaríamos una masa de: $m = \dfrac{P}{g} = \dfrac{588\ \text{N}}{1{,}6\ \dfrac{m}{s^2}} = 367{,}5\ \text{kg}$

FÍSICA 2.0

En esta página encontrarás animaciones muy interesantes sobre la diferencia entre masa y peso:

goo.gl/FUZ8qs

Selecciona la entrada 02

ACTIVIDADES

18. El ayuntamiento de tu localidad ha realizado unas obras en la calle, que incluyen zanjas cubiertas con tablones de madera para que los peatones puedan pasar provisionalmente. Las maderas tienen un cartel donde se puede leer que el aguante máximo que pueden soportar es de 500 N. ¿Qué significa?

19. Una tablet pesa en la Tierra 7,5 N y en Marte, 2,8 N. ¿Cuál es el valor de la gravedad de Marte?

20. Busca en Internet los valores de la aceleración de la gravedad en tres planetas distintos del Sistema Solar. Si un cuerpo posee una masa de 50 kg, ¿qué masa y peso poseerá en todos ellos? ¿Podrías vivir en cada uno?

21. Si Supermán hubiera nacido en un planeta con una gravedad muy elevada, ¿tendría lógica que en la Tierra pudiera levantar grandes masas y dar grandes saltos? Un planeta con mucha gravedad sería un planeta de gran densidad. Investiga cuáles son los cuerpos más densos del Universo y cuáles eran las características de Krypton, planeta natal de Supermán.

4.2. Fuerza normal

Las fuerzas son las herramientas que emplea la física para describir las interacciones. Cuando andas, te sientas o duermes interaccionas con el suelo, la silla o el colchón respectivamente. ¡Vaya interacción más importante!

Se denomina fuerza normal *(N)* a la fuerza que ejerce una superficie sobre un cuerpo que está apoyado en ella. La fuerza normal tiene el mismo módulo que la fuerza que el cuerpo ejerce sobre la superficie, su dirección es perpendicular a esta superficie y su sentido hacia el exterior de la misma.

El libro ejerce sobre la mesa una fuerza que es su peso. La normal es la reacción a esta fuerza y tiene como módulo y dirección las del peso, pero en sentido contrario $\vec{N} = -\vec{P}$.

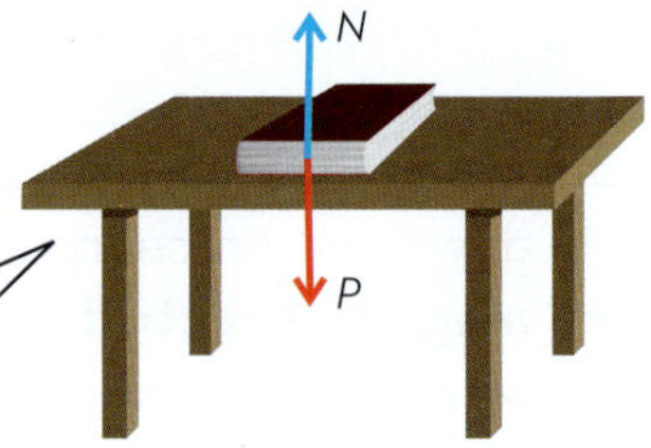

La mano de la mujer ejerce la fuerza *F* sobre la pared. La normal es la reacción de la pared y es $\vec{N} = -\vec{F}$. ¡Si la pared no resistiera el valor de *F*, se rompería!

FÍSICA 2.0

Emplea esta simulación para observar el valor de la fuerza de rozamiento antes de que se produzca el movimiento y durante este:

phet.colorado.edu/es/simulation/forces-1d

Esta página te permite visualizar una animación sobre rozamiento:

goo.gl/3Zy0xO

4.3. Fuerza de rozamiento

Andar por el hielo es muy distinto a hacerlo por cemento o por la arena de la playa. ¡Necesitamos una nueva fuerza para cuantificar estas diferencias!

PIENSA Y RAZONA

La gráfica representa la velocidad del trineo de Elena desde el momento en que deja de impulsarlo por la nieve hasta que se detiene.

- ¿Qué aceleración tienen Elena y su trineo?
- Si la masa de Elena y su trineo es de 60 kg, ¿cuánto vale la fuerza que los detiene?
- ¿Cómo se llama esta fuerza?

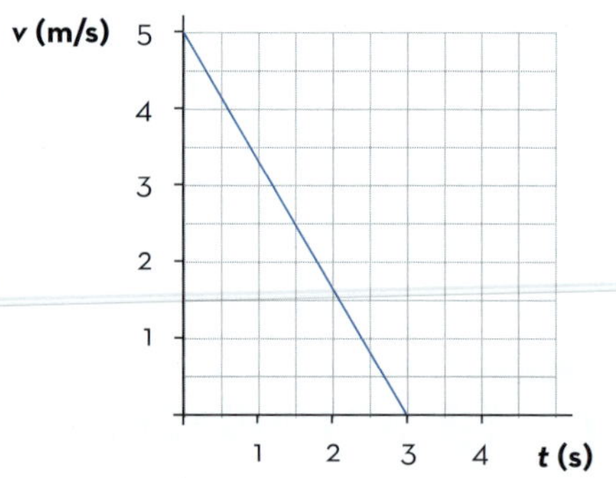

La fuerza de rozamiento es la fuerza que existe entre un cuerpo que se desliza por encima de otro y se debe a la fricción entre ambas superficies. La fuerza de rozamiento se opone al movimiento de una superficie respecto a la otra.

Si $F > F_{r\ \text{máximo}}$, el cuerpo se moverá. En caso contrario permanece en reposo y $F = F_r$

La fuerza de rozamiento toma su valor máximo cuando el cuerpo está en movimiento: $F_r = \mu \cdot N$, donde μ se denomina coeficiente de rozamiento, que toma valores entre 0 y 1, y depende de las superficies en contacto.

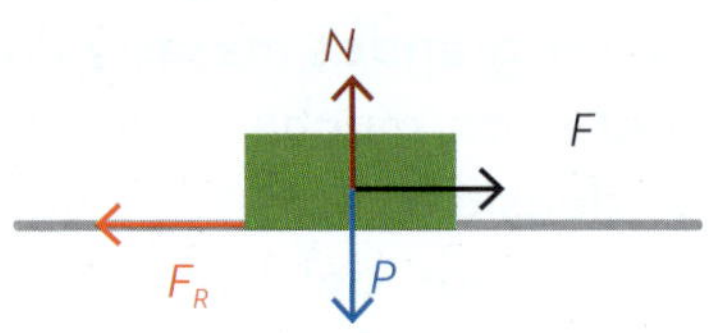

Esquema de fuerzas para un cuerpo sobre un plano horizontal con rozamiento.

Si el cuerpo se desliza por una superficie horizontal: $F_r = \mu \cdot m \cdot g$

El rozamiento forma parte de la vida. En ocasiones es necesario, en otros casos tratamos de eliminarlo:

Las patas de los osos polares están cubiertas de pelo que aumenta el rozamiento y permite que puedan andar sin resbalar por el hielo.	Los neumáticos de Fórmula 1 para suelo seco son muy lisos porque el suelo seco es suficientemente rugoso para no derrapar. Cuando llueve, el agua disminuye el rozamiento. Para quitar esta agua, se colocan surcos en la superficie de la rueda.	En ocasiones, para divertirnos, necesitamos reducir el rozamiento. Mojando el tobogán y nuestro cuerpo reducimos el coeficiente de rozamiento entre estas superficies y bajamos más rápido.

EJEMPLO RESUELTO

3. Un cuerpo de masa 10 kg posee un coeficiente de rozamiento entre su superficie y el suelo horizontal de 0,35. ¿Cuánto vale la fuerza de rozamiento si la fuerza aplicada sobre el cuerpo es de 20N? ¿Y si se aplica una fuerza de 50 N? ¿Qué aceleración tendrá en este último caso?

Solución

El valor máximo de la fuerza de rozamiento es: $F_{r\,max} = \mu \cdot m \cdot g = 0{,}35 \cdot 10\ \text{kg} \cdot 9{,}8\,\frac{\text{m}}{\text{s}^2} = 34{,}3\ \text{N}$

Si aplicamos 20 N de fuerza, el rozamiento es suficiente para contrarrestarlo, por lo que este vale 20 N.

El cuerpo empieza a moverse cuando la fuerza aplicada supera el rozamiento máximo.

Desde ese momento: $F_r = F_{r\,max} = 34{,}3$ N. Es decir, al efectuar 50 N sobre el cuerpo: $F_r = 34{,}3$ N.

En este caso, la fuerza resultante sobre el cuerpo es: $F_r = 50\ \text{N} - 34{,}3\ \text{N} = 15{,}7\ \text{N}$.

Calculamos la aceleración, aplicando la segunda ley de Newton: $a = \frac{F_r}{m} = \frac{15{,}7\ \text{N}}{10\ \text{kg}} = 1{,}57\ \frac{\text{m}}{\text{s}^2}$

ACTIVIDADES

22. Observa estas imágenes y explica la relación que guardan con la fuerza de rozamiento:

   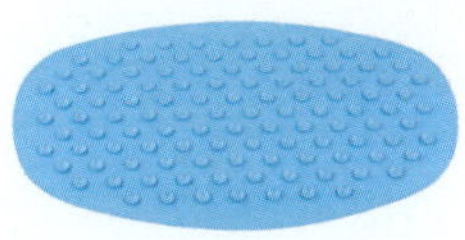 

23. El coeficiente de rozamiento entre el vidrio y la madera es de 0,25, y entre la madera y la madera es de 0,4. Calcula la velocidad que tendrá un bloque de madera de 400 gramos que es empujado con una fuerza constante de 4 N, tres segundos después de comenzar a moverse desde el reposo si:

a) Desliza por una mesa de vidrio.

b) Desliza por una mesa de madera.

4.4. Fuerza elástica. Ley de Hooke

Se denomina cuerpo elástico al cuerpo que recupera su forma tras ser deformado por la aplicación de una fuerza. Uno muy conocido es un muelle.

EL LABORATORIO EN EL AULA **Deformar un muelle**

1. Necesitas un muelle, seis pesas de diferentes masas, un soporte y una regla.
   a) Cuelga el muelle y determina su longitud, sin nada y con las pesas.
   b) Representa la longitud del muelle frente a la masa. ¿Qué función has obtenido?
   c) Dibuja y completa una tabla con tres columnas: masa (g); longitud (cm) y alargamiento cm).
   d) Represent a el alargamiento frente a la masa. ¿Qué función has obtenido? Determina la expresión matemática que la rige.
   e) Toma una nueva pesa y predice con la expresión obtenida su alargamiento. Después, compruébalo.

IMPORTANTE

El alargamiento del muelle lo puedes calcular restando a la longitud de cada medida, el valor de la longitud inicial, la que posee sin colgarle nada.

El científico inglés Robert Hooke, en 1678, determinó que:

La deformación de un cuerpo elástico es directamente proporcional a la fuerza que la produce. Matemáticamente:

$$\vec{F} = -K \cdot \overrightarrow{\Delta l}$$

donde F representa la fuerza aplicada, Δl es la variación $(l - l_0)$ que experimenta la longitud del cuerpo sometido a dicha fuerza (por ejemplo, un muelle), y K es una constante de proporcionalidad.

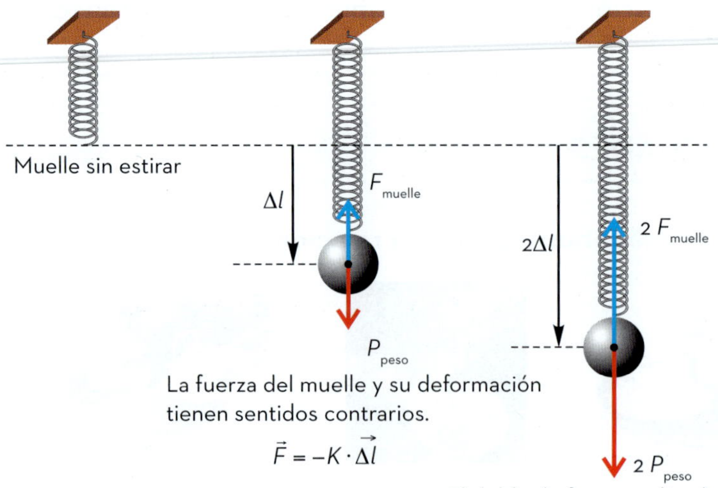

La fuerza del muelle y su deformación tienen sentidos contrarios.

$\vec{F} = -K \cdot \overrightarrow{\Delta l}$

El doble de fuerza aplicada al muelle provoca el doble de deformación.

K es una constante con unidades. Para determinarlas basta con despejar su magnitud $K = F/\Delta l$ y estudiar sus dimensiones. Observarás que corresponden a fuerza dividido por longitud.

FÍSICA 2.0

Comprueba la ley de Hooke en esta web:

goo.gl/FUZ8qs

Elige:

Dinamómetro

Medida de fuerzas.

EXPERIMENTA Construye un dinamómetro casero

3. Necesitas un muelle que puedes comprar en cualquier ferretería. Asegúrate de que puedes estirarlo con tus manos con facilidad, porque si es muy duro no se deformará con las pequeñas masas que vamos a colgarle.
Utiliza un clavo o una chincheta para colgar el muelle en una pared o una puerta. Construye una cesta como la que muestra la figura con un trozo de alambre y un tapón de botella de refresco. Marca la longitud del muelle con la cesta colgando. Coloca diversas monedas en la cesta y mide la longitud que se estira el muelle para cada moneda.
Las masas de las monedas actuales son: 1 céntimo: 2,30g; 2 céntimos: 3,06 g; 5 céntimos: 3,92 g; 10 céntimos: 4,10 g; 20 céntimos: 5,74 g, 50 céntimos: 7,80 g y 1 euro: 7,50 g.

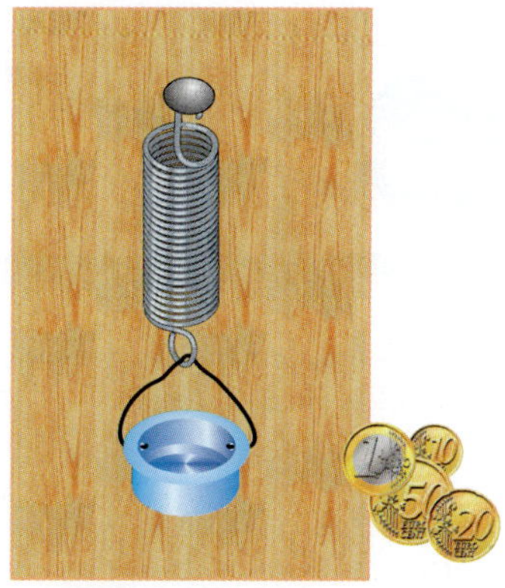

a) A partir de esas masas, calcula los pesos de cada moneda y emplea esos valores para calcular la constante del muelle, de acuerdo con la ley de Hooke: $K = \dfrac{F}{\Delta l}$. Haz la media de todos los valores obtenidos.

b) Conocida la constante K del muelle, ¿cómo podrías conocer la masa de un cuerpo empleando tu dinamómetro?

EJEMPLO RESUELTO

4. La gráfica muestra los datos de fuerza frente a deformación producida en dos dinamómetros. Responde:

a) ¿Cuál de los dos dinamómetros tiene una mayor constante de proporcionalidad entre fuerza y deformación?

b) ¿Cuál será la deformación del dinamómetro de la gráfica roja cuando sea sometido a 4 N de fuerza?

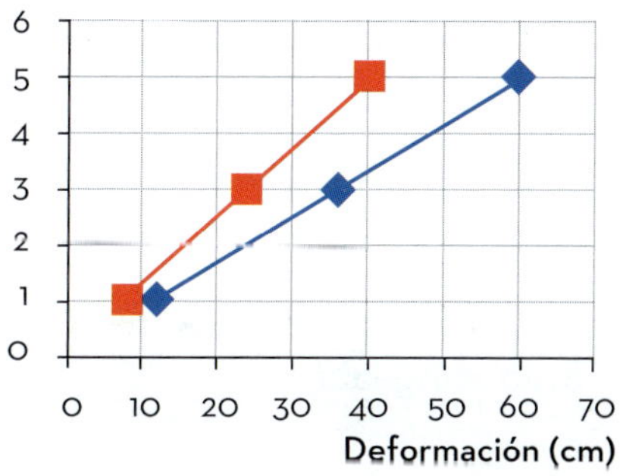

Solución

a) La constante K de un muelle corresponde a la pendiente de la gráfica fuerza-deformación. La línea del dinamómetro «rojo» tiene mayor pendiente y, por tanto, su constante será mayor. Esto significa que el muelle será «más duro»; es decir, habrá que hacer más fuerza para lograr una misma deformación que con el muelle «azul».

b) Elegimos una pareja de valores de la gráfica y calculamos el valor de K. Por ejemplo, la pareja (5 N, 40 cm), nos permite calcular $K = \dfrac{F}{\Delta l} = \dfrac{5}{40} = 0{,}125\ \dfrac{\text{N}}{\text{cm}}$

Por tanto: $\Delta l = \dfrac{F}{K} = \dfrac{4\ \text{N}}{0{,}125\ \dfrac{\text{N}}{\text{cm}}} = 32\ \text{cm}$ será la deformación al estirar el muelle con una fuerza de 4 N.

ACTIVIDADES

24. Dispones de un muelle de 25 cm de longitud, cuya constante de elasticidad vale 100 N/cm. Calcula la longitud que se estirará el muelle cuando se cuelgue de él un objeto que pesa 5 kg.

5 Máquinas simples

Desde la Antigüedad, el ser humano ha inventado dispositivos para que le faciliten las tareas.

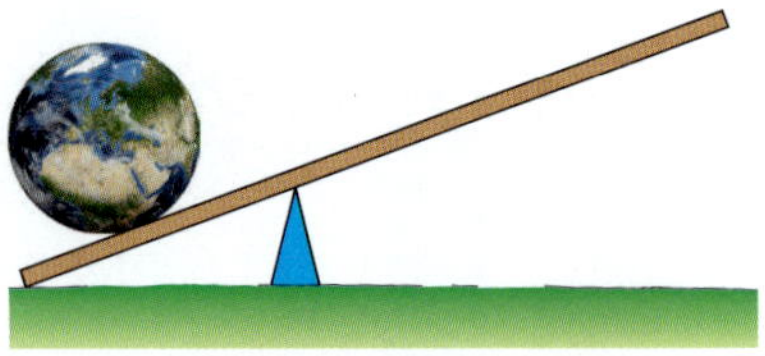

«Dadme un punto de apoyo y moveré el mundo». (Arquímedes)

Arquímedes fue un gran sabio griego nacido en el año 287 a. C., que enunció la siguiente frase: «Dadme un punto de apoyo y moveré el mundo». ¿Qué crees que quería decir Arquímedes?

Se denominan máquinas simples a ciertos aparatos o dispositivos que se utilizan en la vida real para realizar diferentes funciones:

- Transformar o compensar una fuerza resistente.
- Levantar un peso en condiciones más favorables.
- Cambiar la dirección de una fuerza para que nos sea más favorable.

Palanca

Una palanca es, en general, una barra rígida que puede girar alrededor de un punto fijo llamado punto de apoyo o fulcro.

Potencia *(P)*: es la fuerza aplicada.

Resistencia *(R)*: es la fuerza que se vence al usar la palanca.

Brazo de potencia *(B_p)*: distancia entre el punto de aplicación de la fuerza de potencia y el fulcro.

Brazo de resistencia *(B_r)*: distancia entre la fuerza de resistencia y el fulcro.

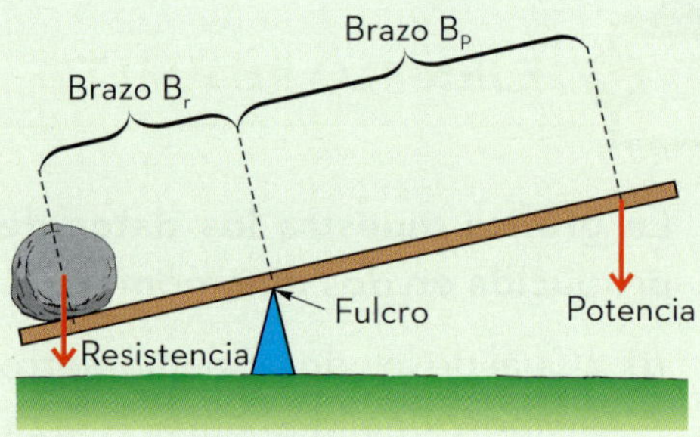

Toda palanca cumple que la potencia ejercida multiplicada por el brazo de potencia es igual a la resistencia multiplicada por el brazo de resistencia.

$$P \cdot B_p = R \cdot B_r$$

FÍSICA 2.0

Practica la ecuación de las palancas en esta simulación:

phet.colorado.edu/es/simulation/

elige la categoría:

física

y luego escoge

balancing-act

EJEMPLO RESUELTO

5. **¿Cómo se podría levantar el peso de un cuerpo de 80 kg de masa si dispones de una barra rígida de 10 metros de largo y pesas por un valor total de 20 kg?**

Solución

Se calcula en qué punto se debe colocar el punto de apoyo.

$$R = 80 \text{ kg} \cdot 9{,}8 \frac{\text{m}}{\text{s}^2} = 784 \text{ N} \qquad P \cdot B_p = R \cdot B_r \quad \text{Ecuación palanca}$$

$$P = 20 \text{ kg} \cdot 9{,}8 \frac{\text{m}}{\text{s}^2} = 196 \text{ N} \qquad 784 \cdot x = 196 \cdot (10 - x); \quad x = 2 \text{ m}$$

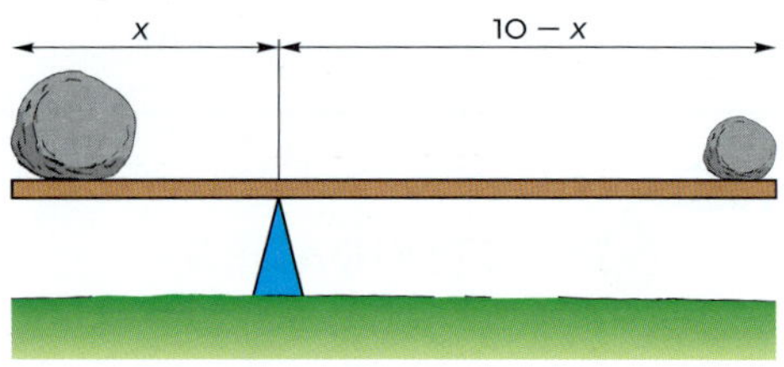

Por tanto, debemos colocar el punto de apoyo a 2 m del peso que queremos levantar y en el otro extremo colocamos la masa de 20 kg. De esa forma hemos podido cuadruplicar nuestra fuerza.

Los dos términos de la ecuación de las palancas son productos de una fuerza por la distancia entre el punto de aplicación de esta fuerza y el punto de apoyo. A este producto se le denomina **momento de la fuerza.**

- Si el momento de la potencia es mayor que el momento de la resistencia se producirá el movimiento deseado de la palanca.
- Si ambos momentos son iguales, la palanca está en equilibrio.

EXPERIMENTA **Escoba en equilibrio**

4. Toma una escoba e intenta sostenerla horizontalmente y en equilibrio con un solo dedo apoyado en ella. Marca el punto en que has logrado el equilibrio.
   a) ¿Tienen ambos lados la misma masa?
   b) ¿Ejercen las fuerzas peso de ambos lados el mismo momento?

Tipos de palancas

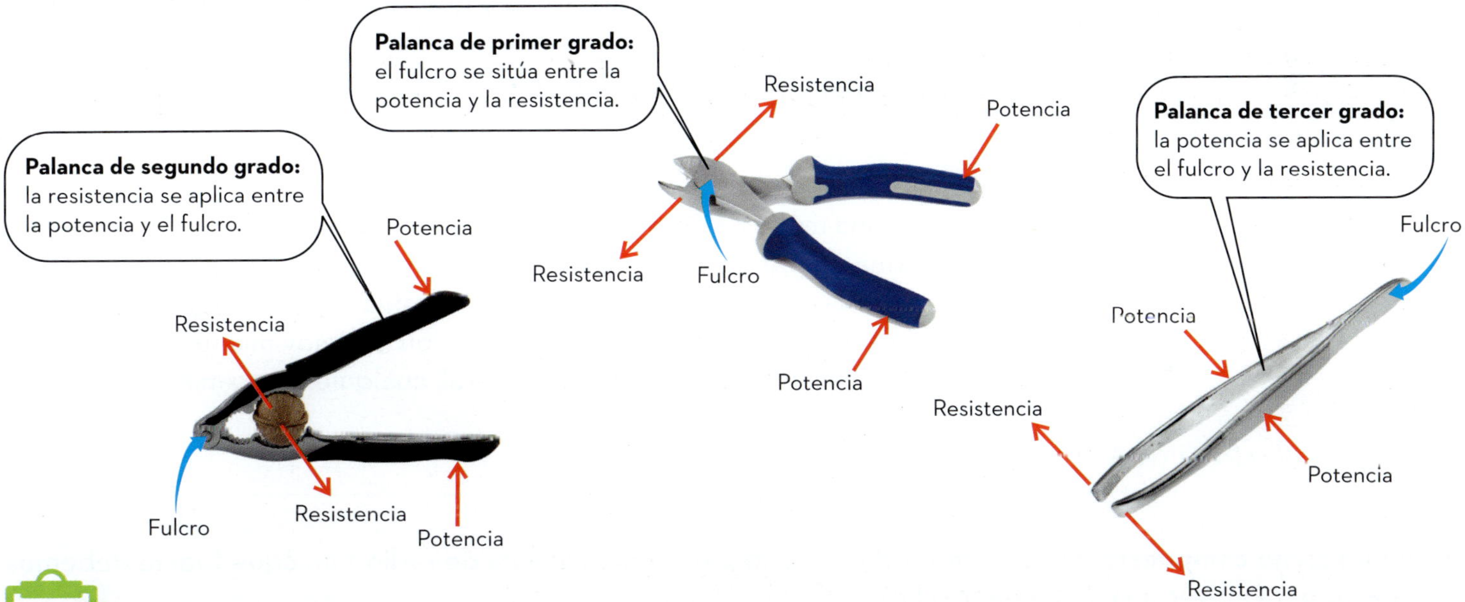

ACTIVIDADES

25. Analiza las imágenes anteriores y aplica la fórmula de la palanca para decidir en cada caso si la palanca sirve para aumentar el efecto de la fuerza potencia (brazo de potencia > brazo de resistencia) o para reducirlo.

a) ¿Qué palancas sirven para superar grandes fuerzas resistencia con fuerzas potencia menores?

b) ¿Para qué sirve la palanca de tercer grado?

26. Indica el tipo de palanca que corresponde al objeto de cada una de estas imágenes:

SABÍAS QUE..

Usos de la polea: accionamiento de puertas automáticas, sistemas de elevación de cristales de automóviles, ascensores, elevación de cargas.

Poleas

Una polea fija es una máquina simple que sirve para cambiar de dirección la fuerza ejercida, con lo que se consigue aplicar la fuerza en una dirección más conveniente aunque no se produzca ninguna eficiencia mecánica.

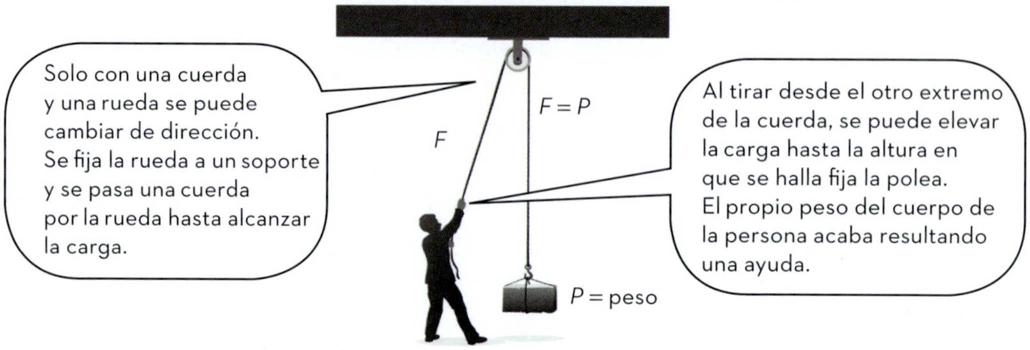

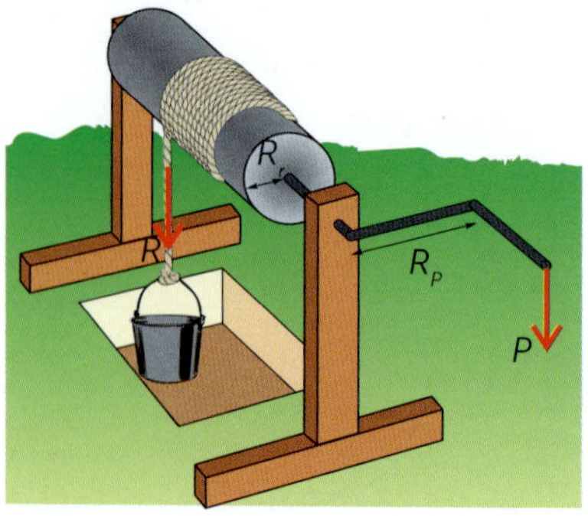

Torno

Torno

El torno es una máquina simple que está formada por un cilindro horizontal de radio R_r que tiene enrollada una cuerda y que se hace girar con una manivela de radio R_p ($R_p > R_r$).

La ecuación del torno es: $P \cdot R_p = R \cdot R_r$

Cuña

Cuña

La cuña es una máquina simple que consiste en una pieza de madera o de metal con forma de prisma triangular. El funcionamiento de las cuñas responde a que, al moverse en la dirección de su extremo afilado, la cuña genera grandes fuerzas en sentido perpendicular a la dirección del movimiento. Ejemplos de cuña son hachas, cinceles, clavos; en general, cualquier herramienta afilada.

EJEMPLO RESUELTO

6. En un torno compuesto por un tambor de radio 10 cm y una manivela de radio 1 m, ¿qué fuerza debemos aplicar para mover una carga de 100 kg?

Solución

Una masa de 100 kg corresponde a una fuerza resistencia de $R = 100 \text{ kg} \cdot 9{,}8 \dfrac{\text{m}}{\text{s}^2} = 980 \text{ N}$.

Aplicando la ecuación del torno, obtenemos: $P = \dfrac{R \cdot R_r}{R_p} = \dfrac{980 \text{ N} \cdot 10 \text{ cm}}{100 \text{ cm}} = 98 \text{ N}$

El torno reduce a una décima parte la fuerza necesaria.

ACTIVIDADES

27. Queremos subir un cuerpo de 80 kg de masa con un torno, cuyo cilindro tiene un diámetro de 60 cm, y el diámetro de la manivela es un metro. Determina la fuerza que debemos realizar.

Si quisieras hacer una fuerza de 150 N, ¿qué diámetro deberíamos poner en la manivela?

Plano inclinado

El plano inclinado es una superficie inclinada con un cierto ángulo sobre la horizontal, que se utiliza para levantar grandes pesos con poco esfuerzo.

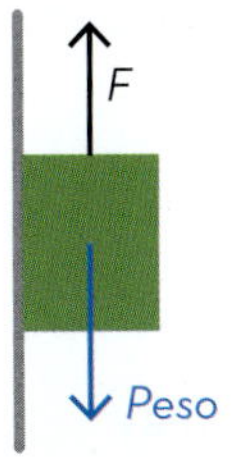

PARED VERTICAL: la fuerza F tiene la misma dirección que el peso. Por tanto, para acelerar el cuerpo hacia arriba es necesario que $F >$ Peso.

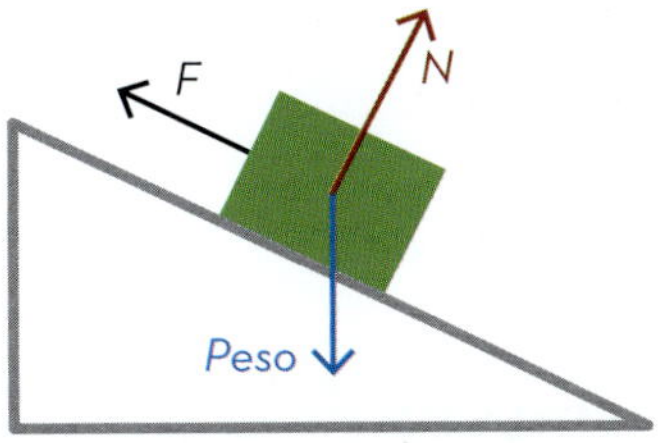

PLANO INCLINADO: ahora las tres fuerzas existentes tienen distintas direcciones. Matemáticamente puede comprobarse que el peso es neutralizado tanto por la fuerza F como por la normal N. Ahora el cuerpo puede ascender acelerando, aplicando una fuerza $F <$ Peso.

La ley del plano inclinado es: $P \cdot l = R \cdot h$

donde P y R son la fuerza potencia y resistencia (el peso que se quiere subir), l es la longitud de plano y h es la altura a la que asciende el cuerpo.

Tornillo

Un tornillo es un plano inclinado enroscado en espiral, y cada una de las vueltas se llama rosca. Para que un tornillo entre en una superficie, hay que hacerlo girar muchas veces para avanzar un poco. Sin embargo, la fuerza que se necesita para dar cada vuelta es menor que la que se necesita para clavar el tornillo sin girarlo. Transforma un movimiento giratorio en uno lineal.

SABÍAS QUE..

Las utilidades en la vida real del plano inclinado son muy variadas, como reducir el esfuerzo necesario para elevar un peso y dirigir el descenso de objetos o líquidos, subir ganado a camiones, acceder a garajes subterráneos, etc.

EL LABORATORIO EN EL AULA **Experimentamos con el plano inclinado**

2. Toma un carrito como el de la figura, coloca un peso encima y mide su masa en una balanza. Con la ayuda de un dinamómetro realiza el experimento y mide la fuerza para mantener el carrito en equilibrio.

a) ¿Es esta fuerza inferior al peso del cuerpo?

b) A continuación, aumenta la pendiente del plano inclinado. ¿Aumenta o desciende la fuerza para equilibrar el carrito? ¿Qué valor tendría si la pared fuese vertical?

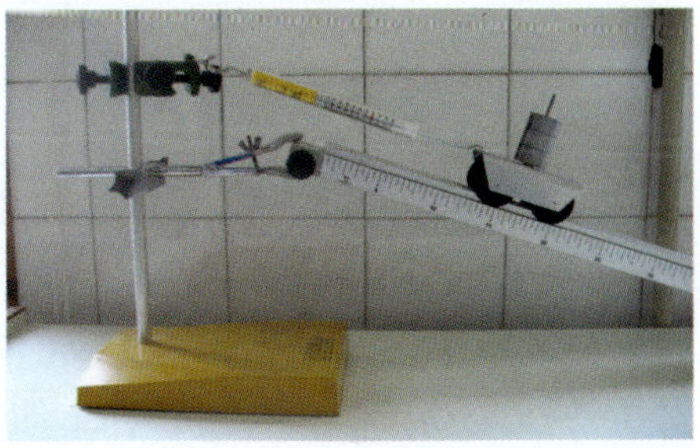

EJEMPLO RESUELTO

7. Se desea subir un objeto de 2 000 N de peso hasta una altura de 1,5 metros. Diseña un plano inclinado de manera que no tengas que aplicar una fuerza superior a 500 N para subirlo.

Solución

Aplicando la ley del plano inclinado, obtenemos: $l = \frac{R \cdot h}{P} = \frac{2\,000 \text{ N} \cdot 1{,}5 \text{ m}}{500 \text{ N}} = 6 \text{ m}$

MAPA CONCEPTUAL

Copia el mapa y complétalo con las leyes de Newton, las diferentes máquinas, los efectos de las fuerzas y las expresiones de las fuerzas que hayas estudiado.

Interacciones entre cuerpos
son descritas por
Fuerzas
empleando
LEYES DE NEWTON — permiten diseñar → **Máquinas simples**
caracterizan fuerzas destacadas como
Fuerza gravitatoria — distingue → Masa, Peso
Fuerza normal
Fuerza de rozamiento
Fuerza elástica

MIRA A TU ALREDEDOR

Newton y la ciencia en la actualidad

La mayoría de los estudiosos coinciden en que Newton (1643- 1727) tenía un carácter egocéntrico y un poco vengativo. Están documentados sus enfrentamientos con Robert Hooke, a quien Newton borró de sus escritos, despreciando las aportaciones a sus descubrimientos.

La publicación de las tres leyes de Newton en 1687 produjo un fuerte impacto en la sociedad científica de la época, debido a que lograron mostrar que los principios del Universo podían ser matemáticos, sencillos y comprensibles para todas las personas. Newton puso orden en un conjunto de ideas dispersas y mostró que tres sencillas leyes explican tanto el movimiento de los cuerpos más simples como de los lejanos planetas del Sistema Solar.

El prestigio de Newton fue tan enorme que un siglo después, cuando el resultado de un experimento parecía contradecirle, lo que se ponía en duda no era esta opinión sino el experimento.

Cuestiones

a) ¿Crees que los científicos actuales apoyan o desprestigian el trabajo de sus colegas por simpatías o intereses personales? ¿Te parece una actitud correcta?

b) ¿Qué crees que hace avanzar más a la ciencia, el trabajo de genios como Newton o las pequeñas aportaciones de muchos científicos? ¿Son necesarios ambos?

c) ¿Consideras que el trabajo de Newton otorgó prestigio a la actividad científica? ¿Crees que la ciencia goza de prestigio en la actualidad?

d) Si un experimento muestra claramente que la opinión de un gran científico es errónea, ¿qué debe prevalecer? ¿Crees que la ciencia intenta mantenerse fiel a las ideas establecidas o acepta ideas nuevas?

PRÁCTICA DE LABORATORIO

Cálculo del coeficiente de rozamiento de forma experimental

Objetivo

Calcular el coeficiente de rozamiento de un taco de madera, como el de la figura, o de cualquier otro objeto con forma de paralelepípedo, y el de una superficie de contacto que puede ser la mesa de laboratorio. Se puede extender a cualquier cuerpo que se desliza sobre cualquier material.

Material

Taco de madera, pesas de diferentes masas, dinamómetros de diferentes constantes de elasticidad y papel milimetrado.

Procedimiento

a) Calcula la masa del taco de madera con dos cifras decimales y colócalo encima de la mesa de laboratorio. Después, engancha el dinamómetro al taco según se indica en la figura. Tira del extremo del dinamómetro muy despacio para poder ser preciso y anota la fuerza que marca el dinamómetro en el momento en que el taco se mueve a velocidad constante.

Trabaja con mucha precisión y toma cinco medidas junto con tus compañeros para realizar el cálculo medio de todos los valores. Repite la operación, colocando el taco de madera en diferentes puntos de la mesa.

b) Ahora repite esta experiencia, pero colocando diferentes pesas encima del taco, y copia y completa una tabla como la siguiente, con los valores obtenidos.

m (g)	F_1 (N)	F_2 (N)	F_3 (N)	F_4 (N)	F_5 (N)	F_{media} (N)

En función de la masa del taco más las pesas te harán falta diferentes dinamómetros para poder medir las fuerzas necesarias para que el taco comience a moverse y para que la fuerza sea constante durante el movimiento.

c) Representa en una gráfica los valores de la tabla, en ordenadas las fuerzas (en Newton) y en abscisas la masa del taco (en gramos). Determina la expresión matemática que rige la función.

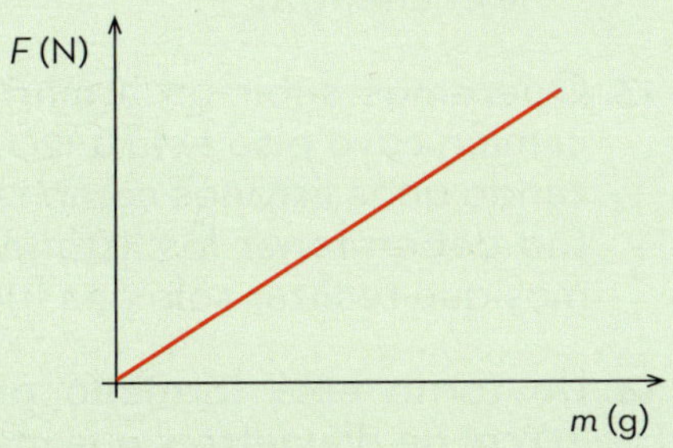

El resultado ha de ser una recta, como la de la figura, en la que la pendiente es el coeficiente de rozamiento del taco con la superficie de la mesa.
Para completar la práctica, repite la experiencia, situando el taco sobre diferentes superficies para obtener diferentes valores del coeficiente de rozamiento. Compara estos valores.

ACTIVIDADES FINALES

Actividades básicas

1. Un automóvil se desplaza por una carretera recta con una velocidad constante de 110 km/h. Indica si son verdaderas o falsas las siguientes afirmaciones:

   a) Sobre el coche no actúa ninguna fuerza porque no existe aceleración.

   b) Sobre el coche actúan dos fuerzas que se equilibran: la fuerza que ejerce el motor y el peso del coche.

   c) La resultante de todas las fuerzas que actúan sobre el coche es cero.

   d) Sobre el coche solamente actúa una fuerza: la que ejerce el motor.

2. Una furgoneta que transporta un paquete frena bruscamente. Indica la respuesta correcta y explícala:

   a) El paquete no se mueve.

   b) El paquete tiende a irse hacia adelante.

   c) El paquete tiende a irse hacia atrás.

3. Una moto con su tripulante pesan 300 kg y en un momento dado poseen una aceleración de 3 m/s^2. ¿Cuál es la fuerza que está ejerciendo el motor?

4. El motor de un vehículo de 1 500 kg tira con una fuerza de 3 500 N. Calcula la aceleración producida y la velocidad del vehículo 10 segundos después de realizarse esta fuerza, si el vehículo inicialmente estaba en reposo.

5. ¿Por qué al correr por la playa tu pie empuja arena hacia atrás? Explica en qué ley de Newton basas tu respuesta.

6. Tu bicicleta pesa 130 N, ¿pesará igual en la Luna? ¿Cuál será la masa de tu bicicleta en la Tierra y en la Luna?

7. ¿Cuál será la fuerza mínima que debes aplicar para conseguir mover una mesa que pesa 150 N por un suelo cuyo coeficiente de rozamiento entre la mesa y el suelo es de 0,15?

8. Se observa que al ejercer una fuerza de 10 N sobre un muelle este se alarga 3 cm. ¿Cuánto se alargará si se le somete a una fuerza cinco veces mayor?

9. En un experimento con un dinamómetro se reflejaron las siguientes medidas:

F (N)	0	2	4	6	12
Deformación (cm)	0	3	6	9	18

   Calcula:

   a) La constante elástica del muelle del dinamómetro en N/m.

   b) La fuerza cuando se estira 30 cm.

   c) Cuál será el alargamiento del muelle cuando se aplique una fuerza de 18 N.

10. En una palanca hay una carga de 20 kg a 2,7 m del eje. ¿Cuál es el valor de la potencia si esta se efectúa a 1,3 m del eje?

11. Una carretilla de masa despreciable mide 1 m de largo y está cargada con unos libros, cuya masa es de 20 kg. ¿Cuál es la distancia que hay entre el punto de apoyo y la carga si la fuerza aplicada por el estudiante es de 100 N?

12. Si la Luna está atraida por la Tierra:

    a) ¿Por qué no colisiona con ella?

    b) ¿Qué le ocurriría a la atracción con la Tierra, si redujera su masa a la mitad?

    c) ¿Cómo variaría la fuerza de atracción, si se alejara al doble de la distancia a la que se encuentra?

13. Queremos subir un armario de 150 kg a un camión cuyo piso está a 120 cm del suelo, utilizando unos listones como rampa. ¿Qué longitud deben tener los listones para que tengamos que realizar solo una fuerza de 100 N?

14. Un torno está formado por un cilindro de 30 cm de diámetro y una manivela, cuyo radio es de 30 cm. ¿Qué peso podremos levantar con una fuerza de 200 N?

15. Nuestras naves más veloces viajan a 40 km/s. ¿Cuánto tiempo tardaremos en llegar a la galaxia Andrómeda si está a 2 538 años luz?

Actividades de consolidación

16. Sobre un cuerpo de 3 kilogramos de masa se aplican en dirección horizontal fuerzas de 7 N, 8 N y 9 N. Calcula con qué aceleración y en qué sentido se moverá el cuerpo si dos de las fuerzas van en un sentido y la otra en sentido contrario, y en todos los casos la fuerza de rozamiento del cuerpo con la superficie donde se desliza es de 0,5 N (estudia todas las posibilidades).

17. Sobre un globo, cuya masa total es de 100 kg, actúa una fuerza hacia arriba de 1 500 N.

a) ¿Asciende o desciende el globo? ¿Cuánto vale su aceleración?

b) ¿Cuánto habrá modificado su altura al cabo de 5 s?

c) Si el mencionado globo se despoja de 50 kg, ¿con qué aceleración se mueve ahora?

18. ¿Por qué es más difícil andar sobre hielo que sobre cemento? ¿En qué ley de la dinámica se basa este hecho?

19. Intentas mover un objeto pesado y no lo consigues. Indica las fuerzas que intervienen y por qué tu fuerza no causa movimiento.

20. Elena está construyendo un dinamómetro casero. Cuelga del muelle un cuerpo de 300 gramos y mide que se produce una deformación de 4 cm. Con esta medición se propone realizar la escala del dinamómetro. ¿Qué valor de la deformación corresponde con una fuerza efectuada sobre el dinamómetro de 1 N? ¿Y con una fuerza de 10 N?

21. Una barra de 2 m actúa como palanca de primer género. Si queremos mover una piedra de 150 kg situando el punto de apoyo a 50 cm de la piedra, ¿qué fuerza debemos aplicar?

22. Dos niños se sientan en un balancín. Uno pesa tres veces más que el otro. ¿Dónde se debe colocar el que pesa menos para que ambos puedan balancearse?

Actividades avanzadas

23. La siguiente gráfica corresponde a la fuerza aplicada sobre un cuerpo y la aceleración que esta fuerza produce.

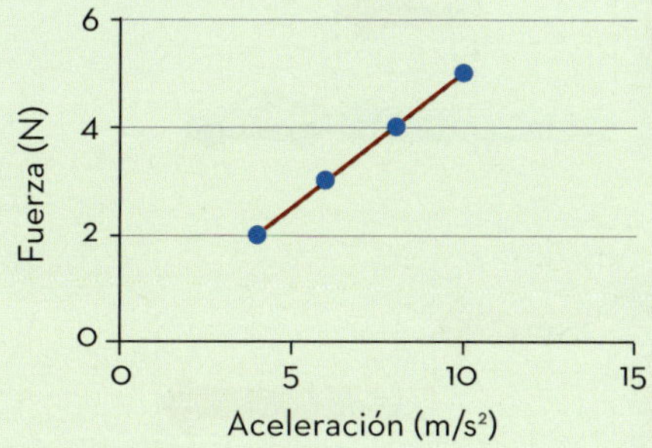

a) ¿Cuál es la masa del cuerpo?

b) Modifica la gráfica, si comienza a soplar viento en contra del movimiento del cuerpo con una fuerza de 1 N.

24. Laura está empujando un bloque de madera por el suelo. La gráfica representa la fuerza efectuada por Laura frente a la aceleración del bloque. Teniendo en cuenta que el bloque empieza a acelerar cuando Laura empuja con 3,5 N, responde:

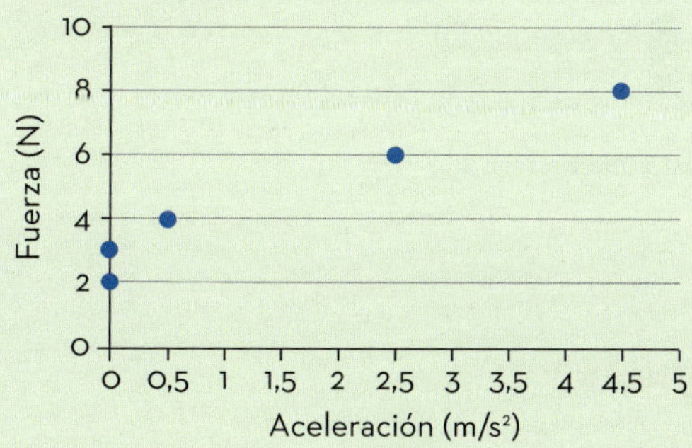

a) ¿Cuál es el valor de la fuerza resultante cuando Laura empuja el bloque con una fuerza de 2 N? ¿Y cuándo Laura empuja con 6 N? ¿Y cuándo empuja con 8 N?

b) ¿Cuánto vale el coeficiente de rozamiento entre el bloque y el suelo?

25. ¿Por qué las tijeras de cortar papel tienen las hojas más largas y el mango corto, mientras que en las de podar ocurre al revés?

La distancia de frenado

PISA

Dist. Frenado = Dist. Reacción + Dist. Frenado

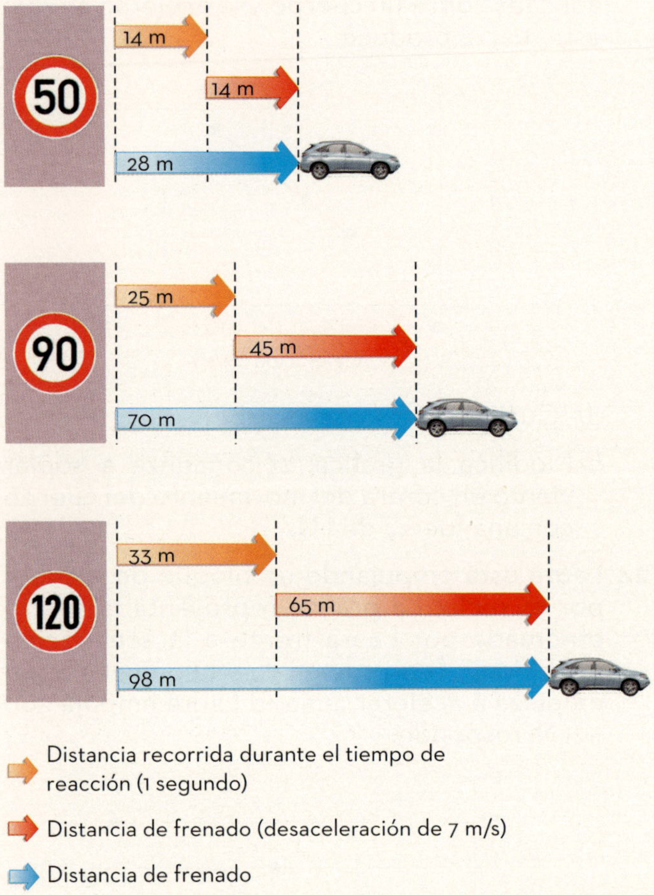

Pregunta 1

En la imagen puedes observar las distancias de frenado estimadas para suelo seco en función de la velocidad a la que vaya el vehículo.

¿Por qué la distancia de frenado es mayor cuanto mayor es la velocidad?

¿Consideras correcto limitar la velocidad en población a 50 km/h?

¿Y a 20 km/h en las cercanías de los colegios?

Pregunta 2

¿Cómo crees que son las distancias de frenado en caso de suelo mojado o con hielo?

¿Por qué se recomienda mantener los neumáticos en perfecto estado?

¿Qué les sucede a los neumáticos con el uso y cómo influye este hecho en la distancia de frenado?

Pregunta 3

¿Cuánto tiempo tardas en consultar un mensaje de *whatsapp*?

Emplea la información de la imagen para explicar el motivo de que sea tan peligroso circular hablando por el móvil.

¿Consideras adecuada la prohibición de usar el móvil mientras se está conduciendo?

Pregunta 4

Si el coche en el que viajas se encuentra cargado con equipaje y cuatro pasajeros, ¿habría que modificar el comportamiento y la velocidad? ¿En qué ley te basas?

Pregunta 5

En el año 2014 se han producido 90 000 accidentes con una persona lesionada o más y en ellos han fallecido 1 680 personas. Desde tu punto de vista, ¿qué sería más importante para reducir el número de accidentes: mejorar el estado de las carreteras, mejorar los sistemas de seguridad de los vehículos o mejorar el comportamiento de los conductores?

Fotografía la Física

→I Tarea competencial

Objetivo

En esta unidad didáctica has estudiado conceptos de aplicación constante en nuestra vida diaria. La mayoría de la población no es consciente de todo lo que la física puede explicar acerca de lo que nos sucede cada día. Además, es muy común considerar que la ciencia y la cultura son conceptos totalmente separados.

El objetivo de esta tarea es organizar una exposición de fotografía científica en la que demostréis que los conceptos estudiados influyen continuamente en nuestra vida diaria, y que esta influencia es posible mostrarla de manera visual, atractiva y divertida.

Producto final

El producto final es un conjunto de cuatro a seis fotografías o fotomontajes que muestren conceptos estudiados en la unidad. El empleo de fotomontajes será necesario en ocasiones para mostrar movimientos, fuerzas, deformaciones, etc.

Vuestro profesor os informará sobre si debéis imprimir los fotomontajes o si los grabáis en algún soporte digital o soporte online, como *Facebook*, *Picasa*, *Instagram* o un blog realizado para este proyecto.

Pasos que debes realizar

Una posible secuencia de pasos para llevar a cabo esta tarea es la siguiente:

1. Haz una lista de los conceptos de la unidad y piensa en ejemplos de la vida diaria en los que se pongan de manifiesto estos conceptos. Selecciona cuatro o seis conceptos y piensa en la imagen que vas a fotografiar para mostrar cada uno de ellos.
2. Piensa en la mejor manera de fotografiar el concepto físico. Trata de que tu fotomontaje sea atractivo visualmente, creativo y que muestre el concepto de una manera clara y original.
3. Consigue la mejor cámara de fotos que sepas manejar. Es posible que con la cámara de tu móvil no logres resultados con una calidad suficiente.
4. Haz las fotografías. Para cada concepto físico, haz varias fotos para poder elegir las necesarias en el momento en que prepares la entrega. En las fotografías pueden aparecer todas las personas que consideres oportunas, pero debes pedirles permiso por si no quieren aparecer.
5. Añade un título a cada fotografía o fotomontaje y acompáñalo de un breve texto explicativo de unas tres líneas. El título y el texto deben ayudar a comprender el concepto físico que ilustra, pero tampoco es adecuado explicarlo todo completamente. La idea es que la persona comprenda el concepto físico ilustrado de una manera sencilla.

6 LA ELECTRICIDAD

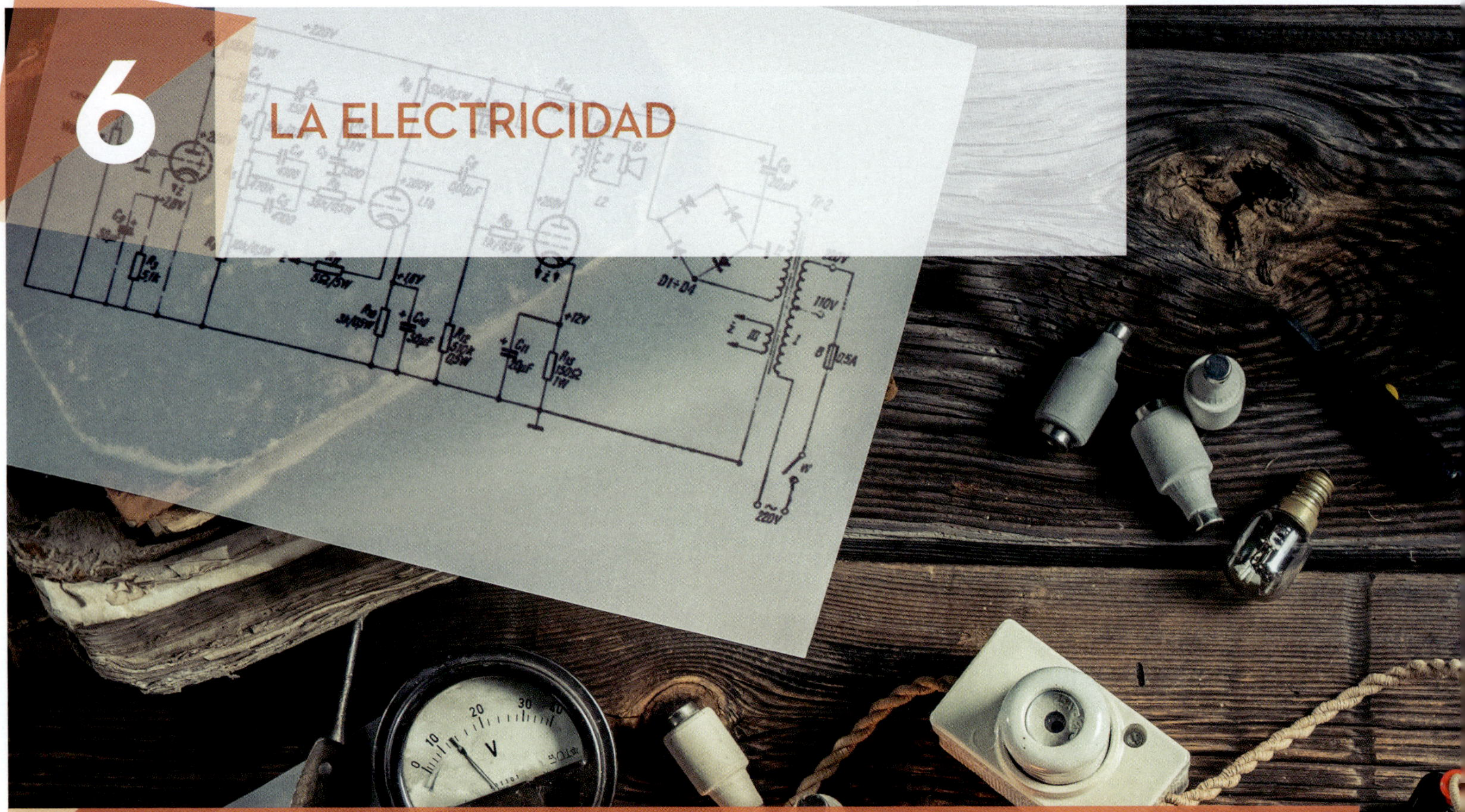

En 1831, después de que el físico inglés Michael Faraday descubriera que un campo magnético podía generar una corriente eléctrica, el ministro de Hacienda inglés le preguntó para qué podría servir la electricidad, a lo que Faraday respondió: «Un día, señor, podrá gravarla con impuestos». En 1880 se creó el primer impuesto sobre la electricidad en Inglaterra.

El siglo XIX fue la cuna de la electricidad y, antes de que Faraday descubriera la inducción electromagnética, Franklin ya había inventado el pararrayos, Volta había construido la primera pila en 1800, Oersted descubrió que una corriente eléctrica produce, a su vez, un campo magnético y Ohm encontró la relación entre las magnitudes de un circuito eléctrico.

Durante el siglo XX, el siglo de las dos guerras mundiales y de la bomba atómica, el de la creación del primer ordenador y de la llegada del ser humano a la Luna, el papel de la electricidad se consolidó como elemento indispensable en el aprovechamiento de las distintas fuentes de energía.

Hoy, cuando el siglo XXI ya camina con paso firme hacia su futuro, sumergidos totalmente en la aldea global, en la web 2.0 y en el vaivén arrollador de las redes sociales, cuando todo nuestro mundo y nuestro universo caben holgadamente en nuestro *smartphone* o nuestra tablet, hoy, precisamente hoy, ya nadie discute la importancia vital de la electricidad en nuestras vidas.

Sumario

Te proponemos un reto

Las experiencias de Oersted y Faraday, realizadas durante el siglo XIX, pusieron de manifiesto que la electricidad y el magnetismo son dos caras de la misma moneda. Para ilustrarlo, vamos a construir uno de los dispositivos más importantes de nuestra vida diaria: el **electroimán.**

Con una pila de petaca, un cable largo de cobre y un clavo de hierro, realiza el siguiente montaje:

Antes de cerrar el circuito, coloca el clavo de hierro al lado de unos clips y comprueba que, como era de esperar (ya que el hierro no es un imán), los clips no son atraídos. Ahora cierra el circuito y acerca el clavo a los clips. ¿Qué ocurre? ¿Se ha convertido el clavo de hierro en un imán? Desconecta el circuito. ¿Sigue comportándose como un imán? Vuelve a conectar el circuito. ¿Y ahora? ¿Es de nuevo un imán?

Como puedes ver, la electricidad puede transformar un trozo de hierro en un imán temporal: el electroimán. La electricidad y el magnetismo son, pues, dos hermanos inseparables.

A lo largo de esta unidad, no solo aprenderás cuestiones fascinantes como estas, sino que, además, sabrás cómo funciona un timbre o un altavoz, o cuáles son las medidas de seguridad que debemos tener en cuenta frente a la electricidad, y, al final, te convertirás en el profesor Electrikón para concienciar a tus familiares de la importancia que tiene la electricidad en sus vidas.

1 La naturaleza eléctrica de la materia

Los rayos son fenómenos eléctricos espectaculares.

En el siglo VI a. C., **Tales de Mileto** descubrió que el ámbar, al ser frotado, adquiría la propiedad de atraer pequeños trozos de hilo o partículas de polvo. De aquí proviene el término **electricidad,** ya que la palabra ámbar, en griego, se denomina *elektron*. Desde entonces hasta hoy muchos científicos han hecho aportaciones al estudio de la electricidad, lo cual ha supuesto una mejora de la tecnología y de las condiciones de vida de las personas.

1.1. Fenómenos eléctricos

En la naturaleza existen multitud de fenómenos eléctricos que, desde la Antigüedad, han fascinado y atemorizado, por igual, a los seres humanos.

ELECTRICIDAD 2.0

Entra y aprende sobre la historia de la electricidad:

goo.gl/J1aQtC

Infografía sobre rayos y pararrayos:

goo.gl/tX220

PIENSA Y RAZONA

La siguiente imagen está asociada a algún fenómeno eléctrico:
¿Qué crees que va a ocurrir?
Intenta explicar el porqué.

En todos los fenómenos eléctricos que se producen entre dos cuerpos hay algo en común: existe un flujo de carga eléctrica entre ellos.

EXPERIMENTA **Dando vida al aluminio**

1. Vas a realizar un experimento sencillo sobre fenómenos eléctricos. Necesitas un rollo de aluminio, unas tijeras, un globo y pegamento.
   - Recorta tres tiras de aluminio de 1 cm x 20 cm y pégalas en cruz formando una bola cerrada como la de la imagen.
   - Infla el globo y frótalo con lana. Acércalo a la bola de aluminio (sin tocarla) y anota lo que ocurre.
   - Ahora, aproxima el globo a la bola hasta tocarla. Vuelve a acercar el globo a la bola. ¿Qué ocurre ahora? Intenta explicarlo.

ACTIVIDADES

1. **Pon diez ejemplos de aparatos tecnológicos que funcionen gracias a la electricidad.**
2. **Busca información en esta página: goo.gl/J1aQtC y realiza una línea del tiempo sobre la historia de la electricidad.**

1.2. La carga eléctrica y los átomos

En todos los fenómenos eléctricos aparece una magnitud nueva para nosotros: la **carga eléctrica.** Pero, ¿de dónde procede la carga?

PIENSA Y RAZONA

Observa la siguiente situación:

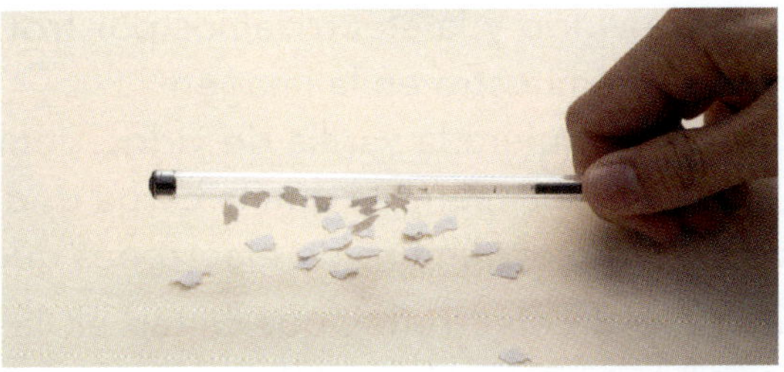

¿Ocurre algo? ¿Qué habrá que hacer para observar el fenómeno de la atracción electrostática?

Por tanto, podemos decir que un cuerpo tiene carga eléctrica neta distinta de cero («está cargado») cuando posee un **exceso** o **defecto de electrones.** En el primer caso se dice que tiene una **carga eléctrica negativa** (electrones de más), y en el segundo caso, **positiva** (electrones de menos). Si un cuerpo está cargado puede provocar los fenómenos eléctricos estudiados anteriormente. En caso contrario, cuando un cuerpo no tiene ni exceso ni defecto de electrones, se dice que es **neutro,** y se podría cargar mediante **electrización.**

RECUERDA

En el modelo atómico de Rutherford, en principio, los átomos son neutros: tienen igual número de electrones (carga negativa) y protones (carga positiva).

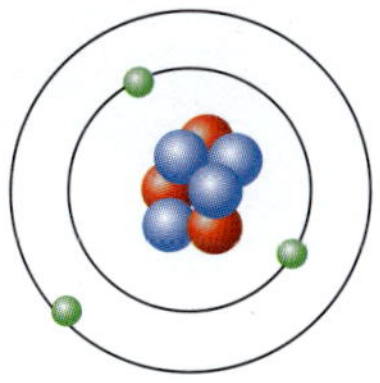

Cuando el átomo pierde electrones se queda con carga positiva, y cuando gana electrones, con carga negativa.

EL LABORATORIO EN EL AULA **El péndulo eléctrico y los métodos de electrización**

1. Ahora vamos a estudiar los tres métodos de electrización que existen: frotamiento, inducción y contacto. Necesitas el siguiente material: una varilla de plástico, un paño de lana y un **péndulo eléctrico** (péndulo formado por una bolita ligera recubierta de papel de aluminio).
   - **Electrización por frotamiento.** Coge la varilla de plástico y frótala con el paño de lana. Ambos quedarán cargados con distinto signo.
   - **Electrización por inducción.** Acerca la varilla a la bolita del péndulo y observarás cómo se produce una atracción entre ambos. La carga negativa de la varilla induce en la bolita un movimiento de los electrones: se alejan, por repulsión, hacia el extremo más alejado de la varilla, dejando la otra cara de la bola con carga positiva. Esto provoca una atracción entre la bola y la varilla.
   - **Electrización por contacto.** Toca la bolita con la varilla y observa cómo la bolita es repelida. Al establecerse un contacto, algunos electrones de la varilla pasan a la bola, cargándose esta negativamente y produciéndose, por tanto, una repulsión entre cargas de igual signo.

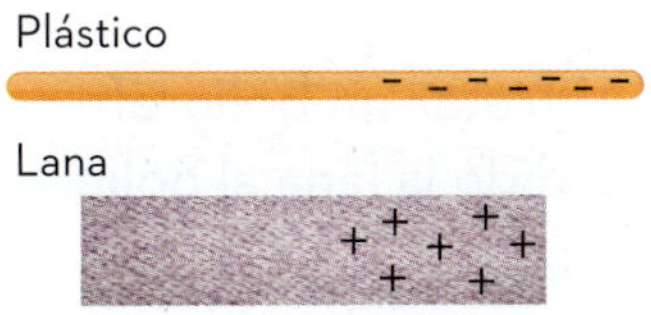

Electrización por frotamiento

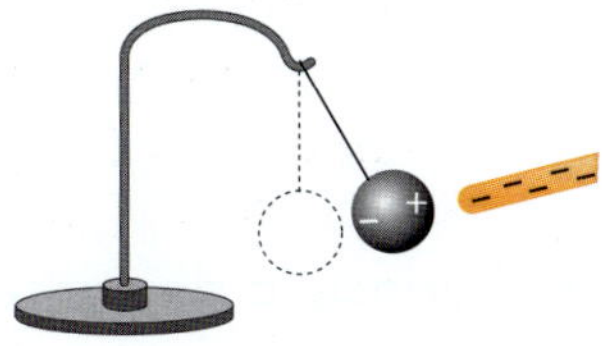

Electrización por inducción

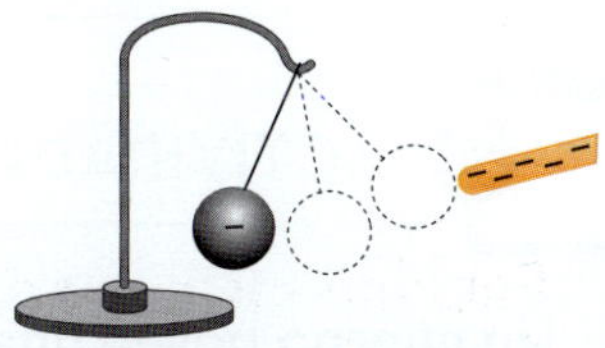

Electrización por contacto

1.3. Propiedades de la carga eléctrica

Un cuerpo cargado, con una carga q, puede atraer o repeler a otro objeto cargado o inducir carga en un cuerpo neutro. La **unidad de la carga eléctrica** en el SI es el **culombio (C),** en honor al ingeniero francés Charles A. Coulomb.

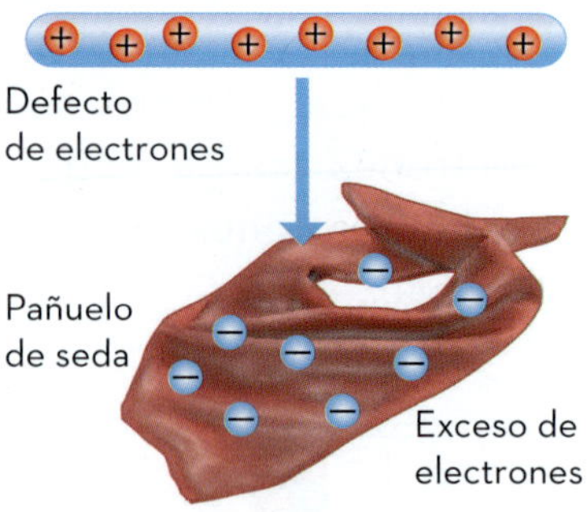

PIENSA Y RAZONA

Si cogemos una varilla de vidrio y la electrizamos por frotamiento, las cargas se distribuyen tal y como se muestra en la imagen:

La carga eléctrica, q_1 que adquiera la varilla de vidrio dependerá del número de electrones que haya cedido, mientras que la carga q_2 del pañuelo de seda estará en relación directa con el número de electrones que haya captado.

- ¿Crees que el número de electrones que faltan en la varilla es el mismo que se encuentra en exceso en el pañuelo?

RECUERDA

El **culombio** (C) es una unidad de carga muy grande; se emplean submúltiplos: miliculombio (mC) y microculombio (μC):

$$1\ \text{mC} = 10^{-3}\ \text{C}$$

$$1\ \mu\text{C} = 10^{-6}\ \text{C}$$

Podemos establecer las siguientes **propiedades** de la carga eléctrica:

- **Conservación de la carga eléctrica.** La carga eléctrica total se conserva:

$$q_1 = -q_2 \rightarrow q_1 + q_2 = 0$$

- **Cuantización de la carga.** La carga eléctrica de un cuerpo cargado es un múltiplo entero *(n)* de la carga del electrón *(e)*:

$$q_1 = -n\,e \qquad q_2 = n\,e$$

Estas propiedades implican que la carga eléctrica ni se crea ni se destruye, y que su valor está directamente relacionado con el número de electrones.

EJEMPLO RESUELTO

1. Al frotar un bolígrafo con un jersey de lana, aquel adquiere una carga $q_1 = -0{,}5\ \mu\text{C}$. ¿Cuántos electrones ha cedido la lana al bolígrafo? ¿Qué carga, q_2, tiene ahora tu jersey? (Dato: carga del electrón, $e = -1{,}6 \cdot 10^{-19}$ C.)

Solución

El número de electrones puede calcularse como:

$$\text{n.º electrones} = \frac{\text{carga total}}{\text{carga electrón}} = \frac{-0{,}5 \cdot 10^{-6}\ \text{C}}{-1{,}6 \cdot 10^{-19}\ \text{C}} \simeq 3 \cdot 10^{12}$$

Por el principio de conservación de la carga eléctrica, la carga que adquiere el jersey de lana mediante frotamiento es la misma que la del bolígrafo, pero con signo contrario: $q_2 = 0{,}5\ \mu\text{C}$.

ACTIVIDADES

3. **Un cuerpo posee una carga de $-15\ \mu\text{C}$. Calcula el número de electrones que tiene en exceso.**

4. **Calcula la carga que adquiere un cuerpo cuando cede 4,5 billones de electrones.**

Sabemos que la carga eléctrica de un sistema aislado se conserva y que, además, está cuantizada (es un múltiplo de la carga del electrón). Pero: ¿cómo medimos la carga eléctrica?

EL LABORATORIO EN EL AULA **El electroscopio: detectando la carga eléctrica**

2. Para detectar la presencia de carga eléctrica se utiliza un aparato llamado **electroscopio.** Vamos a aprender a usarlo. Necesitamos el siguiente material: una varilla de plástico, una varilla de vidrio, un trozo de lana, un trozo de seda, un cable y el electroscopio.

- Carga la varilla de plástico por frotamiento con la lana. Toca con la varilla la esfera metálica del electroscopio y observa cómo se abren las laminillas metálicas. Una mayor separación de las laminillas indica mayor carga de la varilla de plástico.
- Descarga el electroscopio conectándole el cable a tierra.
- Realiza el mismo experimento con la varilla de vidrio frotada con seda. Vuelve a descargar el electroscopio.
- Ahora, al electroscopio cargado con carga negativa (utiliza la varilla de plástico cargada), aproxímale la varilla de vidrio cargada. Observa cómo se aproximan las laminillas.

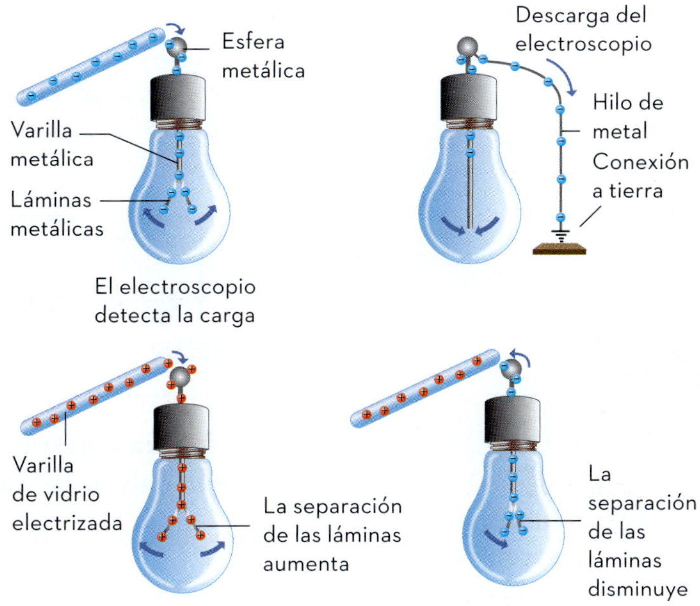

a) ¿Puedes explicar lo sucedido en el último punto?

b) Explica los métodos de electrización que se han puesto en juego durante el experimento.

EXPERIMENTA **Construcción de un electroscopio casero**

2. Vas a construir un electroscopio casero. Necesitas el siguiente material: un tarro de vidrio, papel de aluminio, un alambre grueso, un trozo de corcho y pan de oro.

- Haz una bola con el papel de aluminio y clávale el trozo de alambre grueso.
- Haz un agujero en la tapadera del tarro, lo suficientemente grande para introducir el trozo de corcho.
- Dobla el otro extremo del alambre y cuelga dos tiras de pan de oro (o papel de aluminio), tal y como se indica en la figura. ¡Ya tienes tu electroscopio!
- Ahora, pruébalo. Electriza por frotamiento pequeños objetos caseros (un bolígrafo, un peine, un globo...) y comprueba cómo funciona.
- Realiza un tutorial, explicando cómo hacer el electroscopio, cómo funciona y para qué sirve.

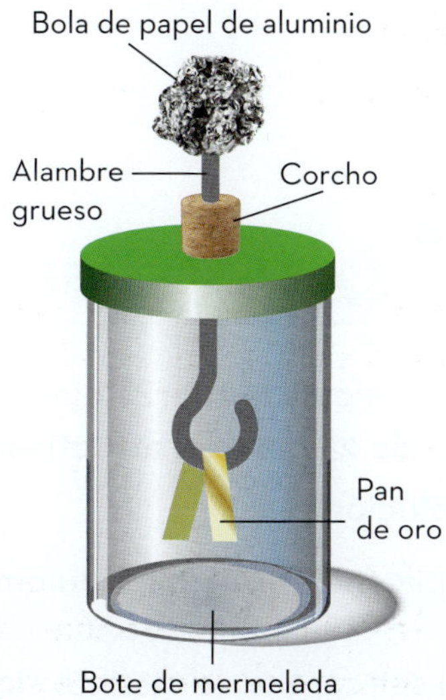

1.4. La fuerza eléctrica

Cargas del mismo signo se repelen y cargas de distinto signo se atraen. Pero, ¿por qué ocurre esto? ¿Qué fuerza o interacción actúa entre las cargas?

PIENSA Y RAZONA

Supón que electrizamos, por contacto, las bolitas de dos péndulos eléctricos y los colocamos uno frente al otro.

Razona cómo es la fuerza en cada caso: atractiva o repulsiva. ¿Depende el valor de la fuerza de la distancia que separa las bolas y de la carga que poseen?

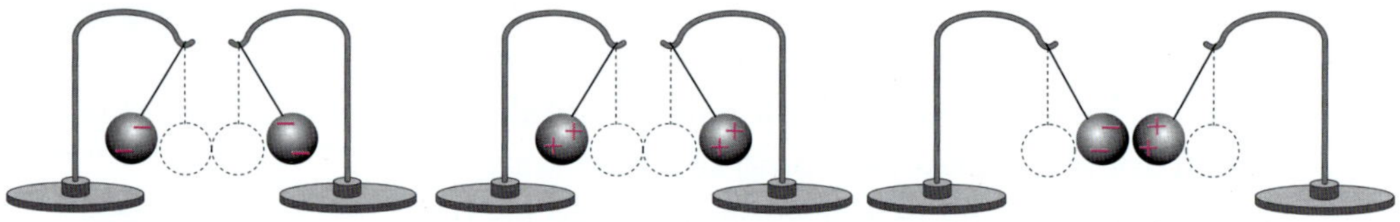

RECUERDA

Toda **fuerza** o **interacción** puede provocar dos efectos en un cuerpo: alteración del estado de movimiento o deformaciones.

La **unidad** de fuerza en el SI es el **Newton (N).**

Aunque las fuerzas son magnitudes vectoriales, aquí solo las trabajaremos con el módulo.

La **fuerza eléctrica** que existe entre dos cargas depende, principalmente, de dos variables: las **cargas, *q*** y la **distancia de separación, *r*,** entre ellas.

Ley de Coulomb

En 1785, y tras realizar experimentos con una balanza de torsión, el ingeniero francés Charles Coulomb enunció la ley que lleva su nombre.

> La **ley de Coulomb** establece que la **fuerza eléctrica** entre dos **cargas**, q_1 y q_2, separadas una **distancia** r, es directamente proporcional al producto de las dos cargas, e inversamente proporcional al cuadrado de la distancia que las separa.
>
> $$F = K \cdot \frac{q_1 \cdot q_2}{r^2}$$
>
> El valor de la constante K en el vacío es $K = 9 \cdot 10^9 \ \mathrm{N \cdot m^2/C^2}$.

Esta **fuerza** es **repulsiva** (F tiene signo +), para cargas de igual signo, y **atractiva** (F tiene signo –) para cargas de distinto signo.

EJEMPLO RESUELTO

2. **Calcula la fuerza eléctrica que existe entre dos cargas $q_1 = +5\ \mu C$ y $q_2 = -10\ \mu C$, separadas una distancia de 25 cm. ¿Es atractiva o repulsiva?**

Solución

Aplicando la ley de Coulomb: $F = K \cdot \frac{q_1 \cdot q_2}{r^2} = 9 \cdot 10^9 \frac{\mathrm{N \cdot m^2}}{\mathrm{C^2}} \frac{(+5 \cdot 10^{-6}\ \mathrm{C}) \cdot (-10 \cdot 10^{-6}\ \mathrm{C})}{(0{,}25\ \mathrm{m})^2} = -7{,}2\ \mathrm{N}$

Al ser cargas de distinto signo, la fuerza eléctrica es atractiva, lo cual queda reflejado en el signo menos.

Analogías y diferencias con la fuerza gravitatoria

En 1687, casi cien años antes de que Coulomb enunciara su ley para determinar la fuerza eléctrica, **Newton** había obtenido la ley para la **fuerza gravitatoria.** Ambas se parecen mucho:

Fuerza gravitatoria	**Fuerza eléctrica**
$F_g = -G \cdot \frac{m_1 \cdot m_2}{r^2}$	$F_e = K \cdot \frac{q_1 \cdot q_2}{r^2}$
Ley de Newton	Ley de Coulomb

Aunque hay analogías entre las dos fuerzas, también hay diferencias.

COMPARATIVA DE LAS FUERZAS GRAVITATORIA Y ELÉCTRICA

Ley de Newton	Ley de Coulomb
Fuerza gravitatoria entre dos masas. 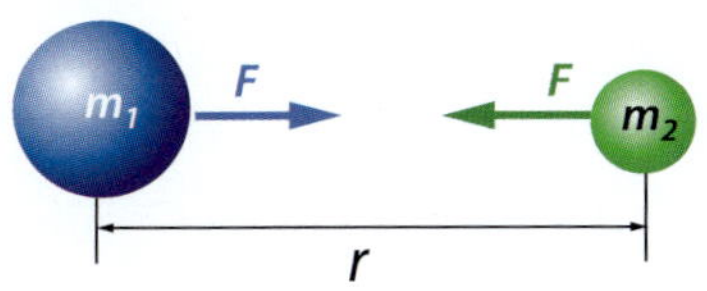 Es siempre de atracción.	Fuerza eléctrica entre dos cargas. 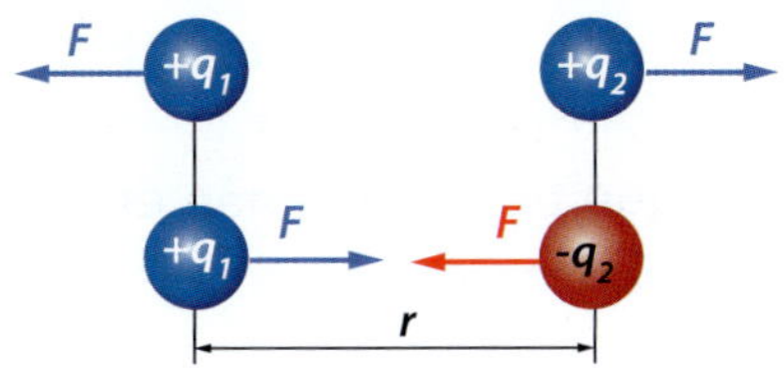 Puede ser de atracción o de repulsión.
Solo se pone de manifiesto para masas muy grandes (planetas y estrellas).	Es muy importante incluso para partículas cargadas de masa muy pequeña.
La constante de proporcionalidad es universal y su valor es muy pequeño: $G = 6{,}67 \cdot 10^{-11}$ N m²/kg²	La constante de proporcionalidad no es universal (depende del medio): $K = 9 \cdot 10^9$ N m²/C² (en el vacío)
La fuerza gravitatoria para dos partículas microscópicas es despreciable (muy pequeña).	La fuerza eléctrica para dos partículas microscópicas es 10^{39} veces mayor que la gravitatoria.

ELECTRICIDAD 2.0

Entra en estos enlaces y realiza ejercicios interactivos:

Ley de Coulomb:

goo.gl/4ff9t1

Ley de Newton:

goo.gl/bgWSwT

ACTIVIDADES

5. **Dos cargas positivas e iguales, separadas 15 cm, se repelen con una fuerza de 10 N. ¿Cuánto valen las cargas eléctricas?**

6. **Responde a las preguntas:**

   a) ¿En qué casos tiene la fuerza eléctrica el mismo signo que la gravitatoria?

   b) ¿Pueden ser las masas negativas?

   c) ¿Por qué el valor de la constante G hace que la fuerza gravitatoria solo sea apreciable para masas muy grandes (como la de los planetas)?

7. **Por grupos, realiza en el laboratorio un experimento de fuerza eléctrica, como el del Piensa y razona del epígrafe 1.4 de esta unidad, y graba un vídeo explicando la ley de Coulomb a partir de las distintas interacciones que tienen lugar entre las bolitas.**

8. **Realiza un mural con las analogías y diferencias entre la fuerza eléctrica y la fuerza gravitatoria.**

Magnetita, un imán natural.

IMPORTANTE

Existen varios tipos de sustancias magnéticas:

- **Ferromagnéticas:** son atraídas por un imán y pueden imantarse permanentemente. Ejemplo: hierro y níquel.
- **Paramagnéticas:** son atraídas en menor medida por un imán, pero no pueden imantarse permanentemente. Ejemplo: aluminio y titanio.
- **Diamagnéticas:** son repelidas por un imán. Ejemplo: cobre y oro.

SABÍAS QUE..

Si un imán se parte en dos, cada trozo se convierte en un nuevo imán:

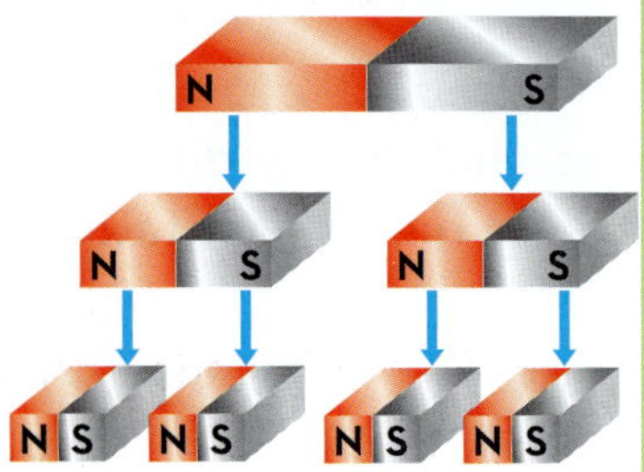

2 Electricidad y magnetismo

Antes de que el físico danés Oersted realizara su famoso experimento en 1820, ningún científico pensaba que los fenómenos eléctricos y magnéticos guardaran entre sí algún tipo de relación. Cuando finalizó el siglo XIX, nadie discutía que electricidad y magnetismo eran dos caras de la misma moneda.

2.1. El magnetismo

Los fenómenos magnéticos tienen aplicaciones en multitud de ámbitos de nuestra vida cotidiana. ¿Pero de dónde procede el magnetismo?

Imanes

Fue el filósofo **Tales de Mileto** (siglo VI a. C.) el primero en estudiar las propiedades de la magnetita, un imán natural. Desde entonces, se ha avanzado mucho en el estudio del magnetismo y el desarrollo de imanes.

PIENSA Y RAZONA

Imagina que tienes un imán entre las manos.

a) ¿Podrías atraer estos objetos con él?

Clavos de hierro

Marco de aluminio

Anillos de oro

b) Observa estas dos situaciones e indica en cuál se atraen o se repelen:

Polos opuestos enfrentados

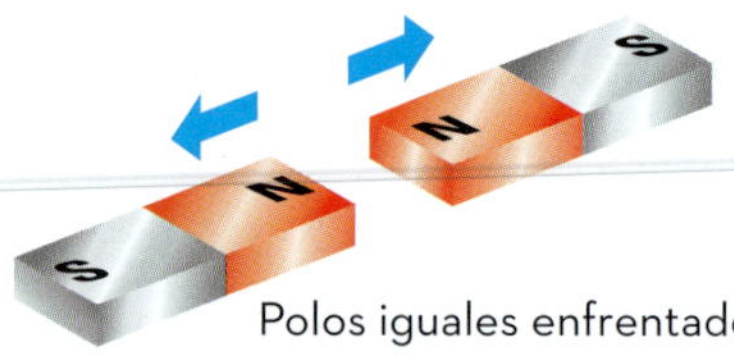

Polos iguales enfrentados

Podemos concluir, por tanto, que no todas las sustancias magnéticas son igualmente atraídas por los imanes ni presentan la misma facilidad para convertirse en imanes, es decir, para ser **imantadas** o **magnetizadas.** Además, el hecho de que los polos opuestos de un imán se atraigan hace que podamos usar la brújula para detectar el norte geográfico, pues la Tierra se comporta como un gigantesco imán debido al hierro fundido que posee en su núcleo.

ACTIVIDADES

9. Realiza un mural con diez aplicaciones de los imanes en tu vida cotidiana.

10. Busca información en Internet sobre la magnetita.

El campo magnético y la brújula

Con un imán y un clavo puedes comprobar fácilmente que, a partir de una determinada distancia, no se produce la atracción magnética, es decir, el clavo se ha colocado fuera del campo magnético del imán.

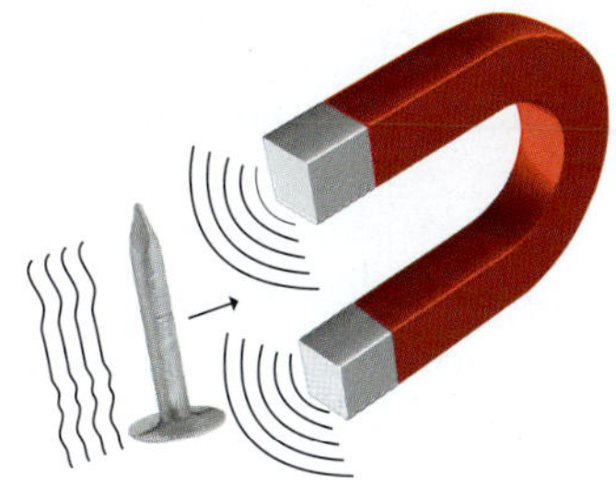

El clavo es atraído por el imán cuando está dentro de su campo magnético.

> En una región del espacio existe un **campo magnético** si en ella pueden detectarse los efectos del magnetismo.

Para representar el campo magnético se utilizan **líneas de campo** o **de fuerza.** Las líneas de fuerza de un imán son líneas cerradas que empiezan en el polo norte y terminan en el sur.

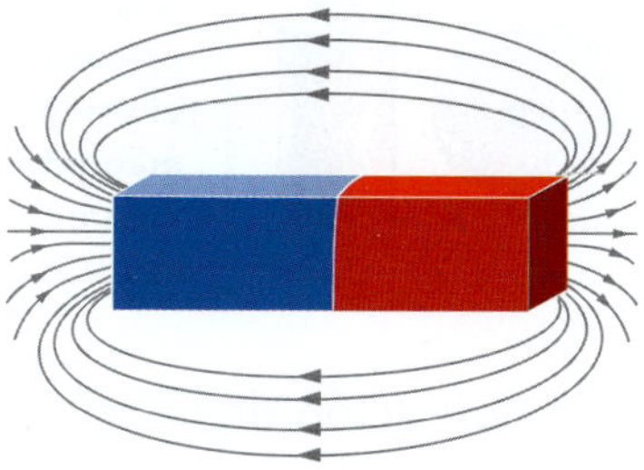

Esquema de las líneas de campo de un imán.

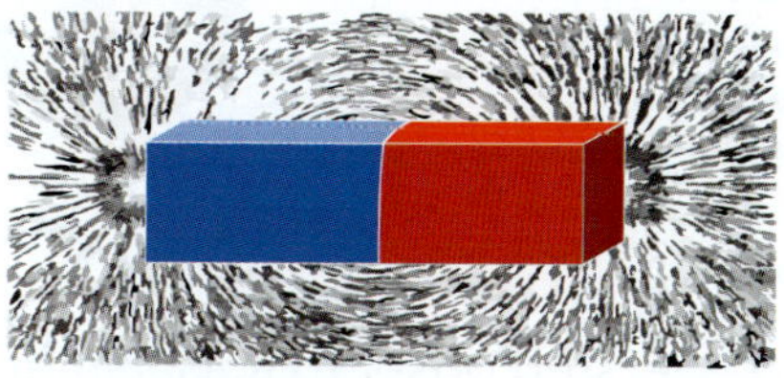

Líneas de campo de un imán (formadas a partir de limaduras de hierro).

ELECTRICIDAD 2.0

Entra y descubre experimentos para visualizar las líneas de fuerza:

goo.gl/vKk614

EL LABORATORIO EN EL AULA **Las líneas de campo**

3. Vas a visualizar las líneas de campo de dos imanes enfrentados. Para ello, necesitas: dos imanes, una hoja blanca y limaduras de hierro.

- Sitúa los dos imanes con los **polos opuestos enfrentados** y, sobre ellos, coloca una hoja. Espolvorea poco a poco las limaduras de hierro y observa las líneas de campo.
- Repite el experimento con los **polos iguales enfrentados.**

¿Qué diferencias observas entre las dos situaciones?

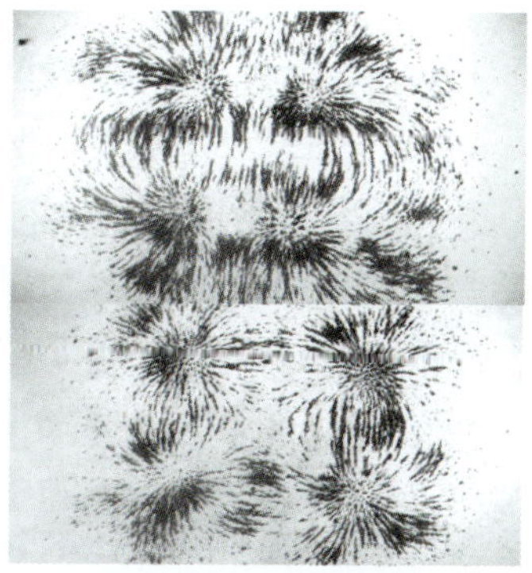

En presencia de un campo magnético, un imán se orienta de manera que las líneas de ese campo lo atraviesan entrando por su polo sur y saliendo por su polo norte. Esto implica que en el campo magnético de la Tierra una **brújula** se orienta hacia el norte geográfico, pues este es un polo sur magnético.

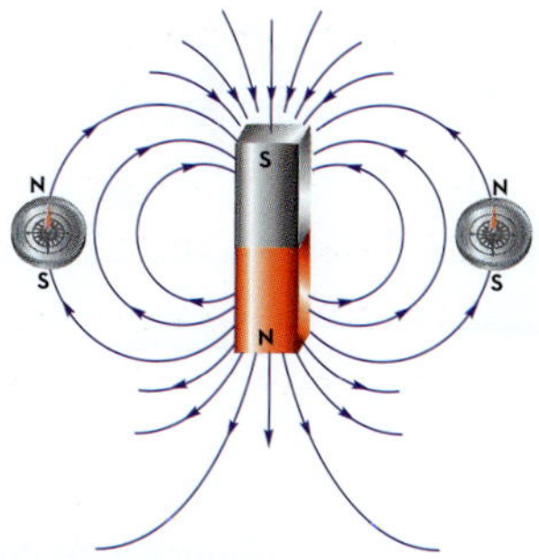

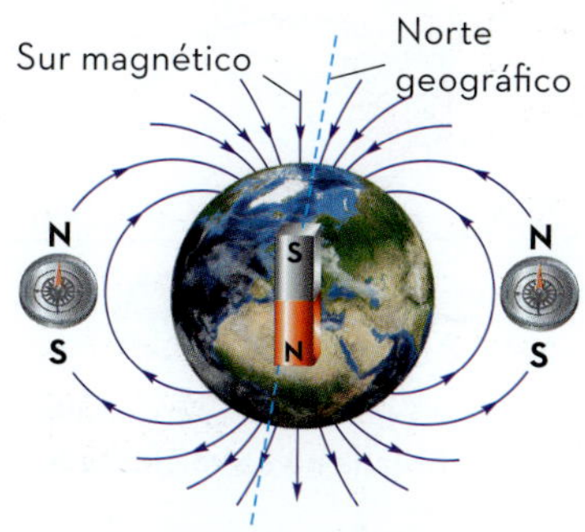

ACTIVIDADES

11. Construye una brújula elemental para localizar el norte geográfico y realiza un tutorial explicando cómo hacerlo. (Ayuda: puedes usar este enlace: goo.gl/t0Mdr1).

2.2. Electromagnetismo

ELECTRICIDAD 2.0

Aquí puedes ver una simulación del experimento de Oersted:

goo.gl/z8jNT9

Hasta ahora hemos visto electricidad y magnetismo como fenómenos independientes; veremos que pueden considerarse como inseparables.

A. Experimento de Oersted

Una brújula se orienta en presencia de un campo magnético paralela a las líneas de campo.

En ausencia de otro campo magnético **la brújula se orienta hacia el polo norte geográfico** (polo sur magnético).

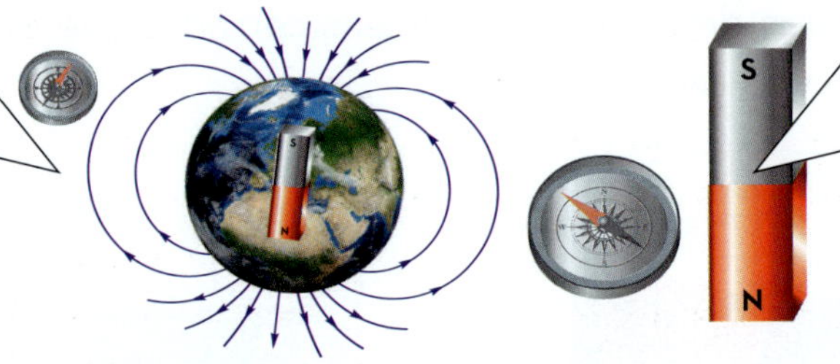

Al colocar un imán cerca **la brújula se orienta según el campo magnético del imán.**

En 1820, Oersted observó (casualmente) que la orientación de la brújula cambiaba al acercarla a una corriente eléctrica. Acababa de descubrir un fenómeno increíble: ¡una corriente eléctrica se comportaba como un imán!

EL LABORATORIO EN EL AULA La electricidad produce magnetismo

4. Realizamos el **experimento de Oersted** en el laboratorio. Necesitamos el siguiente material: una brújula, un cable con interruptor, dos soportes para el cable, un imán y una pila de 1,5 V.

- Realiza el montaje de la Figura 1. Observa que el cable lo colocamos paralelo a la aguja imantada de la brújula (dirección Norte-Sur). El interruptor está abierto y no circula corriente por el cable.
- Sitúa ahora un imán cerca de la brújula y se orientará según el campo magnético del imán (ver Figura 2).
- Retira ahora el imán y la brújula volverá a orientarse según el campo magnético terrestre. Cierra el interruptor y observa lo que ocurre. La brújula se orienta perpendicularmente al cable por el que circula corriente: la **corriente eléctrica actúa como un imán** (Figura 3).

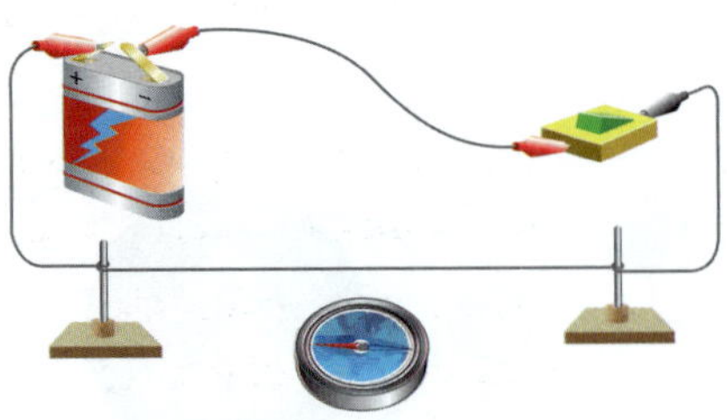

Figura 1. No circula corriente por el cable y la brújula no se ve afectada.

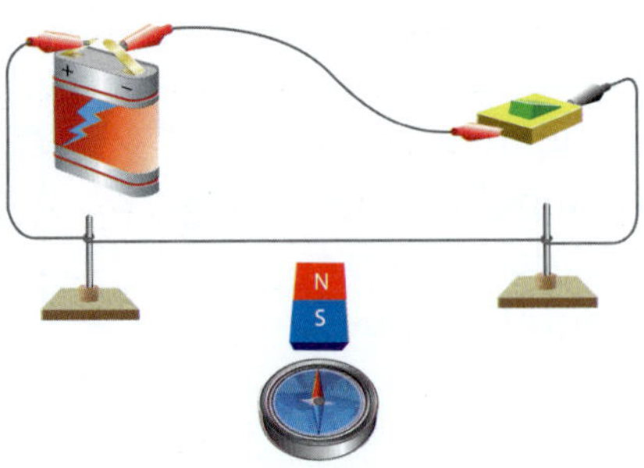

Figura 2. Al colocar un imán, la brújula sí se ve afectada y se reorienta.

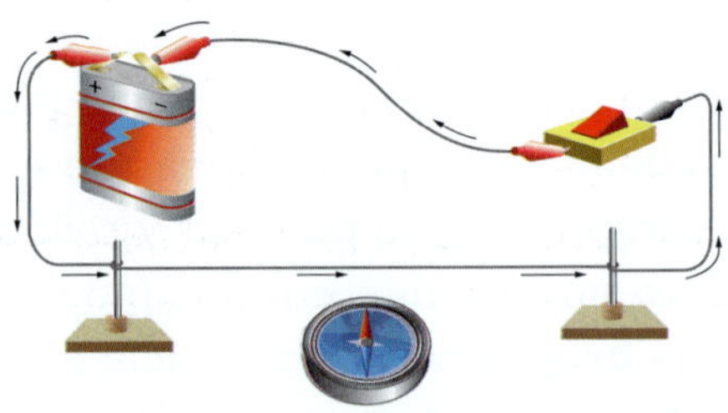

Figura 3. Circula corriente por el cable y la brújula sí se ve afectada.

- Averigua por qué se reorienta la brújula cuando pasa corriente por el cable.
- Busca información en Internet sobre aplicaciones del experimento de Oersted y realiza un informe.

Experiencias de Faraday

Si una corriente eléctrica puede generar un campo magnético, ¿puede ocurrir lo contrario? Es decir, ¿se puede cumplir justo el fenómeno inverso al descubierto por Oersted? Esta fue la pregunta que se formuló el físico y químico inglés **Michael Faraday.** Su sorpresa fue enorme cuando comprobó, en 1831, que **¡un imán podía generar una corriente eléctrica!**

EL LABORATORIO EN EL AULA **El magnetismo produce electricidad**

5. Vamos a realizar una de las **experiencias de Faraday** que le llevaron al descubrimiento de la **inducción electromagnética.** Necesitas: una espira, una bobina, cables, dos imanes y un galvanómetro (aparato para detectar corriente eléctrica).

- Realiza el montaje de la Figura 1, conectando la espira al galvanómetro, a través de los cables. Observa cómo en el circuito formado (espira-cables-galvanómetro) no se detecta paso de corriente, lo cual es lógico, pues no hay ninguna pila conectada.
- Con un movimiento rápido, acerca el polo norte del imán a la espira (como se muestra en la Figura 2) y observa algo absolutamente sorprendente: el movimiento del imán induce una corriente en el circuito, ¡sin necesidad de una pila! Este fenómeno recibe el nombre de **inducción electromagnética.**
- Ahora, deja el imán quieto en el interior de la espira. Comprobarás que no se detecta corriente eléctrica.
- Aleja ahora el imán de la espira, con un movimiento rápido, y comprueba que también se genera corriente, pero, en este caso, con sentido contrario a la anterior.
- Cambia la espira por la bobina y realiza de nuevo las experiencias anteriores. Comprueba que, en este caso, la corriente generada es mayor.

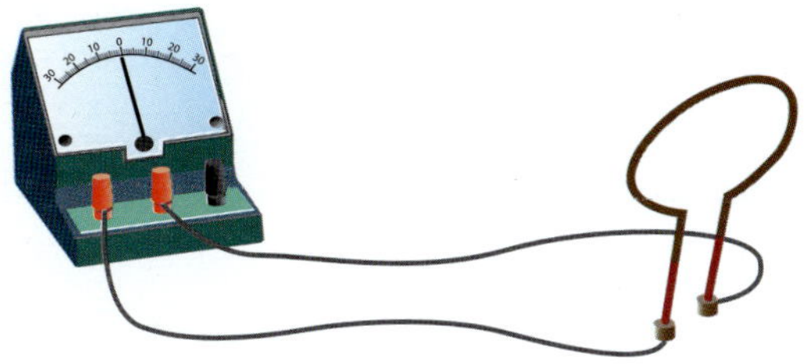

Figura 1. No se detecta paso de corriente.

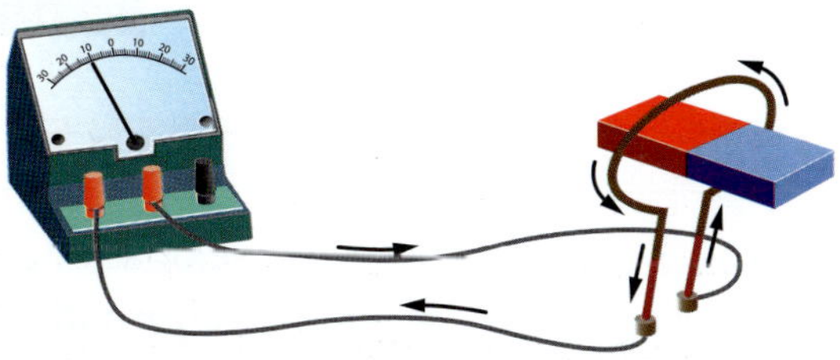

Figura 2. Al introducir el imán, se genera corriente.

Con esta experiencia y algunas más, Faraday había demostrado, de nuevo, la relación íntima entre la electricidad y el magnetismo, ahora a la inversa que Oersted: **el magnetismo puede generar electricidad**. El fenómeno por el cual se induce corriente eléctrica a partir de un campo magnético recibe el nombre de **inducción electromagnética.** Algunas de las aplicaciones de la inducción son importantísimas en nuestro día a día: el alternador, el transformador, las placas de inducción, los frenos magnéticos...

ELECTRICIDAD 2.0

Realiza el experimento de Faraday:

phet.colorado.edu/sims/faradays-law/faradays-law_en.html

ACTIVIDADES

12. **Realiza un informe con imágenes y con las conclusiones de la experiencia de Faraday realizada. Has de ir detallando, caso por caso, si se genera o no una corriente inducida en la espira (o la bobina) y por qué. Incluye también una valoración final sobre el experimento.**

13. **Busca en Internet aplicaciones de la inducción electromagnética. Anótalas en tu cuaderno.**

SABÍAS QUE..

Las **ondas electromagnéticas** (e. m.) predichas por Maxwell son usadas constantemente en nuestra vida diaria: ondas de radio y televisión, móviles, infrarrojos, luz, rayos X, microondas...

Aplicaciones del electromagnetismo

Como hemos visto, la **electricidad** y el **magnetismo** son dos manifestaciones de un mismo fenómeno más general: el **electromagnetismo.** Sus **aplicaciones** son múltiples y variadas, y tan fundamentales para nosotros, que hoy no podríamos imaginar vivir sin ellas.

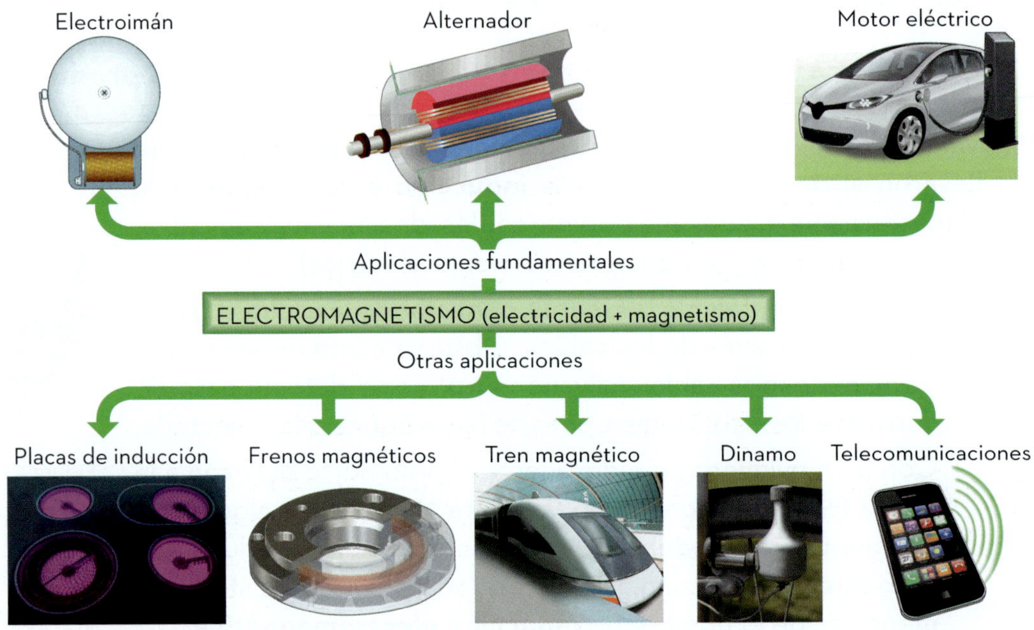

EL LABORATORIO EN EL AULA Aplicaciones fundamentales del electromagnetismo

6. Vas a aprender cómo funciona un alternador y un motor. Necesitas: un dispositivo reversible alternador-motor, dos imanes, una fuente de alimentación, cables, un polímetro y una lámpara de 1,5 V.

1.ª parte: El alternador

- Observa la Figura 1 y coloca los dos imanes sobre el dispositivo reversible que, en este caso, funcionará como alternador. Cada una de las escobillas del dispositivo debe situarse sobre uno de los anillos del colector (pide a tu profesor que te ayude con esto).
- Conecta los cables a la lámpara.
- Gira la manivela del alternador rápidamente y observarás el encendido de la lámpara. Si detienes el giro, la lámpara se apaga.

Conclusión: **el alternador transforma la energía mecánica en energía eléctrica.** Es fundamental en las centrales eléctricas.

Figura 1. El alternador.

Figura 2. El motor.

2.ª parte: El motor

- Realiza el montaje de la Figura 2. En este caso, el dispositivo reversible funcionará como un motor.
- Enciende la fuente de alimentación y sube la tensión hasta unos 5 V.
- Sube ligeramente la tensión de la fuente y observa cómo aumenta la velocidad de giro del motor.

Conclusión: **el motor eléctrico transforma la energía eléctrica en energía mecánica.** Multitud de aparatos usan motores eléctricos: el coche eléctrico, una batidora, un ventilador, un secador...

EXPERIMENTA La corriente eléctrica crea campo magnético

3. Vas a construir un electroimán como una aplicación directa del experimento de Oersted. Necesitas: un cable largo de cobre esmaltado, una pila de petaca y un clavo de hierro.
   - Enrolla el cable de cobre en el clavo de hierro, de manera que las vueltas queden muy próximas.
   - Conecta el cable a los bornes de la pila de petaca.
   - Atrae con él pequeños objetos: clips, agujas... Al desconectar los cables de la pila, el efecto magnético desaparece.

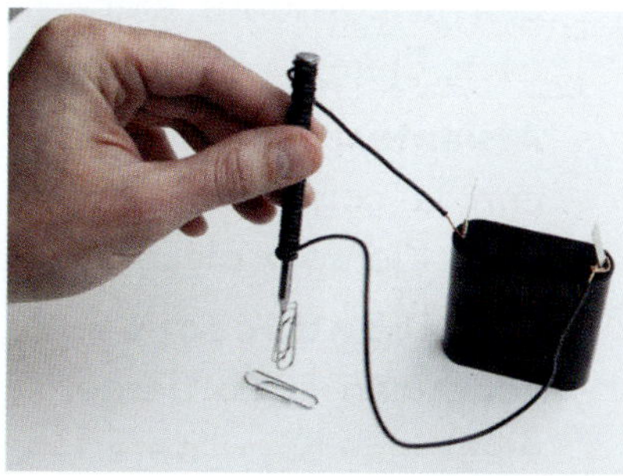

Conclusión: Un **electroimán** es un dispositivo formado por un hilo conductor enrollado sobre un núcleo de hierro dulce. Funciona a modo de imán temporal cuando la corriente eléctrica circula por el hilo.
Tarea: graba todo el experimento, realiza un tutorial sobre cómo construir un electroimán casero y enuncia posibles aplicaciones.

2.3. Las fuerzas de la naturaleza

Cuando atraes con tu bolígrafo pequeños trocitos de papel, interviene la fuerza eléctrica, y cuando dos imanes se repelen o se atraen lo hacen mediante la fuerza magnética. Como hemos visto que estos fenómenos se pueden agrupar en la categoría de electromagnéticos, a la fuerza o interacción que se pone en juego en estos casos la llamamos **interacción electromagnética.**

Todas las fuerzas de la naturaleza pueden agruparse en cuatro categorías: **gravitatoria, electromagnética, nuclear fuerte** y **nuclear débil.**

SABÍAS QUE..

Los físicos teóricos trabajan en la unificación de las cuatro fuerzas en una sola: la **superfuerza.** Se conoce como Teoría de la Gran Unificación (TGU).

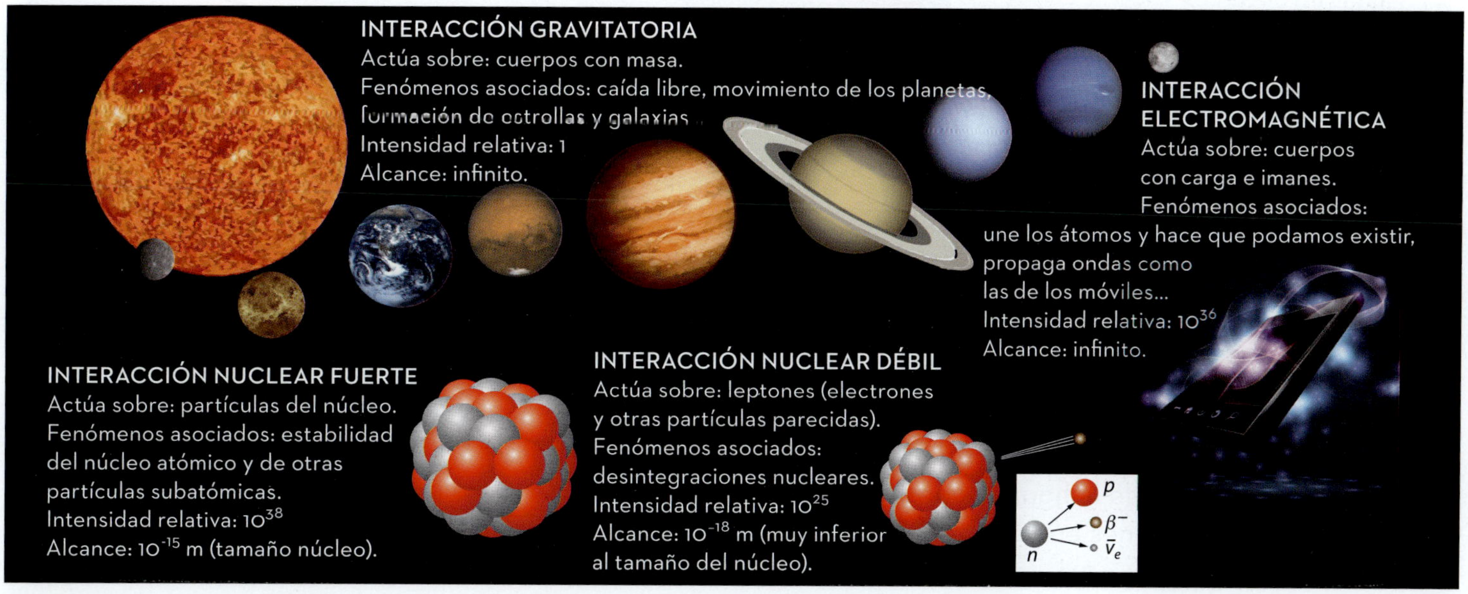

ACTIVIDADES

14. En grupo, elaborad un cómic sobre las características de las cuatro fuerzas de la naturaleza y los distintos fenómenos asociados a ellas. En la página final, incluid lo último sobre las teorías de unificación.

VOCABULARIO

Tipos de **materiales eléctricos:**

- **Conductores:** conducen la corriente eléctrica. Ejemplo: cobre.
- **Aislantes:** no conducen la corriente eléctrica. Ejemplo: plástico.
- **Semiconductores:** conducen la corriente eléctrica bajo determinadas condiciones. Ejemplo: silicio.

Generador	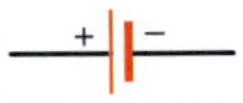
Generador de salida variable	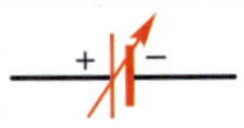
Interruptor	
Bombilla	
Resistencia	
Resistencia variable (reóstato)	
Amperímetro	
Voltímetro	

Símbolos de los componentes más habituales de un circuito.

3 La corriente eléctrica

Hasta ahora hemos hablado de los fenómenos eléctricos y de la relación de la electricidad con el magnetismo, pero ¿cómo conseguimos aprovechar la electricidad? Creando circuitos cerrados por los que circule la corriente eléctrica.

La **corriente eléctrica** es el movimiento de cargas a través de un conductor.

3.1. Circuitos eléctricos

Un **circuito eléctrico** es un conductor por el que puede circular la corriente eléctrica en función de si se acciona o no el interruptor que lleva.

Componentes de un circuito eléctrico

Los componentes más habituales de un circuito eléctrico son: **conductores, generadores, receptores** y **elementos de control.**

Generador: suministra energía eléctrica al circuito.

Elemento de control: controla la circulación de la corriente eléctrica.

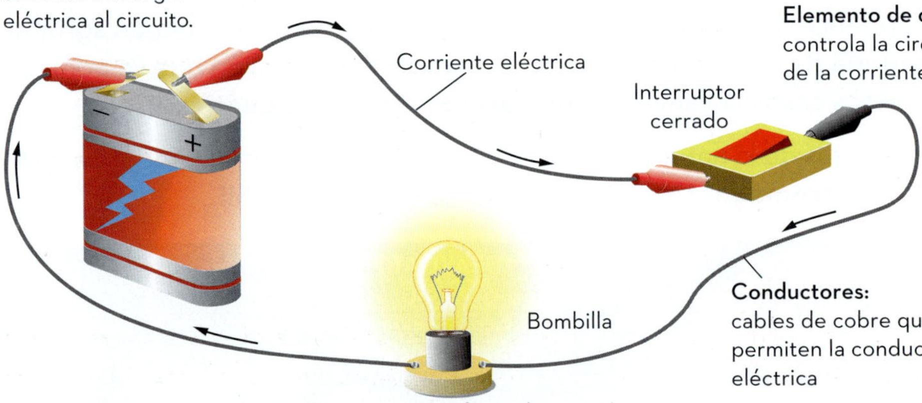

Conductores: cables de cobre que permiten la conducción eléctrica

Receptor: transforma la energía eléctrica en energía útil (luz)

EXPERIMENTA **Encendiendo un LED con limones**

4. Necesitas el siguiente material: limones, clavos galvanizados, monedas de cinco céntimos, cables y un diodo LED.
   - Pincha en cada limón un clavo y una moneda. Cada limón se comportará como una pila; conéctalos en serie para proporcionar más energía.
   - Monta el circuito de la figura y conseguirás encender el LED.
   - Conecta más limones en serie: ¡el LED brillará más!

ACTIVIDADES

15. **Separa en conductores y aislantes lo siguiente: cobre, madera, hierro, plastilina, corcho, plata, agua pura, silicio, cuerpo humano, grafito, bronce, oro, lana, aluminio, agua del grifo, caucho, germanio y PVC.**

Magnitudes eléctricas

En todo circuito eléctrico podemos distinguir tres magnitudes eléctricas fundamentales: la **diferencia de potencial (*V*)**, la **intensidad de corriente eléctrica (*I*)** y la **resistencia (*R*).**

La **diferencia de potencial (*V*)** es la energía *(E)* necesaria para mover la unidad de carga eléctrica *(q)* desde un punto hasta otro.

$$V = \frac{E}{q}$$

Recibe también el nombre de **tensión** o **voltaje** o **d.d.p.** y se mide en **voltios** (V). Para medir la d.d.p. (diferencia de potencial) entre dos puntos de un circuito se usa un **voltímetro** conectado en **paralelo.**

La **intensidad de corriente (*I*)** es la cantidad de carga *(q)* que circula por un conductor en un determinado tiempo *(t).*

$$I = \frac{q}{t}$$

Su unidad es el **amperio (A).** Para medir la intensidad en un circuito se usa un **amperímetro** conectado en **serie.**

La **resistencia eléctrica (*R*)** de un conductor mide la oposición que presenta al movimiento de los electrones. Para un determinado conductor se cumple que:

$$R = \frac{V}{I}$$

Su unidad es el **ohmio** (Ω) y se mide con un **óhmetro** (desconectando previamente el circuito).

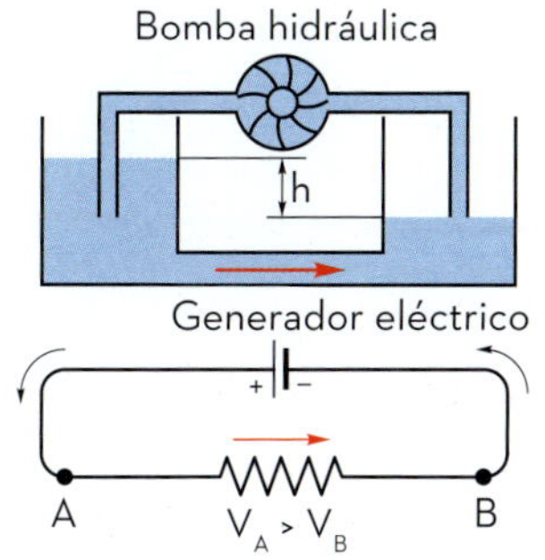

Al igual que una diferencia de altura provoca el movimiento del agua, una d.d.p. provoca el movimiento de las cargas.

CONEXIÓN DE UN VOLTÍMETRO

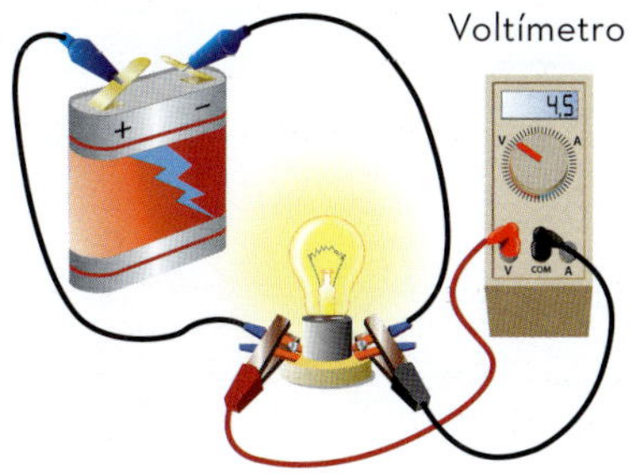

CONEXIÓN DE UN AMPERÍMETRO

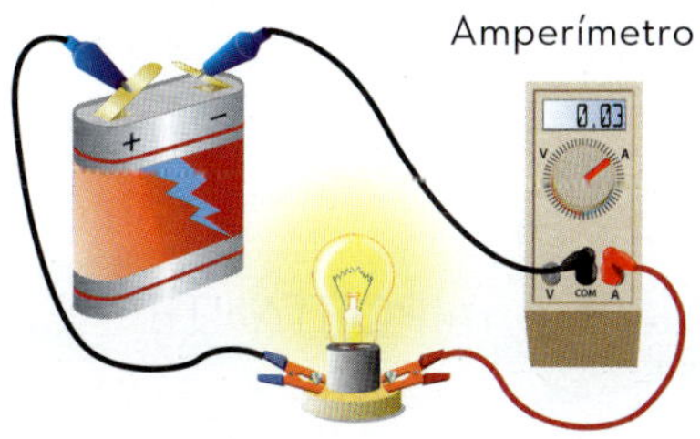

Conexión de un polímetro en un circuito.

EJEMPLO RESUELTO

3. Si por un circuito de un determinado aparato pasa una intensidad de 2 mA, ¿cuántos electrones circulan por ese aparato al cabo de 5 minutos? (Dato: carga del electrón (valor absoluto), $e = 1{,}6 \cdot 10^{-19}$ C.)

Solución

Si la intensidad es $I = q/t$, la carga que atraviesa el aparato en 5 min será: $q = I \cdot t = 2 \cdot 10^{-3}\ \text{A} \cdot 5\ \text{min} \cdot 60 \frac{\text{s}}{\text{min}} = 0{,}6\ \text{C}$. El número de electrones:

$$\text{n.º electrones} = \frac{\text{carga total}}{\text{carga electrón}} = \frac{0{,}6\ \text{C}}{1{,}6 \cdot 10^{-19}\ \text{C}} = 3{,}75 \cdot 10^{18}$$

ACTIVIDADES

16. Por un cable circula una corriente de 5 μA. ¿Cuánto tiempo tardará en pasar 0,5 C?

17. Representa esquemáticamente los circuitos conectados a un polímero.

18. Calcula el número de electrones que circula por un teléfono móvil al cabo de media hora, si la intensidad que lo atraviesa es de 850 mA? (Dato: $e = 1{,}6 \cdot 10^{-19}$ C.)

3.2. Ley de Ohm

La energía proporcionada por el generador de un circuito puede asemejarse a la existente en un fluido que posee puntos a distintas alturas. El desnivel provoca que el fluido se mueva desde la zona más alta a la más baja. Igual que un mayor desnivel provoca mayor flujo de agua, si en un circuito **aumenta el voltaje** de la pila (el desnivel), habrá circulación de una **mayor intensidad** de corriente (agua).

PIENSA Y RAZONA

Tenemos un circuito simple: con un generador de tensión variable y una resistencia de 50 Ω. Supón que vamos aumentando el voltaje proporcionado por el generador y anotamos la intensidad registrada en el amperímetro. Con la tabla de valores obtenida realizamos una gráfica:

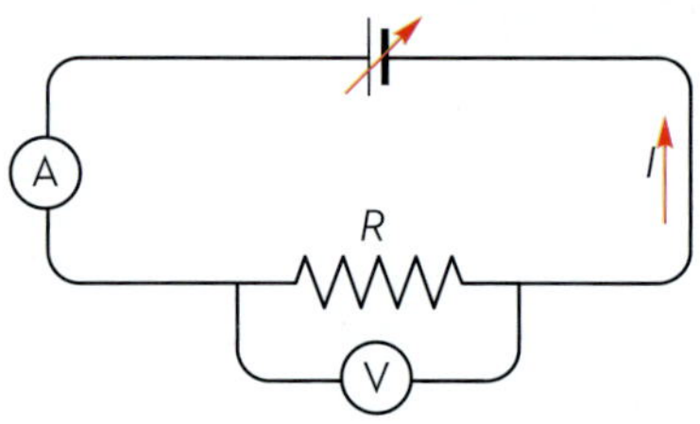

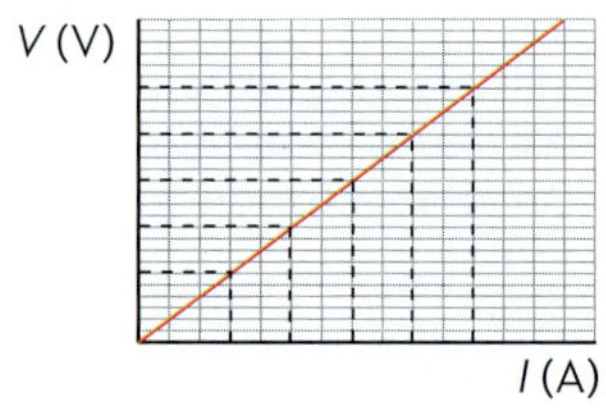

¿Qué tipo de función se ha obtenido?

Al calcular la pendiente, se obtiene, justamente, el valor de la resistencia:

$$\text{Pendiente} = R \rightarrow V/I = R$$

Conclusión: **al aumentar el voltaje, aumenta la intensidad.**

Como puedes ver, la tensión *(V)* aplicada a un circuito y la intensidad *(I)* generada guardan una relación de proporcionalidad directa. A esta conclusión llegó el físico alemán G. S. Ohm en 1852 y dio lugar a la ley que lleva su nombre.

IMPORTANTE

A partir de la ley de Ohm, podemos calcular *V* y *R*:

$$\boldsymbol{V = I \cdot R}$$

$$\boldsymbol{R = V/I}$$

La **ley de Ohm** establece que la intensidad que circula a través de un conductor es directamente proporcional a la tensión aplicada en sus extremos.

$$I = \frac{V}{R}$$

EJEMPLO RESUELTO

4. Calcula la intensidad que circula por una bombilla conectada a 220 V, si tiene una resistencia de 880 Ω.

Solución

Teniendo en cuenta la ley de Ohm: $I = \frac{V}{R} = \frac{220\ \text{V}}{880\ \Omega} \rightarrow I = 0{,}25\ \text{A}$

ACTIVIDADES

19. Halla la intensidad que circula por un conductor de 200 Ω de resistencia sometido a un voltaje de 3 V.

3.3. Potencia eléctrica

En un circuito eléctrico, la **energía** química de la pila **se transforma** en energía eléctrica y esta, a su vez, en energía útil para nosotros.

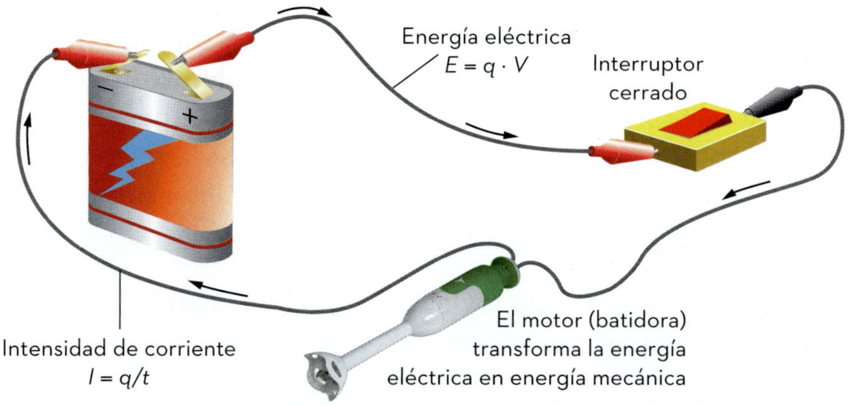

El **motor transforma** la **energía** eléctrica ($E = q \cdot V$) suministrada por la batería en energía mecánica, y esto lo hace en un **tiempo** *(t)* determinado.

> La **potencia** ***(P)*** de un aparato eléctrico es el cociente de la energía transformada *(E)* y el tiempo *(t)* empleado para ello.
>
> $$P = \frac{E}{t}$$

En el SI la potencia se mide en vatios (W): 1 W = 1 J/s. Un aparato con una potencia de 1 W transforma 1 J de energía cada segundo.

A partir de las fórmulas conocidas de las magnitudes eléctricas, podemos obtener otras expresiones de la potencia de un aparato eléctrico:

$$\left.\begin{array}{l} V = E/q \rightarrow E = q \cdot V \\ I = q/t \rightarrow q = I \cdot t \end{array}\right\} P = \frac{E}{t} = \frac{V \cdot q}{t} = \frac{V \cdot I \cdot t}{t} = V \cdot I = I^2 \cdot R = \frac{V^2}{R} \quad \begin{array}{l} \nearrow P = V \cdot I \\ \rightarrow P = I^2 \cdot R \\ \searrow P = \dfrac{V^2}{R} \end{array}$$

Ley de Ohm: $I = V/R$

Potencias típicas de algunos aparatos eléctricos	
Aparato	Potencia (W)
Aire acondicionado	1 500
Batidora	800
Cafetera	1 650
Calentador de agua	1 400
Congelador	500
Horno microondas	625
Plancha	1 100
Televisión	100
Equipo de música	50

RECUERDA

La **energía** mide la capacidad que tienen los cuerpos para producir cambios. La unidad de la energía en el SI es el **Julio** (**J**).

EJEMPLO RESUELTO

5. Una plancha tiene una potencia de 1 200 W. ¿Qué intensidad circula por ella cuando se conecta a la red (220 V)?

Solución

Usamos la fórmula de la potencia: $P = V \cdot I \rightarrow I = \frac{P}{V} = \frac{1200}{200} = 5{,}45$ A

ACTIVIDADES

20. Calcula la intensidad que circula por una bombilla de 100 W cuando se conecta a 220 V.

21. Una estufa eléctrica tiene una resistencia de 45 Ω. Calcula su potencia al conectarla a la red (220 V).

3.4. Construcción de circuitos

En este apartado aprenderemos a construir **circuitos eléctricos sencillos.**

Asociación de resistencias

En un circuito, las resistencias pueden conectarse en serie o en paralelo. En ambos casos, nos conviene saber la **resistencia equivalente** del conjunto, pues su valor nos permitirá determinar otras magnitudes eléctricas. La resistencia equivalente es aquella por la que pueden ser sustituidas las demás resistencias del circuito sin que se alteren los valores de tensión e intensidad.

Resistencias en serie

Un conjunto de resistencias está conectado **en serie** cuando se conectan una tras otra dentro del circuito eléctrico.

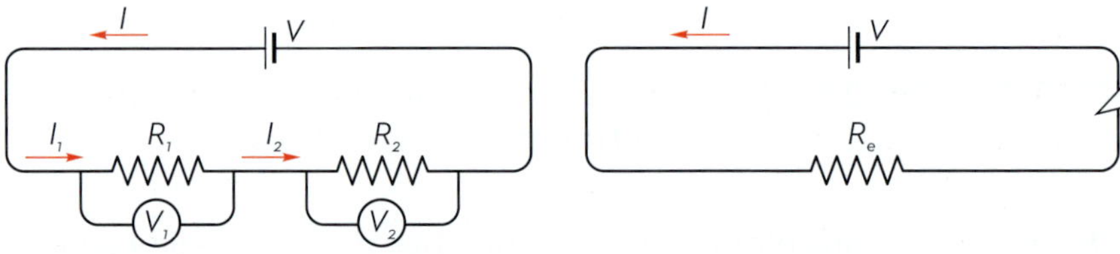

En serie:
$\boldsymbol{I = I_1 = I_2}$
$\boldsymbol{V = V_1 + V_2}$

Como la tensión en ambos circuitos ha de ser la misma: $V = V_1 + V_2 = I \cdot R_e$

Teniendo en cuenta (ley de Ohm) que $V_1 = I_1 \cdot R_1$ y $V_2 = I_2 \cdot R_2$, y que $I_1 = I_2 = I$:

$I \cdot (R_1 + R_2) = I \cdot R_e \rightarrow \boldsymbol{R_e = R_1 + R_2}$

La **resistencia equivalente** a varias resistencias conectadas **en serie** es la suma de todas las resistencias.

> **SABÍAS QUE..**
>
> Las bombillas de una vivienda están conectadas en paralelo. Si estuvieran en serie, al fundirse una, dejarían de funcionar las demás. Lo mismo ocurre con los enchufes, y por eso todos proporcionan la misma d.d.p.

> **ELECTRICIDAD 2.0**
>
> En esta magnífica página puedes construir circuitos y aprender más sobre electricidad:
>
> **conteni2.educarex.es/mats/14355/contenido/**

EJEMPLO RESUELTO

6. Calcula la resistencia equivalente y la intensidad de corriente que circula por el circuito de la figura.

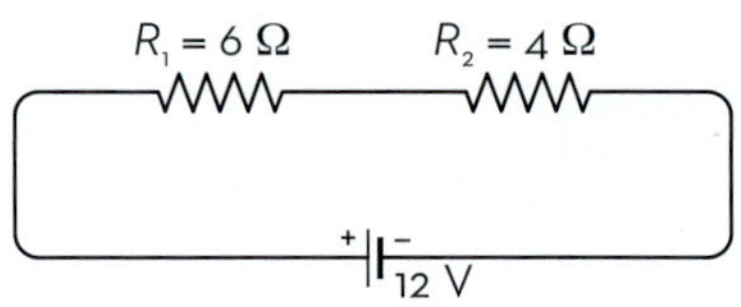

Solución

La resistencia equivalente del circuito viene dada por:

$R_e = R_1 + R_2 = 6\ \Omega + 4\ \Omega = 10\ \Omega \rightarrow R_e = 10\ \Omega$

La intensidad se calcula a partir de la ley de Ohm:

$$I = \frac{V}{R_e} = \frac{12\ V}{10\ \Omega} = 1{,}2\ A \rightarrow I = 1{,}2\ A$$

ACTIVIDADES

22. A un generador de 10 V se conectan dos resistencias en serie, de 100 Ω y 250 Ω. Calcula la d.d.p. en los extremos de la resistencia de 100 Ω y la intensidad que circula por el circuito.

Resistencias en paralelo

Un conjunto de resistencias está conectado **en paralelo** cuando sus extremos se conectan a los mismos puntos del circuito eléctrico.

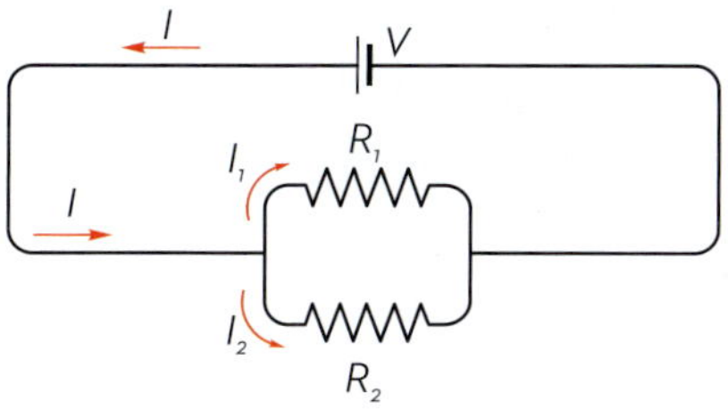

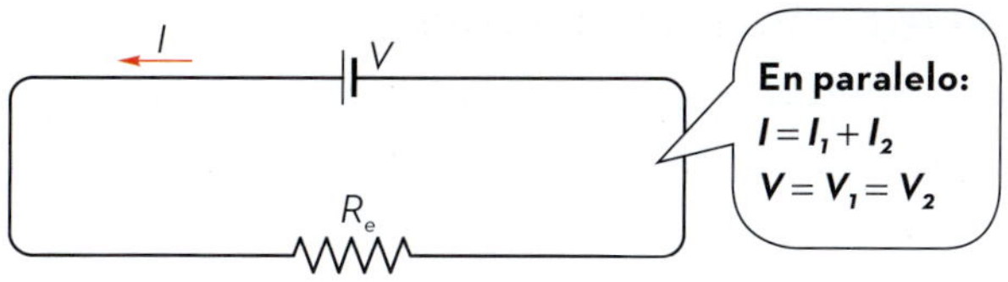

> RECUERDA
>
> Aquí puedes recordar cómo se coloca el polímetro:
>
> **goo.gl/2HjRPI**

Aplicando la ley de Ohm a la ecuación $I = I_1 + I_2$, y teniendo en cuenta que $V_1 = V_2 = V$, se tiene que:

$$\frac{V}{R_e} = \frac{V_1}{R_1} + \frac{V_2}{R_2} \quad \rightarrow \quad \frac{V}{R_e} = \frac{V}{R_1} + \frac{V}{R_2} \quad \rightarrow \quad \frac{1}{R_e} = \frac{1}{R_1} + \frac{1}{R_2}$$

La inversa de la **resistencia equivalente** a resistencias conectadas **en paralelo** es la suma de las inversas de las resistencias.

EL LABORATORIO EN EL AULA **El brillo de bombillas en serie y en paralelo**

7. Necesitamos: dos pilas de 4,5 V, tres bombillas, cables y un polímetro (aparato multifunción para medir todas las magnitudes eléctricas). Comprobarás que el brillo de una bombilla depende de la intensidad que la atraviesa:

   - Realiza el montaje de la Figura 1. Coloca el polímetro a modo de amperímetro y comprueba que la intensidad que circula por las bombillas en serie es menor que la que circula por la aislada; sin embargo, es igual para las dos bombillas ($I = I_1 = I_2$). Coloca el polímetro a modo de voltímetro y comprueba ahora que la suma de las tensiones en cada bombilla es igual a la tensión de la pila ($V = V_1 + V_2$).
   - Monta ahora los circuitos de la Figura 2 y comprueba que las dos bombillas conectadas en paralelo brillan igual entre sí e igual que la aislada.
   - De forma análoga, comprueba que ahora se cumplen las ecuaciones: $I = I_1 + I_2$ y $V = V_1 = V_2$.

Figura 1. Las bombillas conectadas en serie brillan menos.

Figura 2. Las bombillas conectadas en paralelo brillan igual.

EJEMPLO RESUELTO

7. Dos resistencias, de 30 Ω y 50 Ω, se conectan en paralelo a un generador de 15 V. Calcula la resistencia equivalente y la intensidad de corriente total que circula por el circuito.

Solución

La resistencia equivalente viene dada por: $\frac{1}{R_e} = \frac{1}{R_1} + \frac{1}{R_2} = \frac{1}{30\ \Omega} + \frac{1}{50\ \Omega} = \frac{5+3}{150}\ \Omega^{-1} \rightarrow R_e = \frac{150}{8}\ \Omega = 18{,}75\ \Omega$

La intensidad total se obtiene de la ley de Ohm: $I = \frac{V}{R_e} = \frac{15\ \text{V}}{18{,}75\ \Omega} \rightarrow I = 0{,}8\ \text{A}$

Cálculos en circuitos

En este apartado realizaremos algún ejemplo de cálculo de todas las magnitudes que suele aparecer en los circuitos simples. Y lo haremos con un **circuito mixto** (mezcla componentes en serie y en paralelo). Para ello, tendremos en cuenta todas las fórmulas vistas en el punto 3, es decir, no solo la ley de Ohm, sino también la de la potencia y las de las asociaciones de resistencias.

EJEMPLO RESUELTO

8. Observa el circuito mixto de la figura y calcula:

a) La resistencia equivalente del circuito.

b) La intensidad que atraviesa cada resistencia y la intensidad total.

c) La potencia disipada en la resistencia R_3.

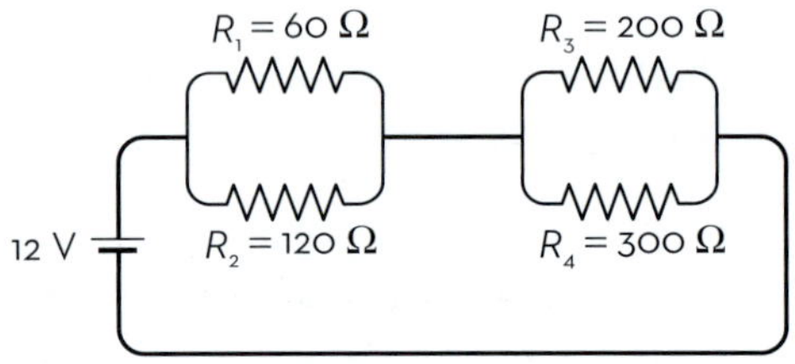

Solución

a) En primer lugar, calculamos las resistencias equivalentes, R_{e1}, de la asociación en paralelo de R_1 y R_2, y R_{e2} de la asociación de R_3 y R_4:

$$\frac{1}{R_{e1}}=\frac{1}{R_1}+\frac{1}{R_2}=\frac{1}{60\ \Omega}+\frac{1}{120\ \Omega}\rightarrow R_{e1}=\frac{120}{3}\ \Omega=40\ \Omega \qquad \frac{1}{R_{e2}}=\frac{1}{R_3}+\frac{1}{R_4}=\frac{1}{200\ \Omega}+\frac{1}{300\ \Omega}\rightarrow R_{e2}=\frac{600}{5}\ \Omega=120\ \Omega$$

Como estas dos resistencias equivalentes se encuentran en serie, la resistencia equivalente final del circuito será la suma de las anteriores:

$$R_e=R_{e1}+R_{e2}=40+120\ \rightarrow\ R_e=160\ \Omega$$

b) Mediante la ley de Ohm, se calculan todas las intensidades. La intensidad total se obtiene a partir de R_e:

$$I=\frac{V}{R_e}=\frac{12\ \text{V}}{160\ \Omega}\ \rightarrow\ I=0{,}075\ \text{A}=75\ \text{mA}$$

A partir de este valor de la intensidad y de las resistencias equivalentes parciales, podemos calcular las tensiones parciales V_{12} (en la asociación R_1-R_2) y V_{34} (en la asociación R_3-R_4):

$V_{12}=I\cdot R_{e1}=0{,}075\ \text{A}\cdot 40\ \Omega=3\ \text{V}$ $V_{34}=I\cdot R_{e2}=0{,}075\ \text{A}\cdot 120\ \Omega=9\ \text{V}$ Y como vemos: $V=V_{12}+V_{34}=3\ \text{V}+9\ \text{V}=12\ \text{V}$

Una vez calculadas las tensiones parciales, pueden obtenerse las intensidades parciales usando la ley de Ohm:

$$I_1=\frac{V_{12}}{R_1}=\frac{3\ \text{V}}{60\ \Omega}\rightarrow I_1=0{,}05\ \text{A} \qquad I_2=\frac{V_{12}}{R_2}=\frac{3\ \text{V}}{120\ \Omega}\rightarrow I_2=0{,}025\ \text{A}$$

$$I_3=\frac{V_{34}}{R_3}=\frac{9\ \text{V}}{200\ \Omega}\rightarrow I_3=0{,}045\ \text{A} \qquad I_4=\frac{V_{34}}{R_4}=\frac{9\ \text{V}}{300\ \Omega}\rightarrow I_4=0{,}03\ \text{A}$$

c) La potencia puesta en juego en la resistencia R_3 puede calcularse con la fórmula siguiente: $P=V\cdot I$, que en este caso se aplicaría así: $P_3=V_{34}\cdot I_3=9\cdot 0{,}045\ \rightarrow\ P_3=0{,}405$ W.

ACTIVIDADES

23. En el circuito mixto de la figura, calcula lo siguiente:

a) La resistencia equivalente.

b) La intensidad que circula por cada resistencia.

c) La potencia liberada en la resistencia R_2.

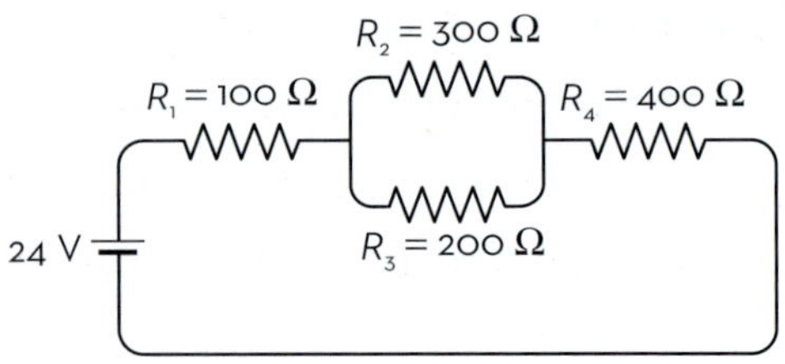

Simuladores de circuitos

En Internet existen multitud de **simuladores** virtuales de circuitos que nos permiten realizar las siguientes **funciones:**

- Diseño de un circuito eléctrico.
- Simulación de su funcionamiento.
- Obtención de valores de las magnitudes eléctricas.

Imagina que has de resolver un determinado circuito.

Podemos hacerlo de la manera tradicional, es decir, como se ha resuelto en el ejemplo anterior, o mediante algún programa de simulación de circuitos. Veamos cómo se hace esto último. Sigue estos pasos:

- Elegimos un simulador gratuito. Por ejemplo, el contenido en esta página: **phet.colorado.edu/es/simulation/circuit-construction-kit-dc-virtual-lab** (Entra en *¡Iniciar ahora!*).
- Una vez dentro del simulador, dibujamos nuestro circuito, seleccionando con el ratón los distintos elementos (cables, resistencias, baterías...) que se encuentran a la derecha de la pantalla.

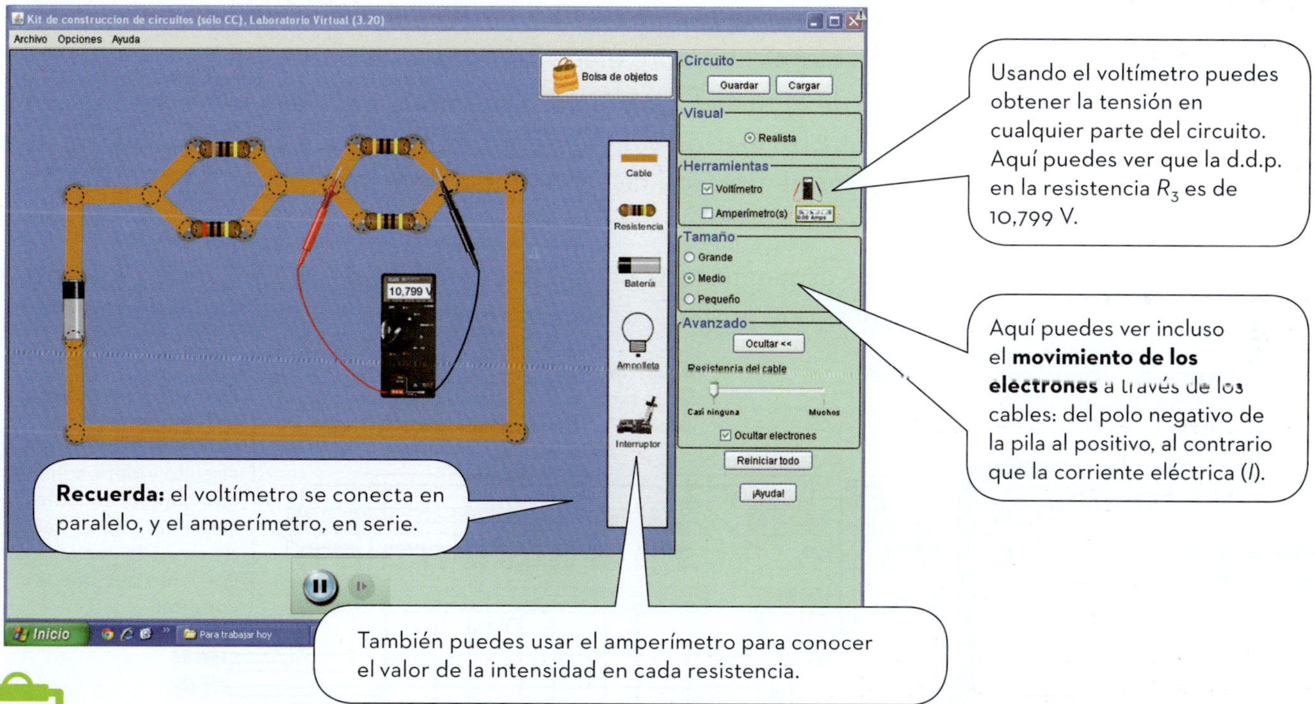

ELECTRICIDAD 2.0

Aquí tienes otros simuladores con los que puedes seguir practicando:

Laboratorio virtual de circuitos:

goo.gl/nadLFD

ACTIVIDADES

24. Utilizando el simulador de goo.gl/Cu3rQK, calcula las siguientes magnitudes eléctricas para el circuito de la figura:

a) La intensidad que circula por cada resistencia.

b) La intensidad total del circuito.

c) La d.d.p. en cada resistencia.

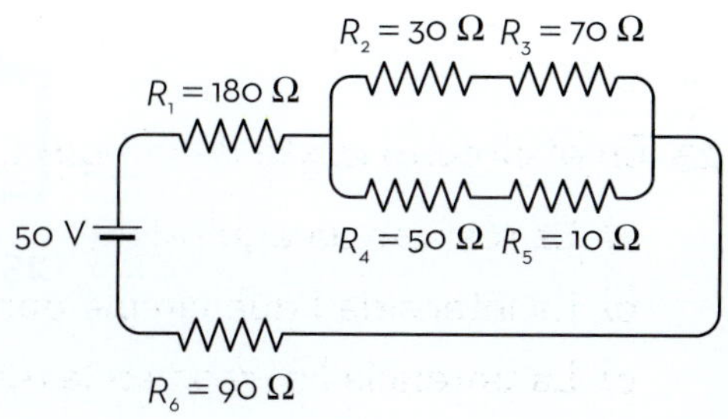

SABÍAS QUE..

La corriente alterna que circula por nuestras viviendas lo hace a través de tres tipos de cables:

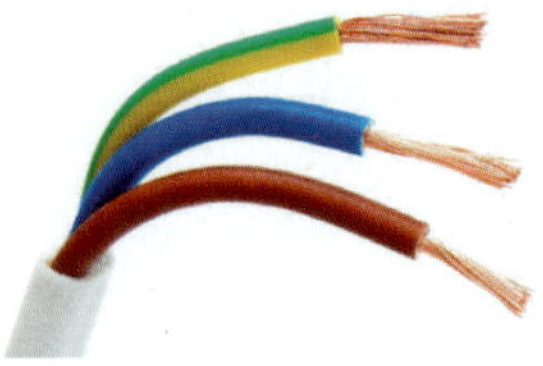

- Cable **neutro** (azul).
- Cable de **fase** o activo (marrón o negro): se encuentra a 220 V por encima del neutro.
- Cable toma de **tierra** (verde-amarillo): protege a los usuarios absorbiendo cualquier derivación de corriente que se produzca en el aparato conectado.

4 La electricidad en casa

Nuestro propio hogar es, sin duda, el lugar donde la electricidad ocupa el papel más importante, pues en ella se basan todas nuestras acciones.

4.1. La instalación eléctrica de tu vivienda

Debido al papel fundamental que tiene la electricidad en nuestra propia casa es importante que conozcamos, de forma básica, los elementos principales de la instalación eléctrica de una vivienda. Presta atención.

PIENSA Y RAZONA

Imagina que sales de la ducha y, al secarte el pelo, el secador no funciona. Sospechas que el secador no está estropeado, pues lo compraste hace poco, crees que se debe al mal funcionamiento del enchufe. El técnico cobra 30 € por arreglarlo, así que tus padres se animan a arreglarlo. ¿Sabes qué deben hacer para conseguirlo? Aconséjales, animándoles a seguir estos pasos:

- Indícales que se dirijan al cuadro eléctrico de vuestra vivienda y desconecten el interruptor automático correspondiente a los enchufes del baño. ¿Sabéis qué es el cuadro eléctrico y cuál es el interruptor asociado al aseo?
- Con un destornillador, anímales a desmontar el enchufe. Veréis tres cables: uno azul, otro marrón y un tercero de color verde y amarillo. Infórmate sobre cables neutros, de fase y de toma de tierra.

El siguiente esquema ilustra el cuadro eléctrico de una vivienda y los tipos de interruptores que posee:

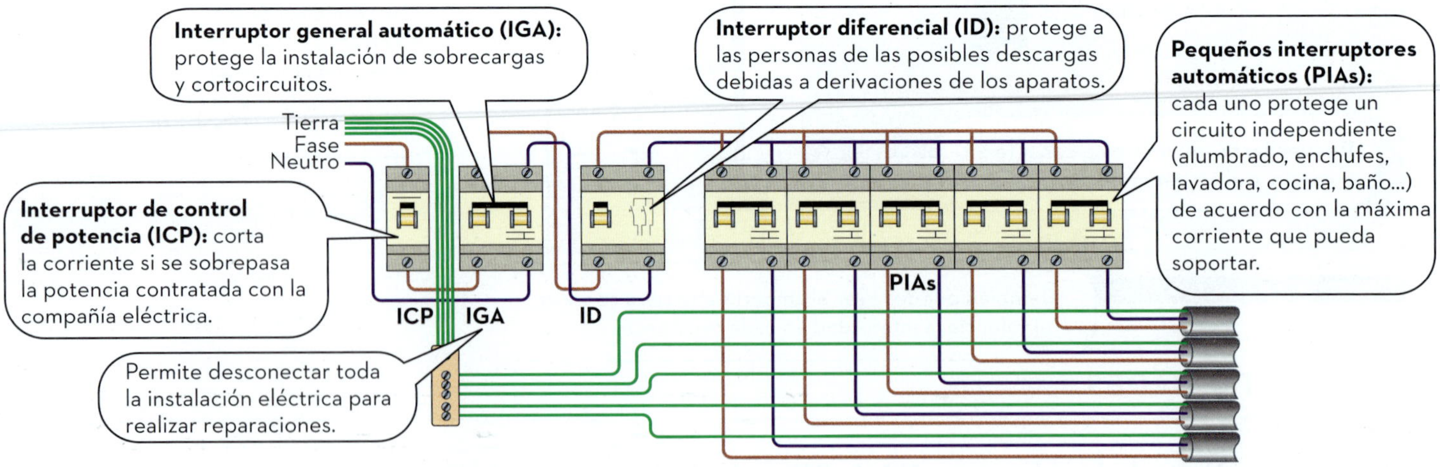

ACTIVIDADES

25. **Una familia tiene contratada en su vivienda una potencia de 5,75 kW. Si en un momento dado, la potencia total consumida por los aparatos es de 6 000 W, ¿salta algún interruptor? ¿Cuál? ¿Por qué?**

4.2. Máquinas eléctricas y efecto Joule

En cualquiera de los circuitos independientes que existen en una vivienda nos encontramos con aparatos que transforman la electricidad en otros tipos de energía de mayor utilidad: movimiento, calor, luz, sonido...

Una **máquina eléctrica** es un dispositivo que **transforma la electricidad en energía útil.**

Así, por ejemplo, en un secador de pelo, la electricidad se transforma en calor y movimiento:

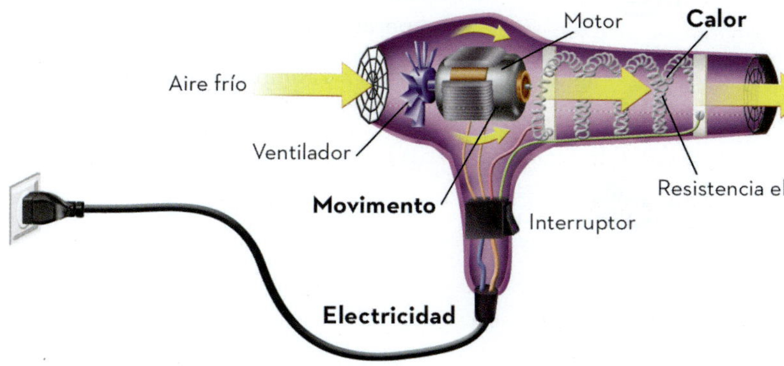

Efecto Joule

La **ley de Joule** establece que el calor, Q, disipado en una resistencia, *R*, al paso de una corriente, *I*, durante un tiempo, *t*, viene dado por la expresión:

$$Q = I^2 R t$$

Se conoce como **efecto Joule** a la **disipación calorífica** que tiene lugar con el paso de la corriente eléctrica a través de cualquier conductor.

EJEMPLO RESUELTO

9. **Calcula el calor disipado por efecto Joule, durante 2 horas, en la resistencia de 62 Ω de un brasero eléctrico por el que circula una intensidad de 3,5 A.**

Solución

$Q = I^2\, R\, t = (3{,}5\ \text{A})^2 \cdot 62\ \Omega \cdot 2\ \text{h} \cdot 3\,600 \dfrac{\text{s}}{\text{h}} \rightarrow Q = 5{,}47 \cdot 10^6\ \text{J}$ (el calor, al ser energía en tránsito, también se mide en J.)

SABÍAS QUE..

Las máquinas eléctricas que transforman la **electricidad en movimiento** se llaman **motores eléctricos**.

ELECTRICIDAD 2.0

Entra en esta animación y aprende más sobre el efecto Joule:

goo.gl/vgdfQz

IMPORTANTE

Cuanto mayor sea la resistencia eléctrica del aparato, más se calienta.

En el brasero se desprende mucho más calor que en la tableta, pues su resistencia es muy elevada.

ACTIVIDADES

26. **Una bombilla incandescente de 100 W tiene una resistencia de 484 Ω. Si por la bombilla circula una intensidad de 455 mA durante 3,5 horas, ¿cuánta energía se ha disipado por efecto Joule?**

4.3. El etiquetado de los dispositivos eléctricos

Debido a la gran cantidad de aparatos eléctricos que manejamos a diario, resulta de especial interés el reconocimiento de los símbolos eléctricos que aparecen en las etiquetas de estos dispositivos. A continuación, se muestra algunos de los símbolos y abreviaturas más comunes:

SÍMBOLO	SIGNIFICADO
	Conformidad europea: cumple la normativa europea.
	El aparato ha de ser reciclado adecuadamente.
	Corriente alterna (CA/AC)
	Corriente continua (CD/AC)

SÍMBOLO	SIGNIFICADO
	Federal Communications Commission: organismo americano que controla las frecuencias de los aparatos para evitar interferencias.
	El aparato no cumple la normativa sobre comunicaciones inalámbricas de uno o más países de la Unión Europea.
	Certificación alemana de calidad.

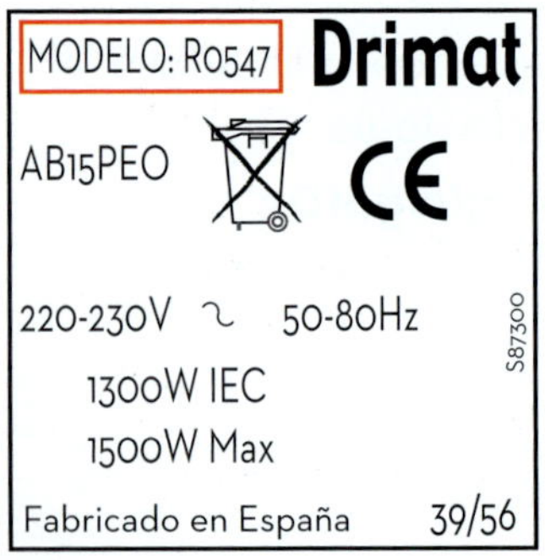

Etiqueta de un secador. Pueden verse algunos de los símbolos más comunes.

La electrónica y el microchip

Desde que en 1959 J. S. Kilby desarrollara el primer **circuito integrado** o **microchip,** la electrónica no ha dejado de mejorar y de estar presente en multitud de sistemas fundamentales para el ser humano: ordenadores, móviles, televisores, transportes, comunicaciones...

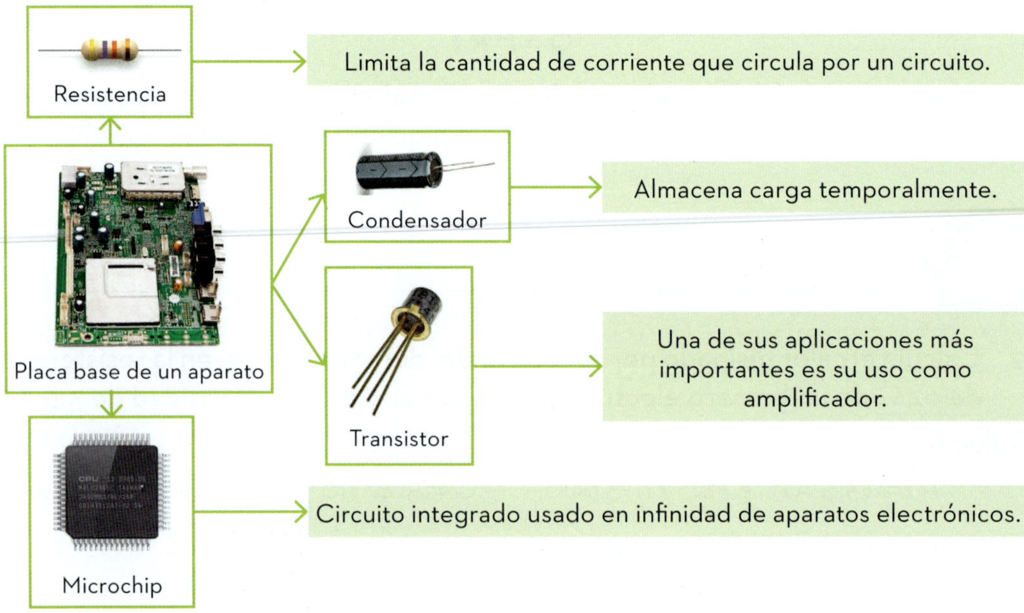

ELECTRICIDAD 2.0

Entra en esta fantástica página y consulta cualquier símbolo eléctrico y electrónico:

www.simbologia-electronica.com/

ACTIVIDADES

27. **Coge cuatro o cinco aparatos eléctricos de casa y realiza una fotografía de cada una de las etiquetas. Mediante el programa informático adecuado, realiza una presentación en clase explicando el significado de los símbolos que aparecen en dichas etiquetas. Para hacer esto, añade bocadillos a las fotografías realizadas.**

4.4. Medidas de seguridad

Al manejar los aparatos eléctricos no podemos olvidar algo muy importante: la corriente eléctrica puede causarnos la muerte. Los principales **peligros** en el uso de la electricidad son los siguientes:

El sobrecalentamiento del cableado. Tiene lugar cuando la intensidad de corriente es muy elevada debido a un cortocircuito o a una sobrecarga (demasiados aparatos conectados a un mismo enchufe).

El accidente o choque eléctrico. Consiste en el paso de la corriente eléctrica a través del cuerpo humano. Los daños producidos dependen, principalmente, de la intensidad de la corriente eléctrica.

Por tanto, es muy importante conocer las **medidas de seguridad** que se deben tener en cuenta en el hogar:

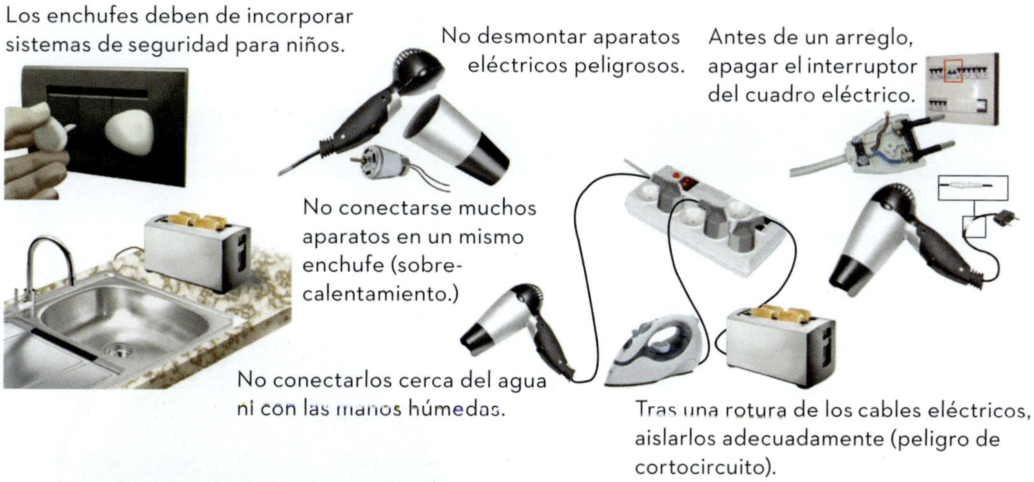

SABÍAS QUE..

La corriente eléctrica puede ser mortal:

Efecto	Motivo
1 a 3 mA Percepción	El paso de la corriente produce cosquilleo. No existe peligro
3 a 10 mA Electrificación	El paso de la corriente produce movimientos reflejos
10 mA Tetanización	El paso de la corriente provoca contracciones musculares, agarrotamientos, etc.
25 mA Paro respiratorio	Si la corriente atraviesa el cerebro
25 a 30 mA Asfixia	Si la corriente atraviesa el tórax
60 a 75 mA Fibrilación ventricular	Si la corriente atraviesa el corazón

EXPERIMENTA Técnicos de prevención de riesgos eléctricos en el hogar

5. Teniendo en cuenta las medidas de seguridad que hemos estudiado, vais a hacer de técnicos de prevención de riesgos eléctricos en el hogar. Para ello, haréis una dramatización en la que explicaréis cuáles son las medidas de seguridad. Los papeles que cada uno tendrá son los siguientes:

   - Personas que incumplen las medidas de seguridad. Tres de vosotros haréis de personas que desconocen cuáles son las medidas de seguridad eléctrica en el hogar y las incumpliréis (no de manera real, sino actuando). Entre los tres, incumpliréis todas las medidas de seguridad que hemos visto anteriormente.
   - Técnicos de prevención. Dos de vosotros apareceréis en escena justo cuando los demás incumplan las normas de seguridad, y explicaréis (a la cámara) la norma de seguridad en cuestión. Además, al final, entre los cinco, explicaréis los efectos que puede producir el paso de la corriente eléctrica a través del cuerpo.
   - Todo será grabado en vídeo y se montará una película que se presentará en clase.

ACTIVIDADES

28. Busca información en Internet sobre qué es un cortocircuito y, a partir de la ley de Ohm y la ley de Joule, justifica por qué puede provocar un incendio.

MAPA CONCEPTUAL

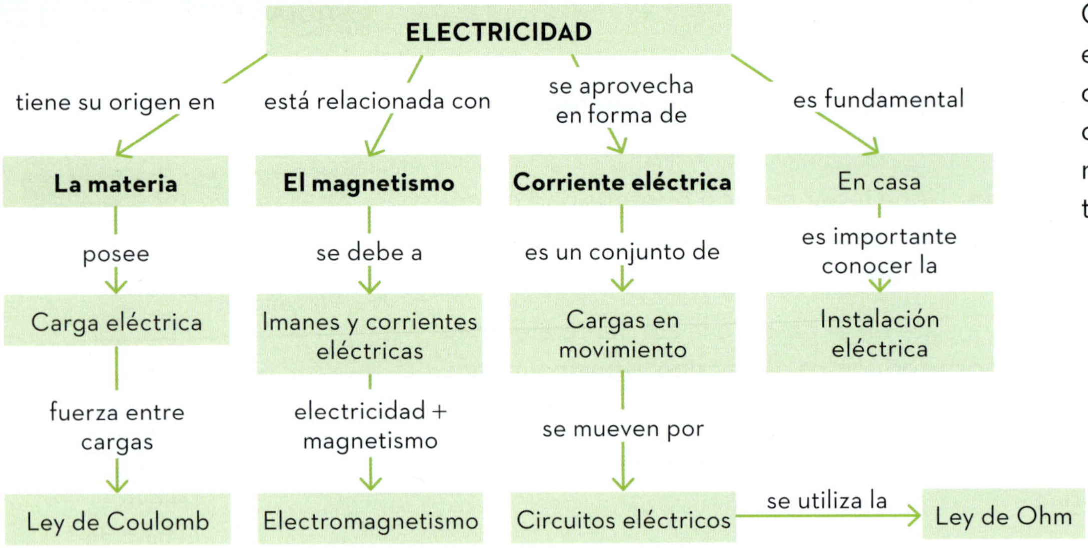

Copia este mapa conceptual en tu cuaderno y complétalo con los siguientes términos: culombio, electroscopio, líneas de campo y experimentos de Oersted y Faraday.

MIRA A TU ALREDEDOR

Un nuevo generador convierte el movimiento humano en electricidad

Un estudio internacional, publicado en la revista *Nature Communications*, presenta un dispositivo que aprovecha movimientos de la naturaleza, como el de las personas, para generar energía a través de la fricción. Otras ventajas de este generador son su pequeño tamaño y bajo coste.

El dispositivo, llamado generador triboeléctrico rotatorio, se basa en una tecnología eficiente y de bajo coste. (...) El efecto triboeléctrico es una electrificación inducida por contacto. Un material se carga eléctricamente después de entrar en contacto con otro material distinto a través de la fricción. Zhong Lin Wang subraya: «La energía que puede generarse del andar humano sería equivalente a la necesaria para mantener encendida una bombilla de 100 W durante una hora, o bien una pequeña luz de apenas 1 W durante 100 horas».

Para los científicos, esta innovación tiene una amplia gama de aplicaciones, como recoger la energía del movimiento del cuerpo, de las vibraciones de la naturaleza, de las ondas de sonido, de las industrias, del movimiento de los coches, del viento, la lluvia y el oleaje.

Agencia Sinc. 4-3-14 **www.agenciasinc.es** (adaptación)

Cuestiones

a) ¿Qué es el efecto triboeléctrico? ¿Se corresponde con algún tipo de electrización de los estudiados en esta unidad? Busca más información sobre este efecto en Internet y anota las fuentes.

b) Con una bombilla LED de 5 W puedes iluminar tu habitación. Según el texto, ¿cuántas habitaciones podrías iluminar con LED (durante una hora) tras andar con ese dispositivo durante un día?

c) Enumera las aplicaciones de este dispositivo.

PRÁCTICA DE LABORATORIO

Conexiones de resistencias en serie y en paralelo

Objetivo

Comprobar experimentalmente la ley de Ohm para circuitos con asociaciones de resistencias en serie y en paralelo, tanto en el laboratorio como mediante el uso de un programa de simulación de circuitos.

Conocimientos previos

Ley de Ohm

$$I = \frac{V}{R}$$

Resistencias en serie

$$R_e = R_1 + R_2$$

Resistencias en paralelo

$$\frac{1}{R_e} = \frac{1}{R_1} + \frac{1}{R_2}$$

Material

Un generador variable de corriente continua, un polímetro, un soporte para realizar conexiones, un interruptor y cables de conexión, resistencias eléctricas: una de 200 Ω y otra de 500 Ω.

Procedimiento

1.ª parte: Asociación de resistencias en serie

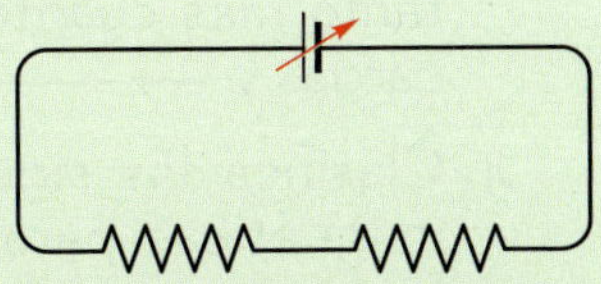

a) Monta el circuito de la figura.

b) Con el generador eléctrico, proporciona al circuito una d.d.p. de 2 V y anota los valores de I, V, V_1 y V_2 en una tabla como esta copiada en tu cuaderno. Recuerda que en el circuito en serie se cumple que $I = I_1 = I_2$ y $V = V_1 + V_2$. Completa la tabla hasta llegar a un valor de la fuente de alimentación de 10 V.

c) Mediante una hoja de cálculo, realiza la gráfica del potencial medido *(V)* frente a la intensidad *(I)* y obtén la pendiente de la recta.

d) Según la ley de Ohm, el valor de la pendiente coincide con la resistencia equivalente de la asociación en serie. Comprueba que se obtiene, aproximadamente, lo esperado: $R = R_1 + R_2 = 200\ \Omega + 500\ \Omega \rightarrow R = 700\ \Omega$.

2.ª parte: Asociación de resistencias en paralelo

a) Monta un circuito análogo al de la figura, pero con las resistencias en paralelo.

b) Copia y completa una tabla como la del margen. Recuerda que en el circuito en paralelo se cumple que $I = I_1 + I_2$ y $V = V_1 = V_2$. Por tanto, en la tabla debes incluir los valores V, I_1, I_2 e I.

Fuente (V)	V_1 (V)	V_2 (V)	V (V)	I_1 (mA)	I_2 (mA)	I (mA)

c) Representa gráficamente V frente a I (ahora, en papel milimetrado) y obtén el valor de la pendiente.

d) Comprueba, mediante la ley de Ohm, que el valor de la pendiente coincide con el de la resistencia equivalente de la asociación en paralelo:

$$\frac{1}{R} = \frac{1}{R_1} + \frac{1}{R2} = \frac{1}{200\ \Omega} + \frac{1}{500\ \Omega} = 7 \cdot 10^{-3}\ \Omega^{-1} \rightarrow R \approx 143\ \Omega.$$

Cuestiones

a) ¿Por qué no coinciden exactamente los valores de la d.d.p. (V), obtenidos mediante el polímetro en los extremos de la asociación de resistencias, con los proporcionados por la fuente de alimentación?

b) Mediante un programa de simulación de circuitos vuelve a realizar esta práctica y comprueba que los resultados coinciden con lo obtenido en el laboratorio. Explica en clase cómo se hace.

ACTIVIDADES FINALES

Actividades básicas

1. Cuando frotas un bolígrafo de plástico con un jersey de lana, el bolígrafo se carga. Explica qué significa esto y de dónde procede la carga.
2. Si tienes el pelo largo, habrás observado que, a veces, después de peinarte durante un rato, el peine atrae al pelo. ¿Podrías explicar por qué ocurre esto? Acompaña tu explicación con un dibujo, indicando el signo de las cargas.
3. Copia y completa la frase en tu cuaderno: Dos cargas eléctricas de distinto signo se ——— tanto más cuanto ——— es el valor de las cargas y ——— la distancia que las separa.
4. Clasifica las siguientes sustancias en ferromagnéticas, paramagnéticas y diamagnéticas: hierro, cobre, titanio, oro, aluminio y níquel. ¿Cuáles son fuertemente atraídas por un imán? Pon ejemplos de objetos que contengan esos elementos.
5. Busca información en Internet sobre las ventajas del electroimán frente a los imanes convencionales. Realiza una fotografía de algún objeto de casa que contenga un electroimán y explica cómo funciona, acompañando tu explicación de dibujos obtenidos de Internet.
6. Realiza un mural explicando las experiencias de Oersted y de Faraday y la relación que existe entre la electricidad y el magnetismo.
7. Elabora un informe explicando las características principales de las cuatro fuerzas fundamentales de la naturaleza y los distintos fenómenos asociados a ellas. Incluye imágenes.
8. Cuando decimos que por un cable circula la corriente eléctrica, ¿qué es lo que realmente se mueve a través del conductor?
9. Explica el significado de cada una de las magnitudes que intervienen en la ley de Ohm e indica cómo calcular cada una de ellas.
10. ¿Con qué material fabricarías la suela de las botas de un electricista: caucho o aluminio? ¿Y la carcasa de un secador de pelo: con plástico o metal? ¿Por qué?
11. Calcula la intensidad que circula por una bombillita de 90 Ω cuando se conecta a 1,5 V.
12. Calcula la resistencia equivalente y la intensidad que circula por el siguiente circuito:

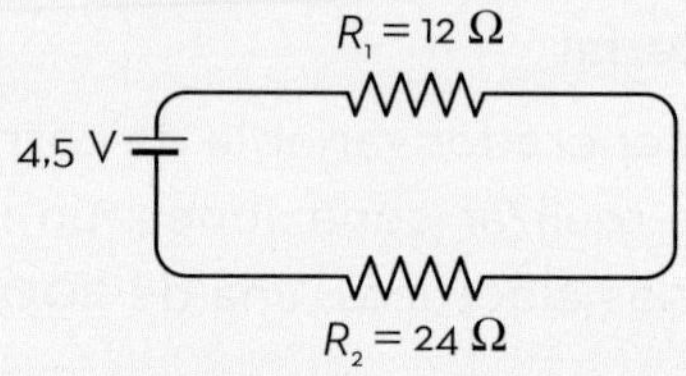

13. Determina la resistencia equivalente y la intensidad total que circula por el siguiente circuito:

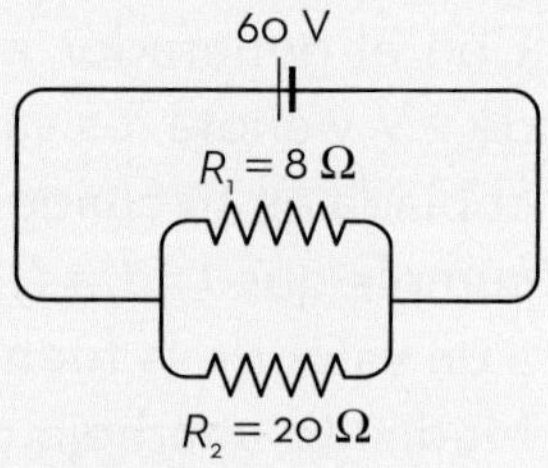

14. Con un simulador de circuitos, dibuja el siguiente circuito y calcula la tensión y la intensidad en cada resistencia, así como la intensidad general del circuito.

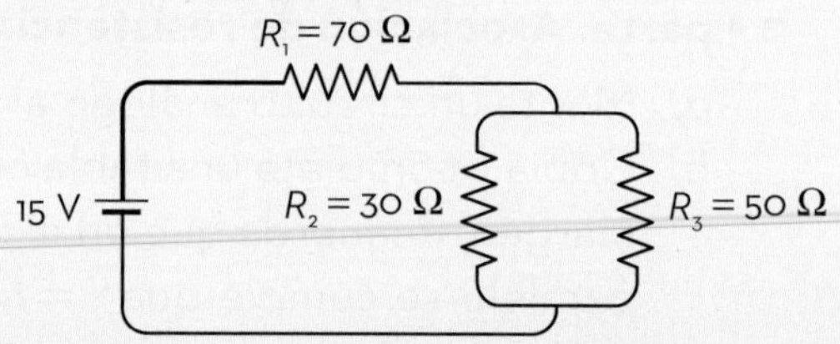

15. ¿Cuántos circuitos independientes son obligatorios en una vivienda? ¿Cuáles son? (Busca la información que necesites en Internet.) Identifica estos circuitos en el cuadro eléctrico de tu vivienda.
16. Describe el fundamento de cuatro máquinas eléctricas de tu entorno que transformen la electricidad en movimiento, luz, calor y sonido, respectivamente. Indica, además, la potencia de cada una de las máquinas.
17. Busca y compara una imagen de un ordenador de hace cincuenta años y de un pequeño portátil de hoy en día. ¿Qué repercusión ha tenido el microchip en el tamaño y el precio de los ordenadores?

Actividades de consolidación

18. Explica por qué puede usarse un imán para separar distintos tipos de sustancias en una planta de reciclaje.

19. Explica por qué la electricidad y el magnetismo tienen mucho que ver en el funcionamiento de un altavoz.

20. La batería de un ordenador es de 19 V y proporciona una corriente de 3,95 A. Si está funcionando durante 8 h, calcula:

a) La potencia del ordenador portátil.

b) La carga que ha circulado.

c) El número de electrones que ha circulado.

21. En el circuito de la figura, calcula la intensidad que sale de la pila y la tensión y la intensidad en cada resistencia.

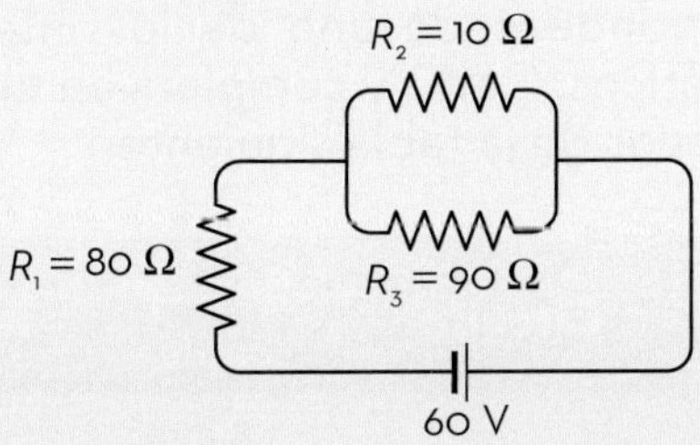

Comprueba los resultados con algún programa de simulación de circuitos.

22. Realiza un mural con un esquema del circuito del alumbrado de tu vivienda, teniendo en cuenta todas las luces que tienes en casa. Representa adecuadamente todos los componentes del circuito: generadores, conductores, receptores y elementos de control, y describe la función de cada uno de ellos.

23. Calcula la intensidad que circula por los siguientes aparatos de tu casa: el flexo, la batidora, la plancha, el secador, el televisor, el horno y tu móvil. Para ello, tendrás que buscar la potencia en la etiqueta de cada uno de ellos, y tener en cuenta que están conectados a 220 V (salvo tu móvil, que, mediante el transformador-cargador, se conecta a unos 4 V). En función de los valores de intensidad obtenidos para cada aparato, ¿cuál de ellos sería el más peligroso, en caso de fuga de corriente?

Actividades avanzadas

24. Calcula la fuerza con la que se repelen dos protones ($q = 1{,}6 \cdot 10^{-19}$ C) en el núcleo del átomo de helio, si se encuentran a una distancia del orden de 10^{-15} m. Entonces, si los protones se repelen dentro del núcleo, ¿por qué se mantiene el núcleo estable?

25. En la batería de un móvil se lee: "Li-Ion 2 300 mAh". ¿A qué magnitud corresponde la unidad mAh? Busca información sobre las baterías Li-Ion: qué hay en su interior y qué ventajas tienen respecto a las anteriores. (Ayuda: **goo.gl/MGy63**)

26. Un secador tiene una potencia de 2 000 W y un calentador eléctrico, de 1 200 W. Sabiendo que los dos se conectan a 220 V, calcula la resistencia que posee cada uno y la intensidad que circula por ambos cuando se conectan por separado. Si ahora conectas el secador y el calentador a un mismo enchufe alargador, responde:

a) ¿Qué intensidad circula por cada uno?

b) ¿Cuál es la resistencia equivalente?

c) ¿Qué puede pasar si se conectan muchos aparatos a un mismo enchufe alargador?

27. Observa el circuito de la figura y calcula:

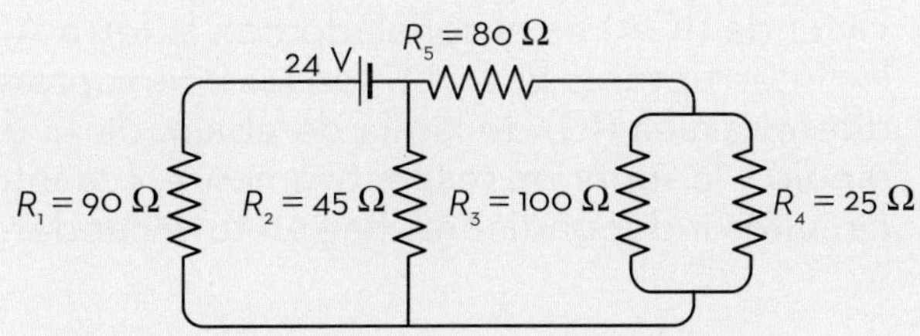

a) La resistencia equivalente del circuito.

b) La intensidad general del circuito.

c) La potencia disipada en el circuito.

d) El calor disipado en el circuito durante dos horas.

28. Visita alguna tienda de reparación de ordenadores, pide permiso para realizar una fotografía del interior de alguno de ellos e identifica, al menos, seis componentes electrónicos básicos. Indica cuál es la función de cada uno de ellos.

Manejando el cuadro eléctrico de tu vivienda

→I PISA

En esta actividad vamos a suponer que el cuadro eléctrico de tu vivienda es el siguiente:

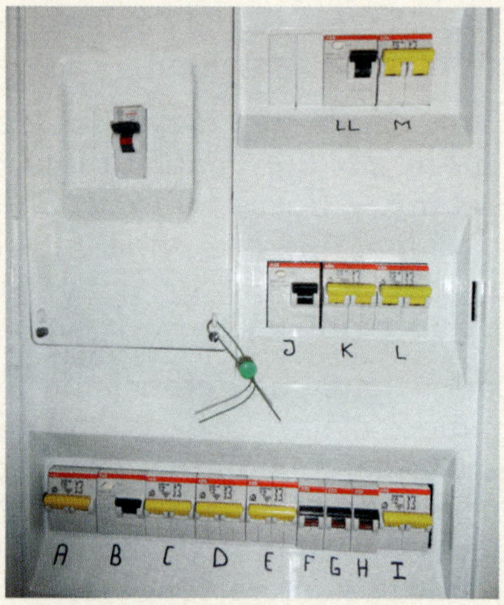

Utiliza lo aprendido sobre la instalación eléctrica de tu vivienda y responde a las siguientes preguntas:

Pregunta 1

Si el interruptor general automático de la vivienda (IGA) es el señalado con la letra A, y los interruptores B, J y LL son los interruptores diferenciales (ID) de la fila de abajo, de la del medio y la superior, respectivamente, ¿cuántos circuitos independientes hay en tu vivienda?

Pregunta 2

La potencia disipada en un cable debido al efecto Joule viene dada por la fórmula $P = I^2 \cdot R$, donde I es la intensidad que circula por el cable y R su resistencia. Esto implica que una mayor intensidad provoca un mayor calentamiento del cable, lo cual puede ser peligroso, pues podría provocar un incendio en la vivienda. Sin embargo, algunos aparatos, como el horno, necesitan para su funcionamiento una mayor intensidad de corriente que otros, como las bombillas. Para solucionar esto, para el horno se utiliza un cable de mayor sección (más grueso), ya que así se consigue disminuir la resistencia del cable y, por tanto, la energía disipada por efecto Joule, evitando, de esta forma, el peligro.

Si nos acercamos más al interruptor automático (IA) del circuito C podemos leer los datos de la sección de los cables y de la intensidad: 1,5 mm^2 y 10 A; mientras que en el circuito I se lee: 6 mm^2 y 25 A. ¿Cuál de los dos interruptores apagarías si tuvieras que arreglar el horno?

Pregunta 3

Con la información anterior y con la proporcionada en esta pregunta identifica a qué circuito corresponde cada uno de los interruptores automáticos. Copia y completa en tu cuaderno los huecos de la tabla siguiente:

Letra	Circuito	Sección cables	Intensidad
C		1,5 mm^2	10 A
D	cocina y aseos		16 A
E		2,5 mm^2	16 A
F	lavadora y lavavajillas	4 mm^2	
G		2,5 mm^2	
H	persianas eléctricas		10 A
I		6 mm^2	25 A

horno y placa

20 A

alumbrado

1,5 mm^2

termo

2,5 mm^2

enchufes de usos varios

16 A

El timbre y otras aplicaciones del electroimán

→| Tarea competencial

Objetivo

En esta tarea, os convertiréis en el profesor Electrikón y sus colegas: realizaréis una dramatización, en formato de película, para explicar a amigos y familiares el funcionamiento del timbre y de otras aplicaciones del electroimán, y cómo nos ayuda el electromagnetismo en nuestra vida cotidiana. Además, construiréis un timbre casero que será empleado en clase para mejorar la convivencia.

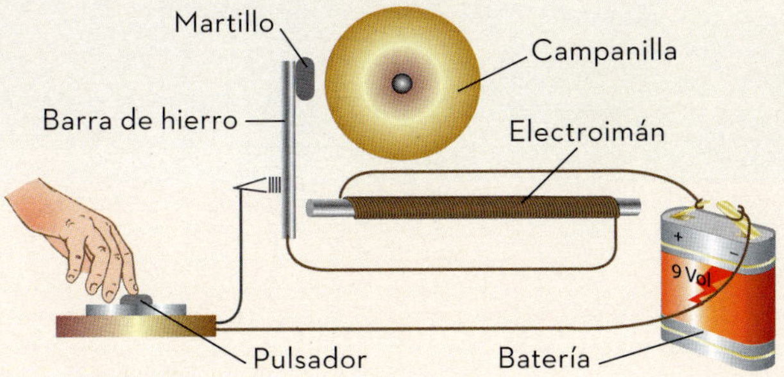

Figura 1. Esquema de un timbre casero.

Pasos que debes realizar

Formaréis grupos de trabajo cooperativos de cinco alumnos y haréis lo siguiente:

1.ª parte: Construcción de un electroimán y de un timbre casero (trabajo colectivo)

1. El grupo construirá un electroimán tal y como se explicó con anterioridad. Comprobará que funciona atrayendo pequeños clavos o tornillos.
2. A continuación, como aplicación del electroimán, el grupo construirá un sencillo timbre casero. Para ello, habrá que consultar en Internet los tutoriales que considere oportuno. Aquí se ponen algunos ejemplos:

goo.gl/SND3ix

goo.gl/oOxFRV

2.ª parte: Explicaciones del profesor Electrikón y sus colegas (trabajo individual y colectivo).

Cada alumno del grupo escogerá un rol, y se encargará de preparar la explicación asociada a dicho rol.

Alumno 1: Profesor Electrikón. Explicará el funcionamiento del electroimán (a partir del que ha realizado el grupo) y dará paso a sus colegas. Señalará también quién y cuándo inventó el electroimán.

Alumnos 2 y 3: Colegas 1 y 2. Usando el timbre realizado por el grupo, explicarán su funcionamiento.

Alumno 4: Colega 3. Hablará de otros aparatos en los que también podemos encontrar electroimanes, como los altavoces, las grúas magnéticas o los frenos magnéticos. La explicación de un determinado aparato se realizará a partir de un esquema buscado en Internet.

Alumno 5: Colega 4. Grabará en vídeo todas las explicaciones de sus compañeros y, mediante el programa adecuado, montará una película con todas las explicaciones. La película llevará por título «El timbre y otras aplicaciones del electroimán», por el profesor Electrikón y sus colegas.

Presentación final

Cada grupo presentará su película en clase, junto con el electroimán y el timbre realizados. Posteriormente, entre todos, se realizará una votación para decidir qué timbre es el mejor. El timbre ganador tendrá un papel fundamental en la mejora de la convivencia en el aula: se dejará sobre la mesa del profesor y, cada vez que se suba demasiado el volumen de conversación en la clase o se incumpla alguna norma básica del aula, tanto el profesor como cualquiera de los alumnos que construyó el timbre ganador podrán hacerlo sonar. Cada mes, y según el orden de elección obtenido tras la votación realizada, se cambiará el timbre por el de otro grupo, y, así, a lo largo de un curso, todos los alumnos se implicarán en la mejora de su comportamiento.

7 LA ENERGÍA

En un principio solo existía la nada. De repente, una gran explosión arrojó cantidades ingentes de energía en todas direcciones; aparecieron las primeras partículas subatómicas, que chocaban incesantemente entres ellas a altísimas velocidades: protones, neutrones, electrones... Estas colisiones crearon los primeros átomos, los cuales, poco a poco, fueron agrupándose y dando lugar a las primeras estrellas, a esos soles que arrojan energía a través del espacio vacío e infinito. A las estrellas no les gustaba la soledad y se agruparon por miles de millones formando galaxias, muchas galaxias, miles de millones de galaxias. Entonces, todo el universo se convirtió en un espectáculo de energía, luz y color...

En una de esas pequeñas, pero inmensas galaxias, en uno de esos minúsculos puntos de la noche eterna, se encuentra un sol especial: nuestro Sol, cuya inagotable energía calienta sin descanso nuestro pequeño hogar: la Tierra. Nuestro universo surgió de la nada, pero hoy todo está lleno de energía.

La energía es aquello que permite que todo cambie constantemente, desde el latido de nuestro corazón hasta el movimiento de Saturno, desde la sonrisa de un niño hasta la erupción de un volcán. La energía se halla en lo más minúsculo y en lo más inmenso. La energía es el alma del universo. La energía eres tú.

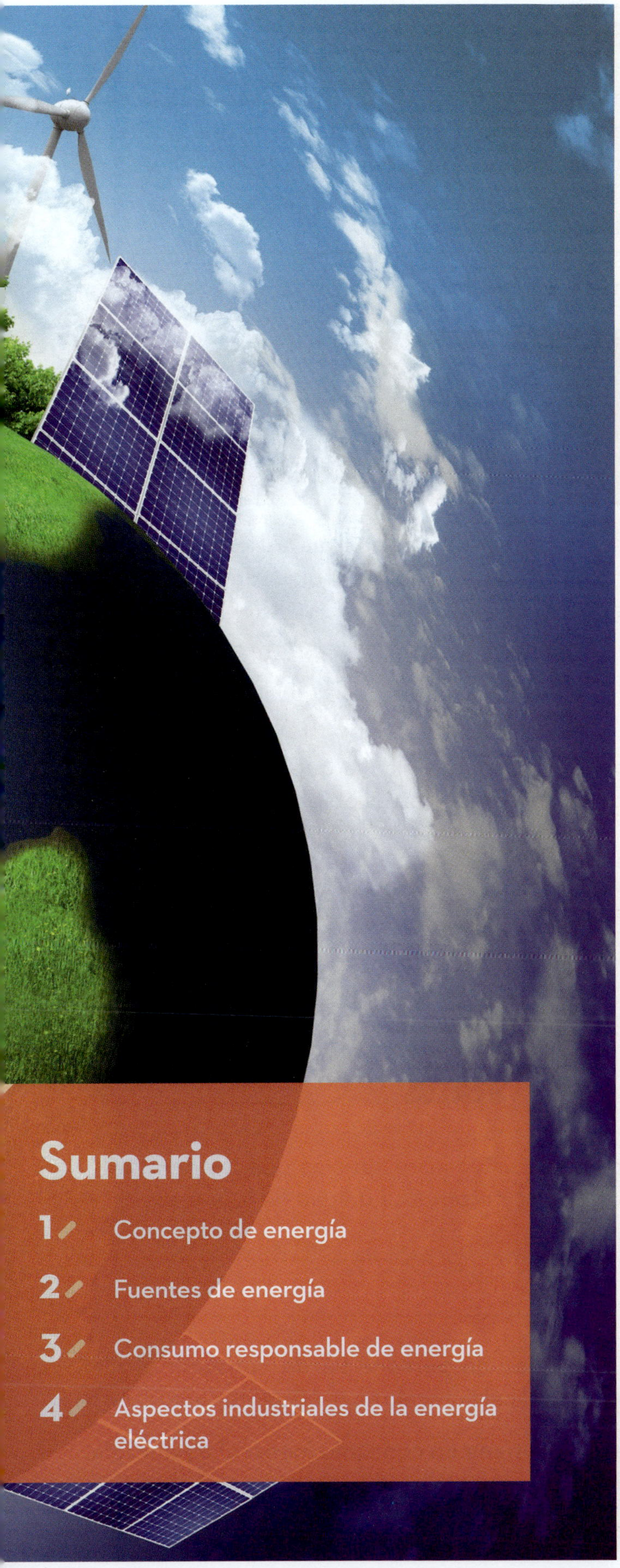

Sumario

1. Concepto de energía
2. Fuentes de energía
3. Consumo responsable de energía
4. Aspectos industriales de la energía eléctrica

Te proponemos un reto

En el estudio de la energía, una de las cuestiones más importantes es, precisamente, el uso que hacemos de ella. La utilización excesiva de los combustibles fósiles está haciendo que el cambio climático pase de ser una mera sospecha a convertirse en una realidad difícil de frenar.

Vas a realizar un método sencillo para calcular la cantidad de CO_2 que tu familia emite a la atmósfera a través de su consumo de electricidad. Haz lo siguiente:

- Pide a tus padres la última factura de luz de tu casa.
- Anota vuestro consumo en kWh. (Suele venir al final y está en torno a los 150 kWh/mes.)
- Mira la factura y sabrás el dinero que les cuesta a tus padres.
- Multiplica los kWh consumidos por 0,399 (factor de emisión de CO_2 a fecha de marzo de 2014): obtendrás los kg de CO_2 emitidos a la atmósfera por tu familia.
- Realiza una estimación de lo emitido por tu población y recuerda que no has incluido las emisiones debidas al consumo de gas y agua.

En esta unidad conocerás las distintas fuentes de energía de las que dispone la humanidad para su supervivencia y aprenderás a usar la energía de manera responsable. Juntos pondréis en práctica medidas de ahorro energético y no solo ayudaréis al medioambiente, sino que invertiréis, además, en solidaridad.

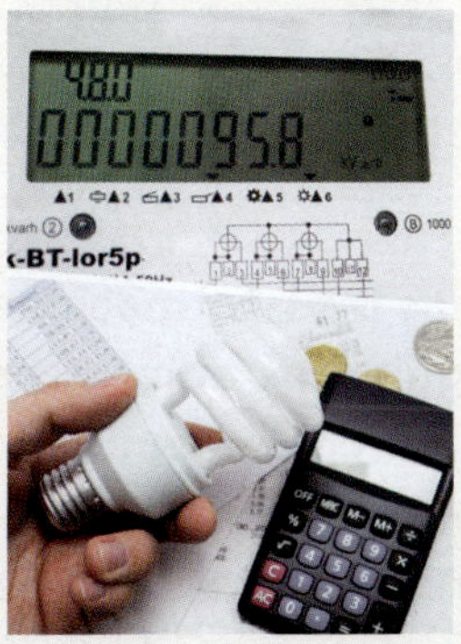

1 Concepto de energía

Felix Baumgartner adquirió en la estratosfera una energía tal que, al dejarse caer, superó la velocidad del sonido (1 224 km/h).

Si miras a tu alrededor, verás que **todo lo que existe en la naturaleza posee energía:** las personas, los alimentos, un coche, tu libro, la pizarra, una bicicleta, una moto, las estrellas, los planetas, tu móvil, un ordenador...

PIENSA Y RAZONA

Observa las siguientes imágenes y responde:

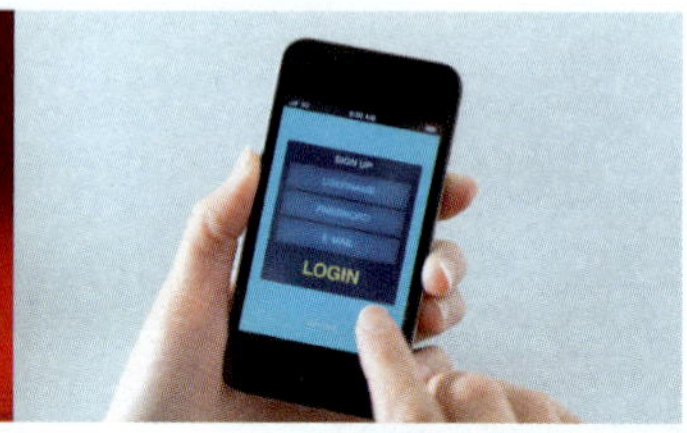

- ¿Cuál de esos tres objetos crees que posee más energía? ¿Tienen el mismo tipo de energía? ¿Producen algún tipo de cambio en su alrededor?
- ¿Sabrías explicar qué es exactamente la energía?

1.1. La energía y su unidad

Todos los objetos que nos rodean poseen energía, ya que pueden producir transformaciones a su alrededor, modificando a otros objetos y a sí mismos.

Tu móvil: cuando lo coges para recibir una llamada, la **energía electromagnética** de las ondas se transforma en **energía eléctrica** y esta, a su vez, en **energía térmica,** la cual hace que el dispositivo se caliente (cambia, por tanto, su temperatura). Al mismo tiempo, si pones el dispositivo de manos libres a un volumen muy elevado, la **energía sonora** te puede dañar el oído (cambio en tu tímpano).

Una persona: puede mover su mochila de un sitio a otro. Se producen así dos cambios: la mochila cambia de posición (de la casa al instituto) y la persona pierde energía (debido al esfuerzo físico que realiza).

La **energía** es una propiedad de los sistemas materiales que les permite provocar cambios en sí mismos o en su entorno. La unidad de la energía en el SI es el julio (J).

SABÍAS QUE..

Otras unidades de la energía son: la caloría **(cal),** el kilovatio hora **(kWh)** y la tonelada equivalente de petróleo **(tep):**

$$1\ \text{cal} = 4{,}19\ \text{J}$$

$$1\ \text{kWh} = 3{,}6 \cdot 10^{6}\ \text{J}$$

$$1\ \text{tep} = 4{,}19 \cdot 10^{10}\ \text{J}$$

ACTIVIDADES

1. **Explica algunas de las transformaciones que pueden producir los siguientes objetos por el hecho de poseer energía: un coche, el agua caliente, el viento, un bocadillo, un avión y la gasolina. Di qué cambios pueden provocar a su alrededor y si, al hacerlo, sufren ellos alguna modificación.**
2. **Se dice que una persona ha de consumir al día unas 2 500 kcal (kilocalorías). ¿Cuántos julios son?**
3. **Una familia tiene un consumo mensual de energía eléctrica de 150 kWh. ¿Cuántos kJ son? ¿A cuántas kcal equivale?**

1.2. Propiedades de la energía

Los cuerpos pueden producir cambios a su alrededor debido a la energía que poseen. En el siguiente dibujo puedes ver todas las propiedades de la energía.

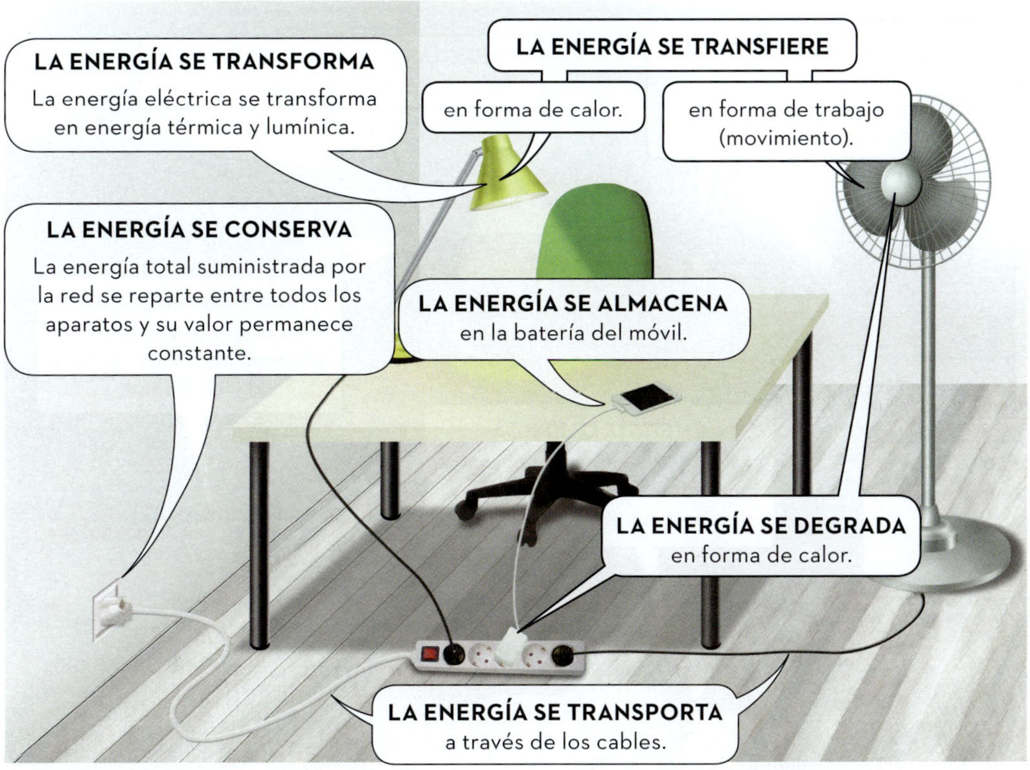

La energía se conserva: la energía con la que se golpea la pelota es la misma que recibe el portero (salvo lo que se pierde por fricción).

La energía se almacena y transporta: la batería de tu móvil almacena energía que puedes transportar donde desees.

La característica más importante de la energía viene dada por la **ley de conservación de la energía:**

> **La energía** total de un sistema aislado **ni se crea ni se destruye,** solo se transforma.

Por tanto, la energía se conserva, es decir, su valor total permanece constante.

ACTIVIDADES

4. Pon cinco ejemplos de tu vida cotidiana en los que, mediante diversas transformaciones, una parte de la energía inicial de un objeto se degrade en forma de calor. Justifica tu respuesta.

5. En los ejemplos que se dan a continuación di en cuáles se transfiere energía en forma de calor y en cuáles en forma de trabajo:

a) Empujar un coche que se ha quedado parado.

b) Tocar un plato caliente.

c) Levantar pesas.

d) Echar hielo al agua.

e) Ponerse al sol.

f) Levantar un coche con una grúa.

SABÍAS QUE..

Una bombilla incandescente solo transforma en luz el 5 % de la energía eléctrica que consume, el resto se pierde en forma de calor. Para una bombilla LED, la eficiencia energética es mucho mayor: transforman hasta un 98 % en luz y duran hasta 30 veces más.

1.3. Tipos de energía

La **energía** se puede presentar en diversas formas o tipos, los cuales se transforman continuamente de unos a otros.

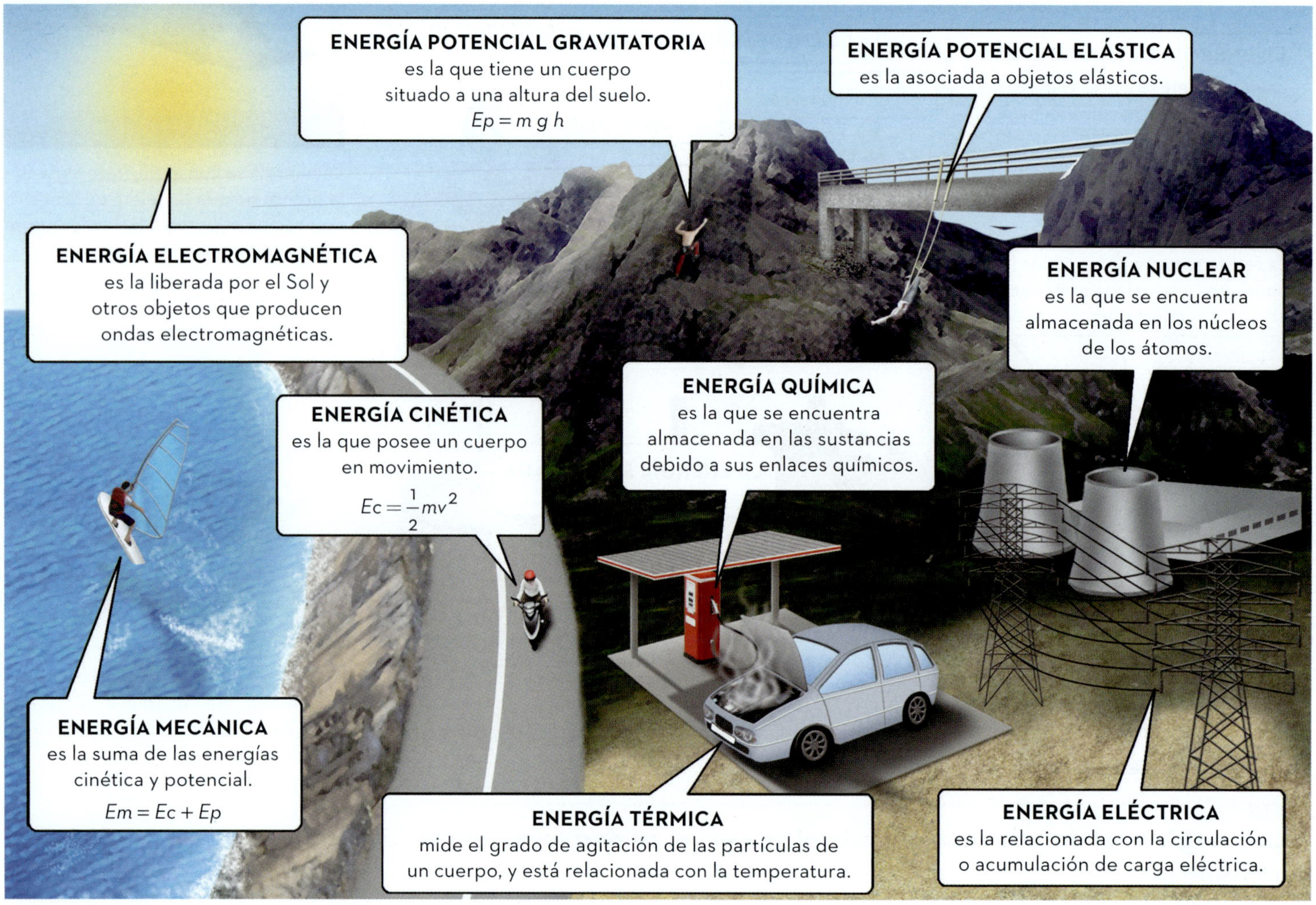

SABÍAS QUE..

El **calor** no es un tipo de energía, sino una energía en tránsito, que se pone de manifiesto entre cuerpos de distinta temperatura.

EJEMPLO RESUELTO

1. **Imagina que estás situado en la segunda planta del instituto, la cual tiene una altura, $h = 7$ m. Si la masa de tu mochila es $m = 5$ kg, calcula:**

   a) La energía potencial que tiene tu mochila a esa altura. (Dato: gravedad en la Tierra, $g = 9{,}8$ m/s²).

   b) Desde esa altura, se te cae la mochila al patio del recreo. Teniendo en cuenta que la energía se conserva, ¿con qué velocidad llega al suelo?

Solución

a) $E_p = m \cdot g \cdot h = 5 \cdot 9{,}8 \cdot 7 \rightarrow E_p = 343$ J

b) Como la energía mecánica se conserva, y en la segunda planta solo hay energía potencial y en el suelo solo energía cinética, se cumple que:

$$E_p = E_c \rightarrow 343 = 1/2\ m\ v^2 \rightarrow 343 = 1/2 \cdot 5 \cdot v^2 \rightarrow v = 11{,}7 \text{ m/s} = 42{,}1 \text{ km/h}$$

EJEMPLO RESUELTO

2. Se cae un móvil desde un tercer piso, situado a una altura de 10 m. Abajo, un científico es capaz de medir la velocidad con la que el teléfono impacta contra el suelo, proporcionando un valor de 14 m/s. Si el móvil tiene una masa de 130 g, calcula:

a) La energía cinética del móvil cuando impacta contra el suelo.

b) La energía potencial del móvil cuando se encuentra en el tercer piso.

c) ¿Coinciden los dos valores anteriores? ¿Por qué?

Solución

a) $E_c = 1/2 \cdot m \cdot v^2 = 1/2 \cdot 0{,}130 \cdot (14)^2 \rightarrow E_c = 12,7$ J

b) $E_p = m \cdot g \cdot h = 0{,}130 \cdot 9{,}8 \cdot 10 \rightarrow E_p = 12,7$ J

c) El valor de la energía cinética coincide con el de la energía potencial: $E_c = E_p = 12{,}7$ J. Esto es así por la ley de conservación de la energía: la energía se conserva, es decir, ni se crea ni se destruye, solo se transforma. En este caso, la energía potencial inicial se ha transformado en energía cinética.

EL LABORATORIO EN EL AULA **La energía se transforma**

1. Comprueba cómo la energía potencial se transforma en cinética y esta, a su vez, se degrada, dispersándose en el medio.
Necesitas bolas de plomo de distintas masas (de 150 g en adelante), varios tacos de plastilina, una cinta métrica, un calibre y una balanza.

Coloca una de las bolas de plomo en la balanza y anota su masa. Deja caer la bola, desde distintas alturas, sobre los tacos de plastilina. Por cada caída, anota en una tabla en tu cuaderno la altura *(h)* y la profundidad *(p)* del agujero hecho sobre la plastilina (mídelo con el calibre). Calcula la energía potencial *(E_p)*, la energía cinética *(E_c)* y la velocidad *(v_s)* con la que la bola llega al suelo.
Repite el experimento con bolas de distinta masa y estudia las diferencias. Recuerda que la energía potencial se transforma en energía cinética. Comprueba como a mayor altura, más energía tiene la bola, y mayores son los efectos que provoca en su caída.

Bola 1 ($m_1 = 150$ g)				
h (m)	E_p (J)	E_c (J)	v_s (m/s)	*p* (mm)
1				
1,5				

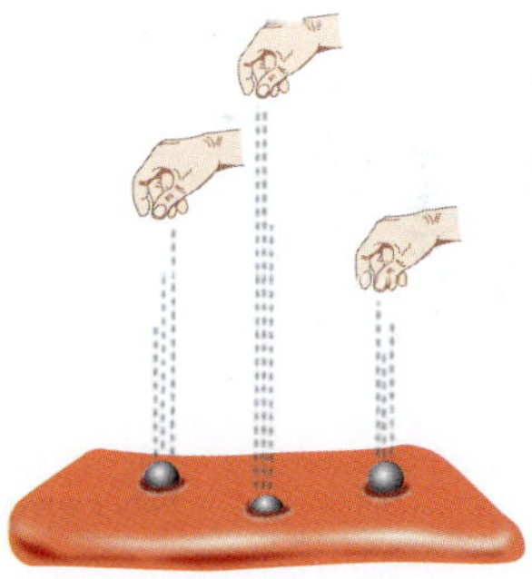

ACTIVIDADES

6. Calcula la energía mecánica que lleva un avión de pasajeros cuya masa es de 300 000 kg y que vuela a una altura de 10 000 m con una velocidad de 850 km/h.

7. ¿Con qué velocidad llega al suelo una pelota de tenis de 58 g si se deja caer desde una altura de 10 m?

8. El deportista Felix Baumgartner se dejó caer desde la estratosfera a una altura $h = 39$ km. Suponiendo que la masa de esta persona es $m = 70$ kg y sabiendo que la gravedad es $g = 9{,}8$ m/s², calcula la energía potencial que tenía a esa altura.

9. La velocidad máxima alcanzada por Baumgartner fue de $v = 1343$ km/h, superando así la del sonido, ¿cuánto valía su energía cinética en el momento de superar la barrera del sonido?

2 Fuentes de energía

ENERGÍA 2.0

Entra en la siguiente página y te divertirás aprendiendo sobre las fuentes de energía:

goo.gl/clkcSp

Toda la energía que aprovecha la humanidad se obtiene de diversos sistemas o sustancias que almacenan energía. Sin embargo, como veremos más adelante, no todas son igual de beneficiosas para el medioambiente.

PIENSA Y RAZONA

Observa los siguientes diagramas y responde:

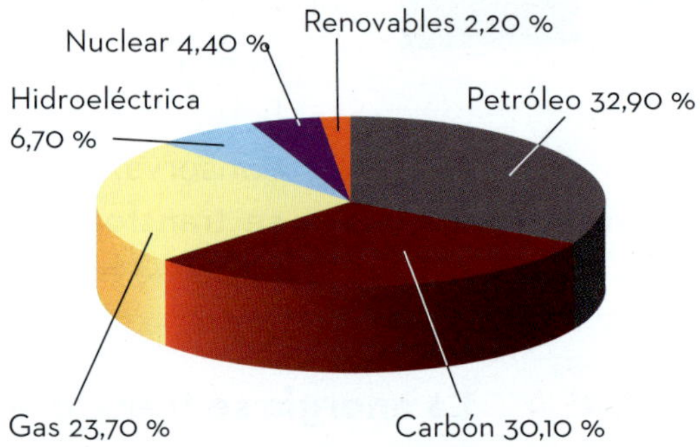

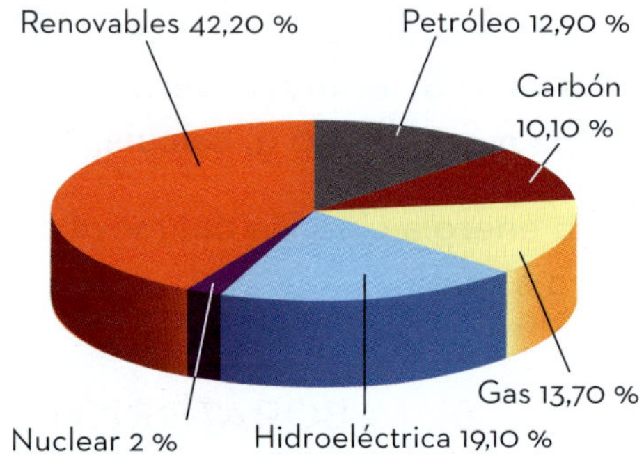

- ¿Cuál de estas situaciones contamina más?
- ¿Cuál de esas situaciones crees que se da en la actualidad?

A partir de la energía nuclear, la hidroeléctrica, el gas natural, el carbón, el petróleo y las energías renovables, obtenemos la energía necesaria para nuestras vidas: todas son fuentes de energía.

Se llama **fuente de energía** a todo sistema material del que podemos extraer energía útil para el ser humano.

Las fuentes de energía se clasifican de la siguiente manera:

	FUENTES DE ENERGÍA	
	Convencionales	**Alternativas**
No renovables Se consumen a un ritmo superior al de su reposición en la naturaleza. Terminarán agotándose.	Combustibles fósiles (carbón, petróleo y gas natural) Energía nuclear	Biomasa
Renovables Se consumen a un ritmo inferior al que la naturaleza las repone. Son inagotables.	Energía hidráulica	Energía solar Energía eólica Energía geotérmica Energía mareomotriz

ACTIVIDADES

10. Consulta la última factura de electricidad que ha llegado a tu casa y anota las fuentes de energía de las que se obtiene la energía eléctrica que consume tu familia.

2.1. Cadena energética

Para que podamos aprovechar la energía contenida en las fuentes de energía existentes en la naturaleza es necesario que se den una serie de transformaciones. Según las modificaciones que sea necesario realizar para su utilización, las fuentes de energía se clasifican en:

- **Primarias:** son aquellas que se obtienen directamente de las fuentes de energía disponibles en la naturaleza. Su uso directo es difícil o imposible.
- **Secundarias:** son aquellas que se obtienen a partir de transformaciones de la energía primaria. Esta energía puede utilizarse de manera directa.
- **Útiles:** es la forma final de la energía que aprovechamos.

El conjunto de procesos que transforman la fuente de energía primaria en útil recibe el nombre de **cadena energética.** Sin embargo, toda la energía inicial de la fuente no llega a nosotros en forma de energía útil, ya que, en cada una de las transformaciones que sufre, la energía se **degrada:** se convierte en energía térmica que, posteriormente, se pierde en forma de **calor.**

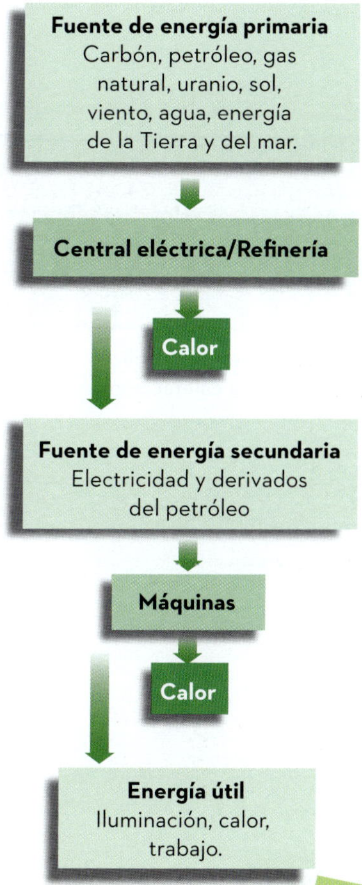

EJEMPLO RESUELTO

3. Realiza un esquema de la cadena energética que tiene lugar en un coche con motor diésel.

Solución

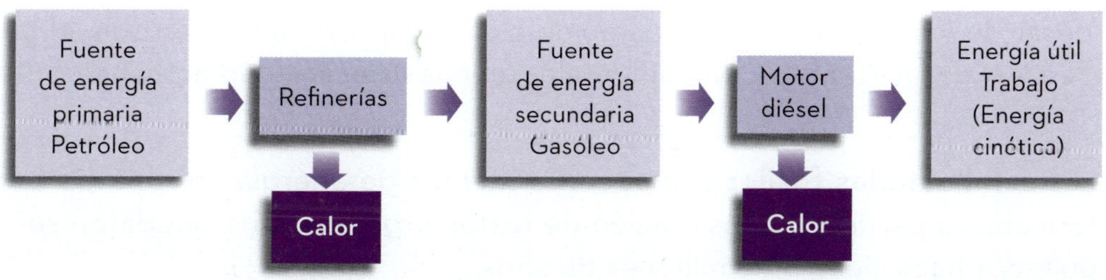

SABÍAS QUE..

El motor de un automóvil solo transforma en energía mecánica un 27 % de la energía química del combustible; el resto se degrada en calor.

EXPERIMENTA **La cadena energética de tu teléfono móvil**

1. Vas a realizar una experiencia sencilla para comprobar cómo, a partir de una determinada fuente de energía, unos tipos de energía se transforman en otros, siguiendo una cadena energética concreta.

   Usa un teléfono móvil durante un rato (para ver distintas aplicaciones o para hablar). Comprueba que, después de un tiempo, se calienta. Suponiendo que la fuente de energía que te ha permitido usar el móvil es el viento (ya que existe un parque eólico que abastece, en parte, a tu ciudad), realiza un esquema de la cadena energética e indica de qué forma se degrada energía en forma de calor. Señala también todos los tipos de energía puestos en juego y di cuáles son las energías primaria, secundaria y útil.

   a) ¿Crees que ha llegado al móvil toda la energía eólica generada por el viento?

   b) Si no es así, ¿es que ha desaparecido parte de la energía inicial?

   c) ¿Qué cambios ha provocado la energía eólica inicial en tu entorno? (Recuerda que la energía tiene la capacidad de producir cambios.)

2.2. Fuentes de energía convencionales

Muchas viviendas utilizan el gas natural para la calefacción.

Actualmente, la mayor parte de la producción de energía mundial proviene de las fuentes de energía convencionales: combustibles fósiles, energía hidráulica y nuclear.

PIENSA Y RAZONA

Reflexiona sobre lo siguiente:

- Observa la gráfica. ¿Qué crees que pasará cuando se agoten los combustibles fósiles?
- ¿Por qué crees que las energías alternativas no han sustituido ya a las tradicionales?
- Busca información sobre los principales problemas medioambientales causados por cada una de las energías convencionales. Anota las páginas consultadas.

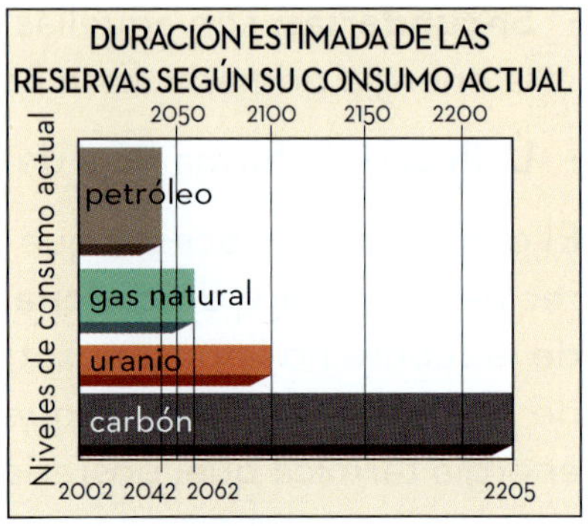

Las fuentes de energía convencionales tienen una gran importancia para el ser humano, pues hacen que nuestra sociedad funcione de la manera que lo hace. Sin embargo, su utilización provoca graves problemas medioambientales que, para algunos, solo pueden ser solucionados con energías alternativas.

SABÍAS QUE..

Factores de emisión:

Electricidad

1 kWh → 0,399 kg CO_2

Gas natural

1 kWh → 0,252 kg CO_2

Agua

1 m^3 → 0, 172 kg CO_2

A. Combustibles fósiles

A pesar de los problemas medioambientales que provocan, el carbón, el petróleo y el gas natural son fundamentales en nuestra sociedad actual.

Los **combustibles fósiles** son aquellas fuentes de energía no renovables formadas a partir de la fosilización de restos orgánicos que quedaron sepultados hace cientos de millones de años.

En el siguiente esquema podemos ver las características que poseen:

CARBÓN

Fue fundamental en el siglo XIX, durante la revolución industrial, ya que **se usaba** como combustible para la **máquina de vapor.** Al ritmo actual de consumo, sus reservas podrían durar unos 200 años. En las **centrales térmicas**, al quemar carbón para producir energía, **se libera a la atmósfera CO_2 (efecto invernadero** y **cambio climático)** y óxidos de nitrógeno y azufre (lluvia ácida). Su **poder calorífico** (energía obtenida al quemar 1 kg de combustible) es de unos **30 000 kJ/kg.**

GAS NATURAL

Formado por **metano** (en un 90 %, aproximadamente) y **otros gases.** En su combustión se desprende CO_2, pero no deja residuos sólidos, **es el menos contaminante de los combustibles fósiles.** Las técnicas de licuación de gases han hecho posible que hoy día el gas natural esté presente en el **sistema de calefacción de muchos hogares.** Su **poder calorífico** es elevado, puede llegar a los **48 000 kJ/kg.**

PETRÓLEO

Es **la fuente de energía más usada** en la actualidad, por la gran **cantidad de productos derivados** (gasolina, gasóleo, plásticos, textiles, medicamentos...). Sus reservas durarán unos 50 años. La **gasolina** y el **gasóleo** son fundamentales en nuestra sociedad. Su combustión también **produce CO_2 y óxidos de azufre y nitrógeno.** Tiene un **poder calorífico** de unos **44 000 kJ/kg.**

COMBUSTIBLES FÓSILES	
Ventajas	**Inconvenientes**
1. La tecnología necesaria está muy desarrollada. 2. Los costes de producción son relativamente baratos. 3. La energía es fácil de obtener. 4. Los derivados del petróleo proporcionan materias primas para la industria.	1. Provocan graves efectos medioambientales: cambio climático y lluvia ácida. 2. Las reservas de combustibles fósiles son limitadas. 3. Su limitada distribución geográfica ocasiona continuos conflictos por su control. 4. En España debemos importarlos, lo cual nos provoca una alta dependencia energética.

SABÍAS QUE..

Los combustibles fósiles se formaron a partir de restos de seres vivos que se fueron depositando en el lecho marino hace millones de años. Si quieres saber más consulta esta interesante animación:

www.ambientech.org/spa/

EJEMPLO RESUELTO

4. Un coche de motor diésel consume 6 L de gasóleo cada 100 km. Si 1 L de gasóleo equivale a un gasto energético de 10,6 kWh y por cada kWh consumido se emiten a la atmósfera 0,252 kg de CO_2 (factor de emisión del gasóleo), ¿qué cantidad de CO_2 emite ese coche en un viaje de 500 km?

Solución

En su viaje de 500 km el coche consume 500 km · 6 L/100 km = 30 L de gasóleo. Eso implica un gasto energético de 30 · 10,6 = 318 kWh. Por tanto, la cantidad de CO_2 emitida en el viaje será:

$$\text{Cantidad de } CO_2 \text{ emitida} = 0{,}252 \cdot 318 = 80{,}1 \text{ kg de } CO_2$$

¿El conductor del coche podría compensar este daño a la atmósfera de alguna manera? (Si quieres una ayuda, consulta la página: **www.ceroco2.org**)

EXPERIMENTA Lo que contaminas al ducharte

2. Ahora vas a realizar una sencilla experiencia que te permitirá hacer una estimación de la cantidad de CO_2 que emites a la atmósfera cuando te duchas. Para ello, sigue los siguientes pasos:

a) Abre el grifo de tu ducha, coloca debajo un recipiente de 5 L y anota el tiempo que tarda en llenarse. Con esto sabrás el caudal de agua de tu grifo (litros/minuto).

b) A partir del tiempo que tardas en ducharte, estima los litros de agua que gastas y la masa de agua. (Recuerda que la densidad del agua es de 1 kg/L, luego 1 L de agua tiene una masa de 1 kg.)

c) Sabiendo la masa de agua que gastas y las temperaturas del agua caliente (T_c = 40 °C) y fría (T_f = 20 °C), calcula la energía (en julios) necesaria para calentar esa cantidad de agua mediante la siguiente fórmula:

$$\text{Energía para calentar agua (J)} = \text{masa de agua (kg)} \cdot 4180 \cdot (T_c - T_f)$$

d) Pasa el resultado anterior a kWh. (Recuerda: 1 kWh = $3{,}6 \cdot 10^6$ J.)

e) Si el factor de emisión para el gas natural es de 0,252 kg de CO_2 eq/kWh, calcula, entonces, la cantidad de CO_2 que emites al ducharte.

f) ¿Cuántos kg de CO_2 emitirás a lo largo de un año? ¿Crees que es una cantidad significativa?

g) ¿Cuántos kg de CO_2 emitirá con sus duchas toda la población española? (Supón cuatro duchas por semana y persona).

h) Realiza un tutorial en el que expliques lo que has realizado y propón formas alternativas de calentar el agua, para reducir, así, las emisiones de CO_2.

B. Energía hidráulica

La presa de las Tres Gargantas, situada sobre el río Yangtsé (China), es la más grande del mundo. Produce una potencia de más de 20 000 MW.

La caída del agua hacia niveles más bajos se aprovecha para obtener otros tipos de energía. Tradicionalmente esta energía se utilizaba para mover ruedas de molinos. En la actualidad, se usa para obtener electricidad en las centrales hidroeléctricas, produciendo una potencia típica de unos **10 MW.**

> La **energía hidráulica** es una fuente de energía **renovable** asociada al agua retenida en un embalse natural o artificial a gran altura.

Esta es una fuente de energía renovable porque la cantidad de agua total sobre la Tierra es inagotable: el agua de la superficie se evapora, forma las nubes y estas vuelven a descargar de nuevo el agua. Aunque es una fuente de energía limpia, tiene el inconveniente de que la energía producida depende de la cantidad de agua embalsada.

ENERGÍA 2.0

Aquí puedes ver cómo obtener energía a partir del agua del grifo:

goo.gl/pFM9Dg

ENERGÍA HIDRAÚLICA	
Ventajas	**Inconvenientes**
1. Los costes de producción y mantenimiento son bajos. 2. No contamina. 3. El rendimiento es muy elevado. 4. Constituyen una importante reserva de agua en épocas de sequía. 5. Los embalses permiten controlar el cauce de los ríos, evitando inundaciones.	1. La inversión inicial para la construcción de la presa es muy elevada. 2. Modifican el paisaje produciendo un gran impacto visual y afectando a especies acuáticas. 3. La construcción de una presa está limitada a emplazamientos muy concretos y escasos.

EL LABORATORIO EN EL AULA **Generando electricidad a partir del agua**

2. Realiza el montaje que se muestra en el apartado Energía 2.0. Para ello necesitas el siguiente material: un fregadero, un polímetro y una turbina Pelton casera conectada a un alternador. Coloca la turbina en el fregadero y abre el grifo: comprueba cómo se genera fem (fuerza electromotriz). Rellena una tabla en tu cuaderno en la que se muestre la variación de la fem en función de la altura desde la que cae el agua y del caudal del grifo.

Caudal = ______________ (L/min)	
h (cm)	*fem* (V)

¿De qué depende la fem generada? En una central hidroeléctrica el agua mueve las turbinas. Pero, ¿qué las mueve en una central térmica? ¿Y en una central nuclear? ¿Cuál te parece que produce menos impacto medioambiental? ¿Cuál es renovable? Observa el mapa de la localización de centrales hidroeléctricas en España: ¿qué tienen en común todos los lugares donde se instalan? ¿Crees que la instalación de la presa produce algún tipo de impacto a su alrededor?

C. Energía nuclear

La energía liberada en un reactor nuclear supera con creces la de cualquier otro tipo de energía: $7{,}2 \cdot 10^7$ kJ por gramo de uranio; harían falta casi 2 toneladas de petróleo para producir la misma energía. La potencia típica de una central nuclear es de unos **1 000 MW.**

> La **energía nuclear** es una fuente de energía **no renovable** obtenida del interior de los núcleos de ciertos elementos pesados, como el uranio-235.

Existen dos formas de obtener energía nuclear: la fisión, utilizada en las centrales nucleares, y la fusión, que está todavía en fase experimental.

Fisión nuclear

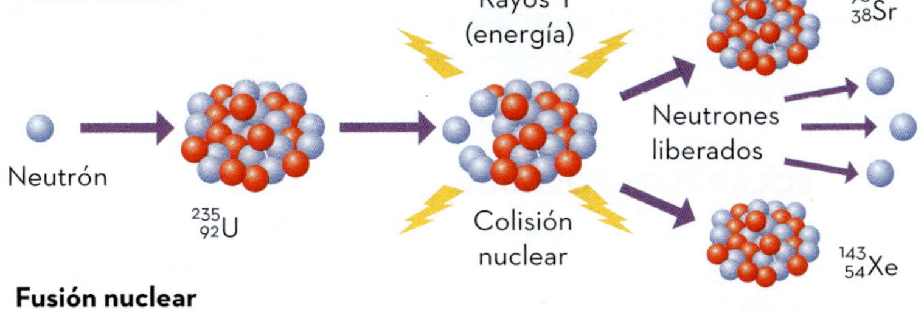

Mediante bombardeo con neutrones, se rompen los núcleos de uranio-235 y se libera una tremenda cantidad de energía. Los residuos radiactivos liberados (estroncio-90 y xenón-143) son altamente radiactivos y tardan miles de años en descomponerse.

Fusión nuclear

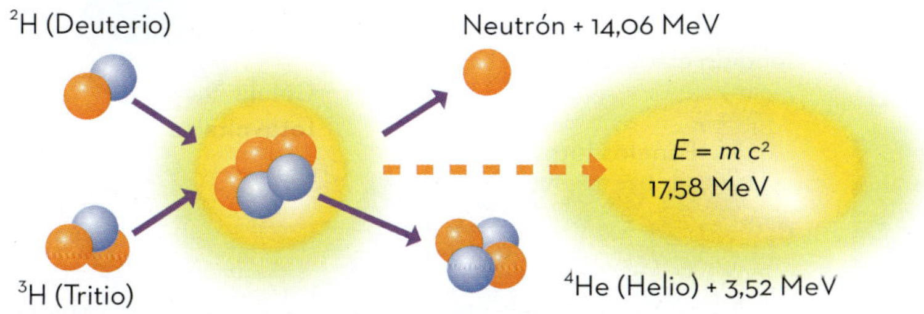

Dos núcleos ligeros (deuterio y tritio) se fusionan para formar núcleos más pesados (helio) produciendo una enorme energía. En este proceso no se generan residuos radiactivos, pero todavía no puede realizarse de manera controlada. Según el Proyecto ITER de fusión nuclear, en 2027 ya podría aprovecharse esta energía.

ENERGÍA NUCLEAR	
Ventajas	**Inconvenientes**
1. Permite obtener muchísima energía eléctrica a partir de pequeñas cantidades de combustible. 2. Su uso reduce la dependencia energética de otros países. 3. No emite gases de efecto invernadero.	1. En caso de accidente, el riesgo de contaminación es muy elevado. 2. Las medidas de seguridad de las instalaciones son muy exigentes y costosas. 3. Los residuos radiactivos pueden tardar miles de años en descomponerse. 4. La inversión para la construcción de la central nuclear es muy elevada.

Se detectaron niveles de radiactividad muy altos en Chernóbil y Fukushima, los peores accidentes nucleares de la historia.

ACTIVIDADES

11. **La presa de las Tres Gargantas (China) tiene una potencia de 20 000 MW. Si la potencia media contratada por una familia es de 5 kW, ¿a cuántos hogares podría suministrar energía esa central?**

12. **Si tu bolígrafo tiene una masa $m = 8$ g, ¿cuánta energía podrías conseguir si transformaras esa masa en energía usando la ecuación de Einstein, $E = m \cdot c^2$? (Dato: velocidad de la luz, $c = 3 \cdot 10^8$ m/s.)**

2.3. Fuentes de energía alternativas

La central termosolar de Fuentes de Andalucía (Sevilla) proporciona energía para 25 000 hogares.

Las consecuencias desastrosas que puede ocasionar el cambio climático, producido por el uso de combustibles fósiles, y los graves inconvenientes de la energía nuclear han llevado al ser humano a plantear seriamente otra opción energética: las **fuentes de energía alternativas.**

A. Energía solar

Es una energía inagotable y gratuita, y, si se consigue aprovechar de manera óptima, podría abastecer a una gran parte de la población mundial.

> La **energía del Sol** que incide sobre la Tierra en forma de radiación electromagnética recibe el nombre de **energía solar.**

Pueden distinguirse dos tipos de energía solar: térmica y fotovoltaica.

SOLAR TÉRMICA

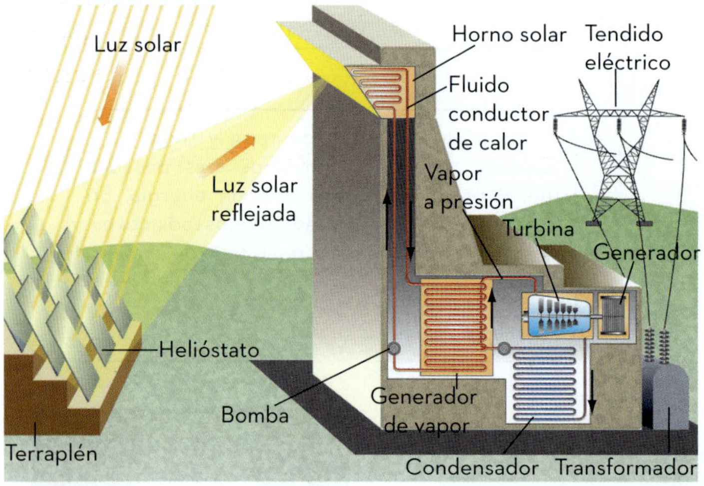

Energía solar térmica de alta temperatura.
La radiación solar se refleja en los helióstatos y se concentra en el horno solar. La energía del sol se utiliza para calentar un fluido y generar vapor a presión, el cual mueve la turbina y genera electricidad.

SOLAR FOTOVOLTAICA

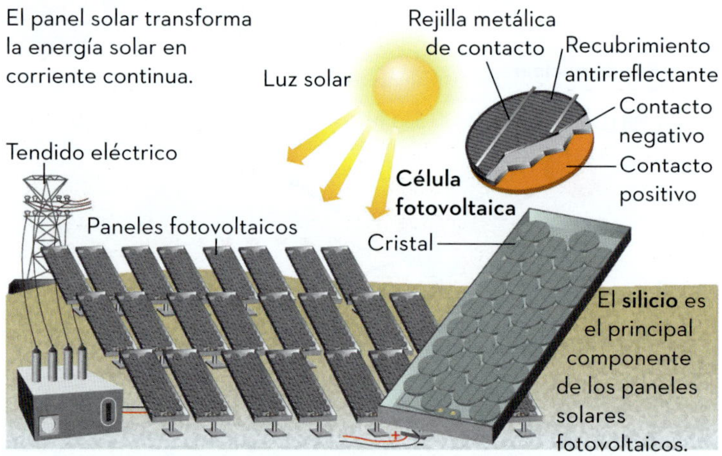

El **convertidor** transforma la corriente continua en alterna.

Energía solar fotovoltaica.
Se utilizan paneles solares con células fotovoltaicas de silicio que, mediante el efecto fotoeléctrico, transforman la energía solar en energía eléctrica. El problema principal es el bajo rendimiento de estos paneles.

ENERGÍA SOLAR

Ventajas	Inconvenientes
1. Es una energía limpia, inagotable y gratuita. 2. Se consume cerca de donde se produce, permitiendo que llegue a zonas de difícil acceso. 3. La elevada insolación que reciben algunas zonas hace que se reduzca su dependencia energética.	1. Es una energía muy dispersa e intermitente. 2. Son necesarias grandes extensiones de terreno para su instalación. 3. El desembolso inicial es muy costoso: son necesarias subvenciones.

ENERGÍA 2.0

Esta página contiene simulaciones muy interesantes sobre la energía solar y otras fuentes de energía. ¡No te la pierdas!

goo.gl/SD7oG7

ACTIVIDADES

13. Explica las analogías y diferencias entre la energía solar térmica y la fotovoltaica.

B. Energía eólica

Tradicionalmente, se ha aprovechado para la navegación y los molinos de viento, y actualmente se hace a través de los aerogeneradores, los cuales están constituidos por un rotor cuyas palas son movidas por el viento.

El parque eólico de Tarifa proporciona una potencia de más de 500 MW.

La **energía eólica** es la **energía cinética del viento** y, al igual que la energía solar, es limpia e inagotable.

Mediante un alternador, la energía cinética de rotación de las palas del aerogenerador se transforma en energía eléctrica. La potencia generada por un aerogenerador está en torno a los **2 MW.**

ENERGÍA EÓLICA

Ventajas	Inconvenientes
1. Es una energía limpia, inagotable y gratuita.	1. Su instalación ocasiona un impacto paisajístico considerable.
2. Una vez instalado el aerogenerador, los costes de producción de electricidad no son elevados.	2. Las aves pueden verse afectadas por las palas.
3. Las instalaciones no dejan huella: son fácilmente reversibles.	3. Está limitada a zonas abiertas con vientos de intensidad fuerte.
4. No contribuye al efecto invernadero.	4. La producción de electricidad es irregular, pues depende del viento.
5. No se producen residuos ni se emiten sustancias tóxicas.	5. No hay muchos lugares buenos para la instalación de aerogeneradores.

ENERGÍA 2.0

Aquí puedes ver todo el parque eólico instalado en las distintas regiones de España:

goo.gl/S8JB03

ACTIVIDADES

14. En el año 2013 la energía eólica cubrió el 21 % de la demanda eléctrica de los españoles. Sin embargo, la instalación de un parque solo puede realizarse en zonas que cumplen unos requisitos muy concretos.

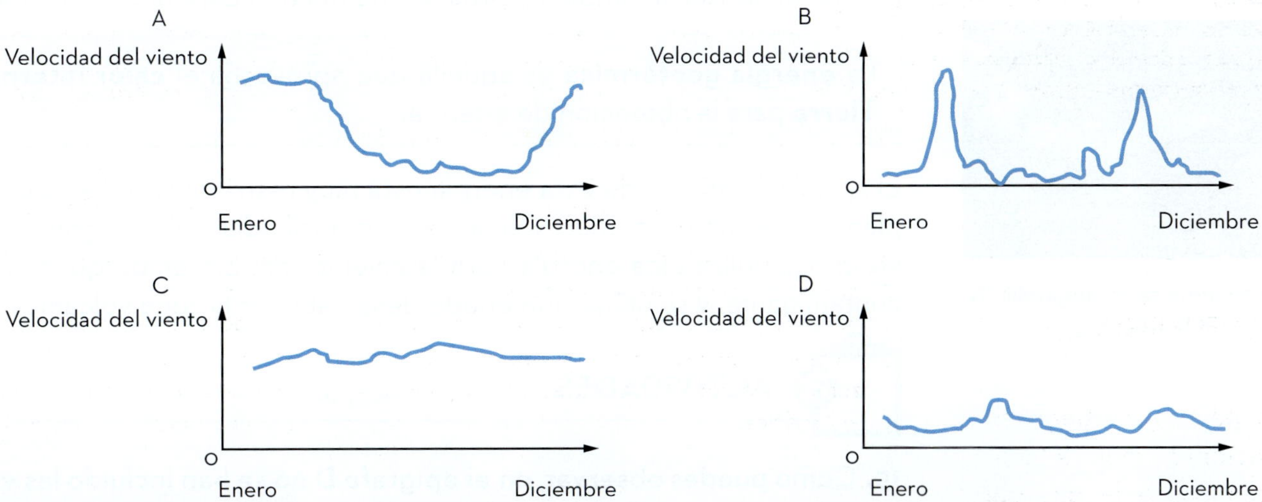

a) ¿Qué situación crees que es la más idónea para la instalación del parque eólico?

b) ¿Qué ocurriría si el consumo energético de tu población dependiera solo de la energía eólica?

c) Según los vientos, ¿instalarías un parque eólico en tu localidad?

C. Biomasa

Central de biomasa.

Nuestros antepasados primitivos ya descubrieron con el fuego que se podía obtener energía de los restos vegetales. Aún hoy lo seguimos haciendo cada vez que encendemos la chimenea.

La **biomasa** es **materia orgánica** de origen vegetal o animal que puede aprovecharse para producir energía.

Las formas de obtener energía a partir de la biomasa son las siguientes:

- **Combustión.** Los restos vegetales se queman en centrales térmicas para producir energía eléctrica. Este proceso conlleva la emisión de CO_2, por lo que se dice que este tipo de biomasa es sucia.
- **Biogás.** La fermentación de residuos animales y vegetales produce metano (CH_4), que puede usarse como combustible en una central térmica.
- **Biocombustibles.** Mediante diversos procesos químicos se consigue obtener bioetanol o biodiésel, que son usados en automoción.

SABÍAS QUE..

El bioetanol se obtiene de cultivos como la caña de azúcar y la remolacha, y suele emplearse como sustituto de la gasolina. El biodiésel se obtiene de aceites vegetales, como el de girasol, y se emplea como sustituto del gasoil.

BIOMASA

Ventajas	Inconvenientes
1. Favorece el reciclaje y la eliminación de residuos. 2. La limpieza de montes, que implica ayuda para evitar incendios. 3 El uso de biocarburantes reduce el empleo de gasolina y gasóleo.	1. Necesita grandes extensiones de cultivo. 2. Su combustión también emite CO_2. 3. La distribución de biocombustibles no está todavía muy desarrollada.

D. Energía geotérmica

En algunas zonas del mundo, con gran actividad sísmica y volcánica, la energía interna de la Tierra también puede ser de utilidad para el ser humano.

Central geotérmica de Nesjavellir (Islandia).

La **energía geotérmica** es aquella que aprovecha el **calor interno de la Tierra** para la obtención de energía.

El aprovechamiento de esta energía está muy restringido a diversas zonas del planeta con alta actividad volcánica, como Islandia. Allí, un gran número de viviendas utiliza esta energía para la calefacción. Sin embargo, es altamente contaminante, y su utilización puede desestabilizar la zona volcánica.

ACTIVIDADES

15. Como puedes observar, en el epígrafe D no se han incluido las ventajas e inconvenientes de la energía geotérmica. Realiza una tabla en tu cuaderno, análoga a las anteriores, con tres ventajas y tres inconvenientes de este tipo de energía. Busca dos lugares del mundo más donde se aproveche esta energía. ¿Se utiliza esta forma de energía en España?

E. Energía mareomotriz

La diferencia de niveles entre la marea alta y baja se aprovecha para generar electricidad accionando unas turbinas. En otros casos, se utiliza la energía de las olas para producir electricidad.

> La **energía mareomotriz** consiste en el aprovechamiento de la energía cinética de **mareas** y **olas.**

También puede aprovecharse la llamada **energía térmica marina,** que se debe a la diferencia de temperaturas entre las profundidades y la superficie del mar. La central mareomotriz de Motrico (Guipúzcoa) genera 300 kW.

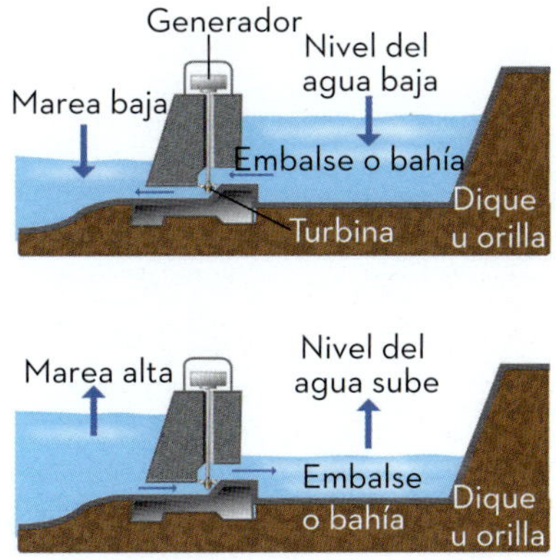

Esquema del funcionamiento de una central mareomotriz.

ENERGÍA MAREOMOTRIZ	
Ventajas	**Inconvenientes**
1. Es una energía limpia, inagotable y gratuita. 2. No produce gases de efecto invernadero. 3. El coste de la energía es menor que en otros tipos de renovables.	1. Escasez de zonas con grandes mareas. 2. El agua de mar corroe las instalaciones. 3. La tecnología necesaria no está perfeccionada.

ENERGÍA 2.0

En esta magnífica página puedes ver con todo detalle cómo se aprovecha la energía de las mareas y las olas:

goo.gl/su377l

EXPERIMENTA **Obtención de biogás**

3. En ausencia de oxígeno, la materia orgánica se descompone por acción de las bacterias metanogénicas y se genera **biogás:** mezcla de metano (CH_4) y otros gases.

a) Tritura varios restos de alimentos de origen vegetal.
b) Humedece un poco los restos e introdúcelos en un tarro de cristal.
c) Realiza un agujero en la tapadera y, mediante un tubo, conéctale un globo.
d) Coloca el tarro en un lugar oscuro y templado.
e) Después de unas semanas, la descomposición de los restos orgánicos generará biogás que quedará recogido en el globo.

ACTIVIDADES

16. El pellet es un biocombustible que se obtiene a partir de madera virgen y seca prensada en pequeños cilindros. Si su poder calorífico es de 4200 kcal/kg, ¿cuántos kg de pellet proporcionan la misma energía que 1 kg de carbón?

17. Busca información sobre el consumo realizado en España de las distintas fuentes de energía primaria durante el año 2013 y presenta los distintos porcentajes en un diagrama de sectores. Realiza otro diagrama de sectores solamente para las fuentes de energía renovables.

18. A la luz de los datos proporcionados por la actividad anterior, ¿crees que es fácil que las energías alternativas sustituyan a las convencionales? Realiza diez entrevistas preguntando sobre esta cuestión y otras parecidas.

3 Consumo responsable de energía

La supervivencia del ser humano ha dependido siempre del aprovechamiento de las fuentes de energía. Sin embargo, en los últimos 150 años, el uso excesivo de combustibles fósiles está generando graves problemas, como el cambio climático, que afectan directamente a su supervivencia.

3.1. El consumo de energía

El consumo excesivo de energía por parte de los países desarrollados es un serio problema que ha de ser solucionado para frenar el cambio climático.

En la siguiente gráfica se muestra la evolución del consumo de energía:

Como puede apreciarse, el consumo de combustibles ha aumentado de forma imparable en los últimos años, mientras que el de energías renovables es mucho menos significativo. Esto provoca un aumento de las emisiones de gases de efecto invernadero y, por tanto, del cambio climático. En la página **goo.gl/Fg52nB**, puedes consultar la evolución de las emisiones de CO_2 de España y compararla con la de otros países.

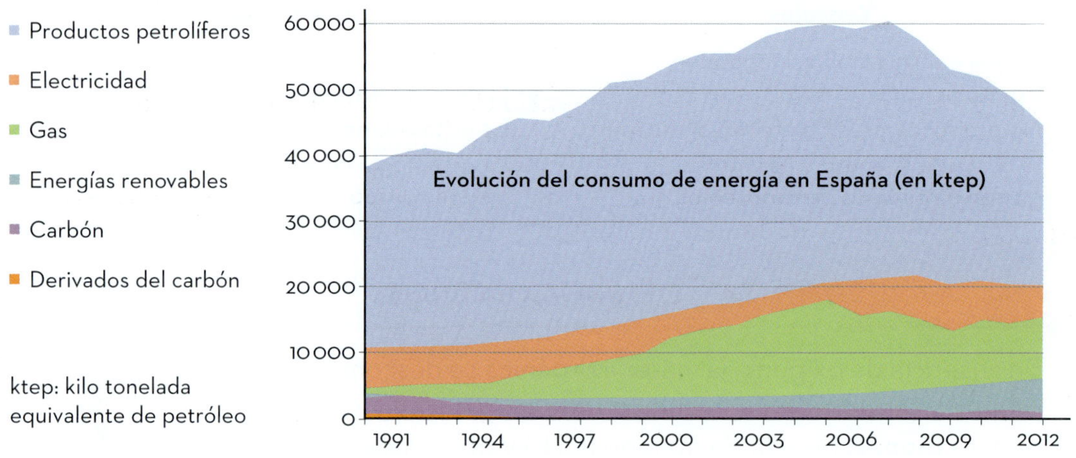

A raíz de este consumo abusivo de energía y del aumento imparable de gases de efecto invernadero, surgen dos conceptos importantes:

- **Sostenibilidad.** Pretende hacer compatible el crecimiento económico de los países con el cuidado del medio ambiente y el bienestar social, realizando un consumo responsable de los recursos disponibles.
- **Consumo responsable.** Es aquel consumo que tiene en cuenta no solo la calidad y el precio de lo consumido, sino también su impacto ambiental y social, y la ética y solidaridad de las empresas que los producen.

EXPERIMENTA Lo que tú consumes (1.ª parte)

4. Calcula tu consumo anual total de electricidad, gas y agua. Para ello, necesitarás las correspondientes facturas.
Coge las facturas de electricidad del último año y anota la energía total consumida (en kWh) y el dinero gastado en ese consumo. Haz lo mismo con las facturas de gas y agua.
Presenta la información en una tabla y, mediante una hoja de cálculo, calcula el gasto total de tu familia al cabo de un año. Divídelo entre el número de miembros y tendrás lo que tú consumes (consumo per cápita). Teniendo en cuenta los factores de emisión de la página 194, calcula tu emisión anual y comprueba (usando la dirección **goo.gl/Fg52nB**) si coincide con la de España. A continuación, y a través de esa misma página web, compara las emisiones per cápita de España con las de EE.UU., Etiopía y Brasil. ¿A qué conclusión llegas?

3.2. Energía y potencia consumidas

A continuación, vamos a calcular la energía eléctrica que consumimos a lo largo del día y el dinero que nos cuesta. Así, podremos aplicar las medidas de ahorro y reducir nuestro consumo energético, nuestras emisiones de CO_2 y nuestro impacto medioambiental. Antes de definir el concepto de energía eléctrica es necesario que recordemos el de potencia eléctrica.

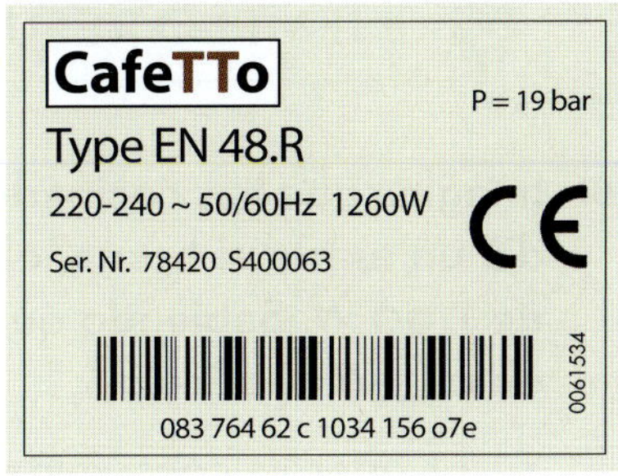

La etiqueta de esta cafetera eléctrica indica que tiene una potencia de 1 260 W.

A. Potencia eléctrica

Es una magnitud muy importante en los aparatos eléctricos que usamos.

> La **potencia** eléctrica *(P)* de un aparato es la energía *(E)* consumida en la unidad de tiempo *(t)*.

$$P = E/t$$

La unidad de la potencia en el SI es el **vatio (W)**, que equivale a una transformación de energía de 1 julio por segundo: 1 W = 1 J/s.

Como vimos en el tema anterior al estudiar el efecto Joule, la potencia puede adoptar diversas formas:

$$P = V \cdot I = I^2 \cdot R = V^2/R$$

RECUERDA

Dos leyes importantes para la corriente eléctrica:

Ley de Ohm: $I = V/R$

Ley de Joule: $P = I^2 \cdot R$

EJEMPLO RESUELTO

5. Un secador de pelo se conecta a una diferencia de potencial de 220 V y circula a través de él una corriente eléctrica de 2,73 A. Calcula:

a) La potencia del secador.

b) La resistencia eléctrica del secador.

Solución

a) Calculamos la potencia: $P = V \cdot I = 220 \cdot 2{,}73 \rightarrow P = 600{,}6$ W

b) Calculamos, ahora, la resistencia del secador:

$$P = I^2 \cdot R \rightarrow 600{,}6 = (2{,}73)^2 \cdot R \rightarrow R = 80,6\ \Omega$$

B. Energía eléctrica consumida

A partir de la definición de potencia, la **energía eléctrica consumida** por un aparato en un tiempo determinado viene dada por la expresión siguiente:

$$\boxed{E = P \cdot t}$$

Por tanto, si queremos calcular la energía que consumimos al conectar un aparato, basta con saber su potencia y el tiempo que lo tenemos enchufado.

Atendiendo a la fórmula anterior, podemos establecer la **definición de kWh:** 1 kWh es la energía consumida por un aparato de 1 kW que está funcionando durante 1 h. La energía eléctrica consumida viene expresada en kWh.

SABÍAS QUE..

El consumo de aparatos en *stand by* supone entre un 5 y un 20 % del consumo eléctrico y un 1 % de las emisiones de gases de efecto invernadero.

EJEMPLO RESUELTO

6. Imagina que has cocinado durante una hora y media un asado al horno, el cual tiene una potencia de 1700 W. Sabiendo que el precio del kWh está en 0,1359 €, calcula:

a) La energía consumida por el horno en kWh.

b) El dinero gastado en esa energía. (Sin contar lo destinado a impuestos y otros recargos.)

Solución

a) Calculamos la energía consumida:

$$E = P \cdot t = 1\,700 \text{ W} \cdot 1 \text{ kW}/1\,000 \text{ W} \cdot 1{,}5 \text{ h}$$
$$E = 2{,}55 \text{ kWh}$$

b) El dinero gastado se calcula de la siguiente manera:

$$\text{Gasto} = E \cdot \text{precio} =$$
$$= 2{,}55 \text{ kWh} \cdot 0{,}1359 \text{ €/kWh} = 0{,}35 \text{ €}$$

EXPERIMENTA **Lo que tú consumes (2.ª parte)**

5. Vas a llevar la contabilidad diaria en tu cuaderno de lo que consumes en electricidad:

Fecha	Aparatos usados	Potencia (W)	Tiempo (h)	Energía (kWh)	Emisiones (kg CO_2 eq)	Precio del kWh (€)	Gasto (€)
1 abril	Bombilla 1	11					
	Bombilla 2	25					
	Secador						
	Móvil						
	Ordenador						
2 abril							

Cuando rellenes la tabla para una semana, realiza una estimación de la energía consumida y el gasto realizado durante un año. Compara lo que has calculado con lo obtenido en el Experimenta anterior («Lo que tú consumes 1.ª parte»). ¿Coincide? ¿A qué crees que se deben las diferencias? Propón cinco medidas para disminuir tu consumo de electricidad. ¿Qué ganas tú con eso? ¿Y el medioambiente?

ACTIVIDADES

19. Una tostadora tiene una potencia de 800 W. ¿Cuánta corriente circula por ella cuando se conecta a la red (220 V)? ¿Cuánto vale su resistencia?

20. Un televisor consume 100 W. Si el precio del kWh es de 0,1359 €, ¿cuánto dinero gastarás, al cabo de un mes, si ves la tele 3 horas al día?

21. En un aula de instituto hay 6 tubos fluorescentes de 40 W cada uno que están encendidos durante toda la jornada escolar (6 horas al día), ya que si se suben las persianas, refleja la luz del sol en la pizarra y los alumnos no pueden ver ni leer adecuadamente. Si son diez las aulas que tienen este problema, calcula:

a) La energía consumida por los tubos fluorescentes de las diez aulas durante el curso.

b) El gasto ocasionado por este consumo.

c) ¿Cómo evitarías este gasto?

22. Un bombilla LED de 15 W proporciona la misma luz que una de bajo consumo de 30 W y, además, puede durar hasta 40 años. La bombilla de bajo consumo te cuesta 5 € y la LED, 20 €. Calcula el dinero gastado y los kg de CO_2 emitidos con cada bombilla durante un periodo de 8 años. Si se acaba de fundir una bombilla en tu casa y has de cambiarla por otra, ¿cuál te conviene comprar?

3.3. Formas de ahorrar energía

Debido al elevado consumo energético que realizamos y siendo conscientes de los graves impactos que tiene para el medioambiente y el ser humano, se hace absolutamente necesario establecer medidas para solucionar este problema. Teniendo en cuenta la máxima de que «la energía que menos contamina es la que no se consume», se hace evidente la importancia de reducir nuestro consumo (para algunos, de manera drástica).

A continuación, se proponen varias **medidas de ahorro energético:**

- **Medidas individuales:** son las que puedes hacer por tu cuenta.

  Usa bombillas LED: a largo plazo, ahorras dinero, consumen menos energía, pueden durar hasta 30 años y reduces las emisiones de CO_2.

  No dejes ningún aparato en *stand-by*. Los aparatos en *stand-by* derrochan energía y emiten CO_2 de forma inútil.

  Aprovecha siempre la luz del sol para estudiar o leer: es gratuita.

  No desperdicies agua. En 1 minuto pueden perderse hasta 15 L.

- **Medidas colectivas:** puedes realizarlas con ayuda de los demás.

  Pide a tus padres que compren electrodomésticos de alta eficiencia energética (A o B): son más caros, pero ahorraréis más a la larga.

  Sugiere a tus padres que vayan andando al trabajo y que no te recojan en coche a la salida del instituto: reduciréis contaminación, gastaréis menos y ganaréis en salud. Si esto os resulta imposible, usad el transporte público.

  En el instituto, apagad las luces y subid las persianas: todos ganaremos.

- **Medidas gubernamentales:** son las que han de realizar los gobiernos.

  Aplicar rigurosamente la regla de «las Tres R»: Reducir, Reciclar y Reutilizar.

  Crear un sistema de compensación a ciudadanos que realizan buenas acciones ecológicas.

  Restringir el uso de coches en ciudades muy contaminadas.

INTERPRETACIÓN DE LAS ETIQUETAS

- A: Muy alto nivel de eficiencia; un consumo de energía inferior al 55% de la media
- B: Entre el 55% y el 75%
- C: Entre el 75% y el 95%
- D: Entre el 90% y el 100%
- E: Entre el 100% y el 110%
- F: Entre el 110% y el 125%
- G: Superior al 125%

ENERGÍA 2.0

Infórmate sobre más medidas de ahorro energético:

goo.gl/W8dAXG

Sigue esta divertida animación para saber cómo ahorrar más:

consumo.greenpeace.es/

Aprende más sobre sostenibilidad y consumo responsable:

www.sostenibilidad.com/
www.consumoresponsable.org/

EL LABORATORIO EN EL AULA **Inspectores del ahorro energético**

3. Vamos a ahorrar energía, lo cual es bueno económicamente y para la atmósfera. Para ello, se harán grupos de cuatro o cinco alumnos. Cada grupo propondrá una medida de ahorro para aplicar en el centro y se encargará de asegurarse de que se está cumpliendo: seréis como pequeños inspectores de la energía. Algunas de las medidas de ahorro pueden ser reducir el gasto de *stand-by*, apagar luces y subir persianas, controlar fugas de agua, colocar papel de aluminio detrás de los radiadores para evitar pérdidas de calor...

Con los conocimientos que ya tenéis, cada grupo calculará lo que el instituto se ahorra al cabo de un año: en kWh y en euros; así como los kg de CO_2 que ha dejado de emitir a la atmósfera con ese consumo. Calcularéis, además, el total de los cinco grupos. Por último, cada grupo hará una presentación en la que contará el trabajo realizado (acompañado del correspondiente material audiovisual) y lo que ha conseguido con ello.

ENERGÍA 2.0

Entra en esta página y aprende más sobre todo lo referente a la generación de energía:

www.endesaeduca.com/Endesa_educa/

SABÍAS QUE..

El fenómeno por el que se genera electricidad en las centrales eléctricas (llamado inducción electromagnética) se lo debemos al físico Michael Faraday (1791-1867).

4 Aspectos industriales de la energía eléctrica

En este apartado hablaremos del papel fundamental que desempeña la energía eléctrica en los procesos de obtención de energía que tienen lugar en las distintas centrales y de su importancia en nuestras vidas.

4.1. La importancia de la energía eléctrica

La energía está presente en cualquier rincón de nuestras vidas. Pero, sin duda, existe un tipo de energía fundamental en nuestro día a día: la **energía eléctrica,** ya que todo lo que hacemos se basa en su utilización.

PIENSA Y RAZONA

Responde a las siguientes preguntas (puedes ayudarte del Energía 2.0):

- ¿Cuántos tipos de centrales eléctricas hay?
- ¿Qué es la inducción electromagnética? ¿Qué es una turbina?
- Explica cómo se transforma la energía hidráulica en eléctrica en una central hidroeléctrica.
- ¿Qué es la red eléctrica? ¿Para qué se usan los transformadores?
- ¿Es fácil almacenar gran cantidad de energía eléctrica? En nuestra vida cotidiana, ¿dónde solemos almacenar energía eléctrica?

Desde que en el siglo XIX se empezara a usar la energía eléctrica como fuente de energía secundaria para los sistemas de iluminación y para la obtención de otras energías útiles, no se ha encontrado, a fecha de hoy, una energía más práctica y funcional para el ser humano.

Tan solo basta con echar un vistazo a nuestra vida cotidiana para darnos cuenta de que tendríamos serios problemas si algún día nos faltara la energía eléctrica.

4.2. El camino de la energía eléctrica

La energía está presente en todos nuestros actos cotidianos, desde que nos levantamos por la mañana y vamos al instituto hasta que nos acostamos por la noche. Y, en concreto, la mejor manera que tenemos de aprovechar esta energía es en forma de electricidad, la cual nos viene dada a través de los distintos tipos de centrales eléctricas. A continuación, vamos a estudiar con más detalle el camino que sigue la electricidad desde las centrales hasta nuestras casas.

Producción

La energía eléctrica se obtiene en las centrales eléctricas mediante generadores, en los cuales enormes turbinas se mueven gracias a la acción del agua (en las centrales hidroeléctricas), del vapor (en las centrales térmicas, nucleares y termosolares) y del viento (en los parques eólicos). Estos generadores reciben el nombre de **alternadores,** pues proporcionan corriente eléctrica alterna de 50 Hz de frecuencia (los electrones cambian su sentido de circulación a través de los cables 50 veces por segundo).

Transporte

La corriente eléctrica producida en las centrales es transportada hasta nuestras casas mediante las líneas de transmisión: **tendido eléctrico.** Para reducir las pérdidas de energía por efecto Joule a través del extenso cableado de la red eléctrica, la tensión de salida se eleva hasta potenciales muy altos (400 000 V). Posteriormente, los **transformadores** se encargan de bajar esta tensión en las distintas subestaciones transformadoras, hasta obtener la tensión adecuada para nuestros hogares (220 V).

Almacenamiento

La producción, transporte y transformación de la energía eléctrica se puede realizar, como hemos visto, con facilidad. Sin embargo, el almacenamiento de grandes cantidades de energía eléctrica para su posterior aprovechamiento resulta complicado. Actualmente se está trabajando en el Proyecto Almacena para la mejora del almacenamiento energético.

SABÍAS QUE..

Nikola Tesla (1856-1943) fue el primer científico que consiguió iluminar una ciudad con corriente alterna, después de instalar una central hidroeléctrica en las cataratas del Niágara. Fue la ciudad estadounidense de Buffalo .

RECUERDA

Cuando circula corriente por un cable, este se calienta. La energía disipada en forma de calor se conoce como efecto Joule:

$$E = P \cdot t = I^2 \cdot R \cdot t$$

ENERGÍA 2.0

Entra en estas páginas para ver cómo se transporta y almacena la corriente eléctrica:

www.ree.es/es/

goo.gl/M1KyQI

ACTIVIDADES

23. Busca información sobre el Proyecto Almacena y realiza un mural explicando en qué consiste.

24. Cuando cargamos el teléfono móvil, el cargador se comporta como un transformador, ya que transforma la tensión de los enchufes (220 V) a una más baja. Mira en la batería de tu móvil y di qué voltaje utiliza.

25. A la salida de las centrales eléctricas el voltaje se eleva (hasta 400 000 V) para disminuir la intensidad de corriente (I) que circula por los cables de alta tensión. Teniendo en cuenta la fórmula del efecto Joule proporcionada al margen, ¿cómo afecta eso a la energía disipada en los cables en forma de calor?

ENERGÍA 2.0

Entra aquí para ver cómo se produce la electricidad en las distintas centrales:

goo.gl/V9EwbC

www.ree.es/es/

4.3. Tipos de centrales eléctricas

Para aprovechar las distintas fuentes de energía, el ser humano ha ideado distintas centrales que transforman la energía primaria en energía eléctrica.

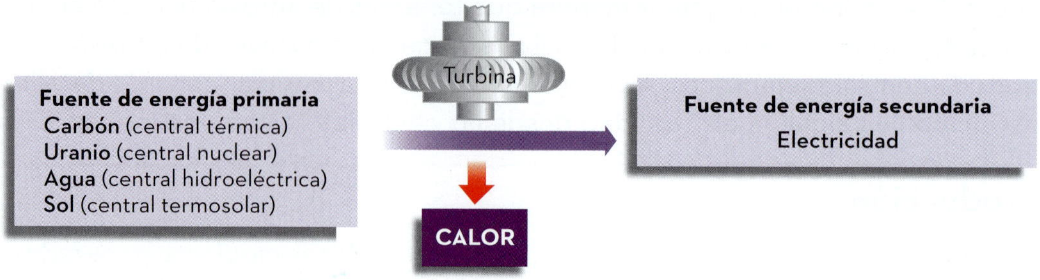

El rendimiento de una central nunca puede ser del 100 %.

A. Centrales térmicas

En este tipo de centrales, la energía química del carbón se transforma en térmica, la cual se emplea para calentar agua hasta el estado de vapor. El movimiento del vapor a través de una turbina genera electricidad.

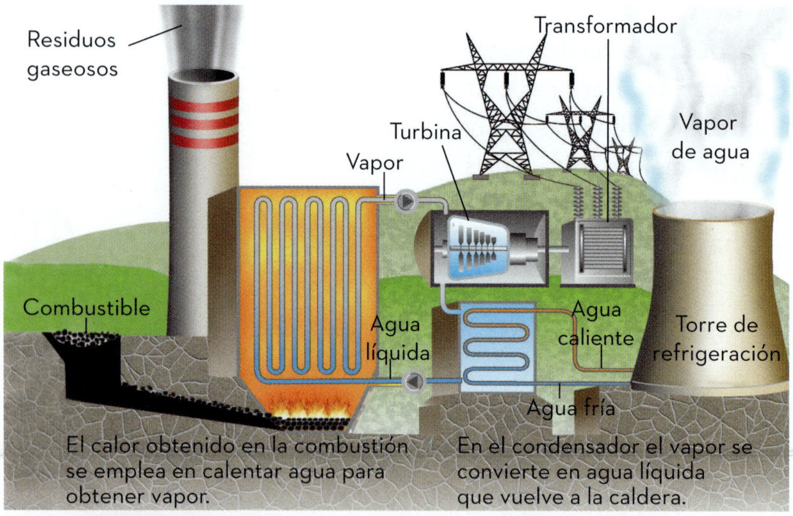

Datos de centrales térmicas	
Fuente de energía	Carbón/Gas natural
Tipo	No renovable
Potencia (MW)	20-1200
Rendimiento	30 % - 55 %
Contribución al total producido	35 %
Más importante del país	As Pontes (La Coruña)
Vida útil	30 años

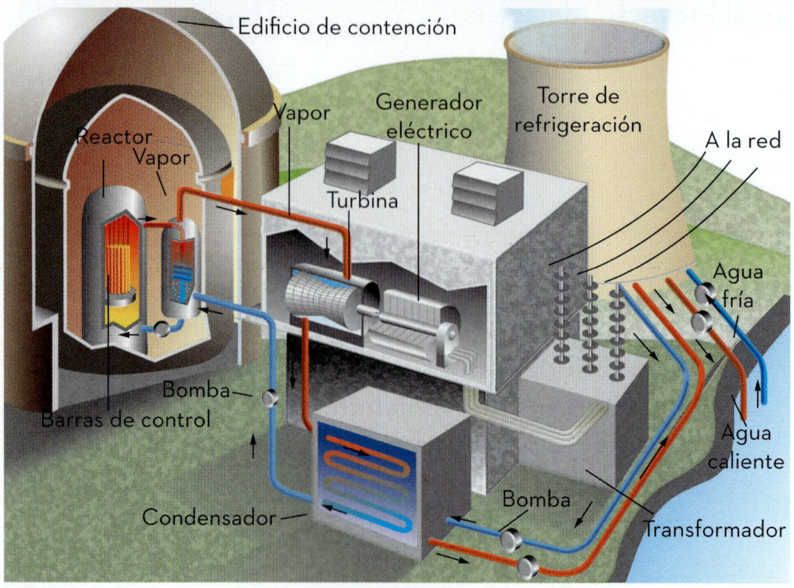

B. Centrales nucleares

En las centrales nucleares, en lugar de usar carbón como combustible, se usa uranio.

Datos de centrales nucleares	
Fuente de energía	Uranio
Tipo	No renovable
Potencia (MW)	500 - 2000
Rendimiento	30 %
Contribución al total producido	18 %
Más importante del país	Almaraz (Cáceres)
Vida útil	30 años

C. Centrales hidroeléctricas

En este tipo de centrales se aprovecha el salto de una gran masa de agua para mover las turbinas y generar electricidad.

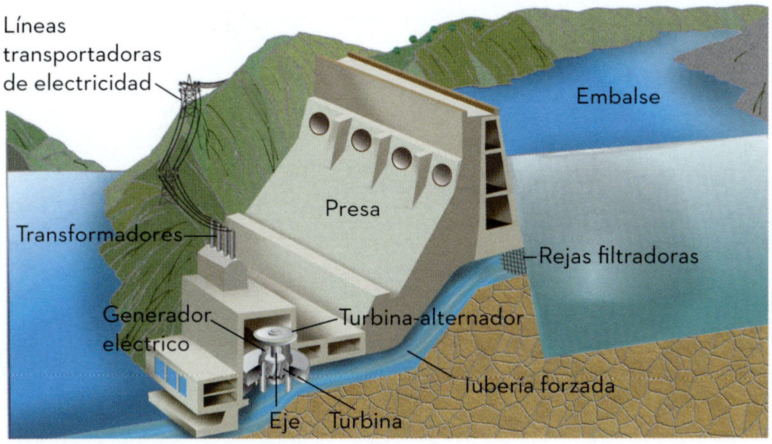

Datos de centrales hidroeléctricas	
Fuente de energía	Agua
Tipo	Renovable
Potencia (MW)	10 - 1 000
Rendimiento	85 %
Contribución al total producido	15 %
Más importante del país	Aldeadávila (Salamanca)
Vida útil	30-150 años

D. Centrales termosolares

En una central de este tipo se utiliza el calor del sol para calentar agua y mover las turbinas con el vapor generado.

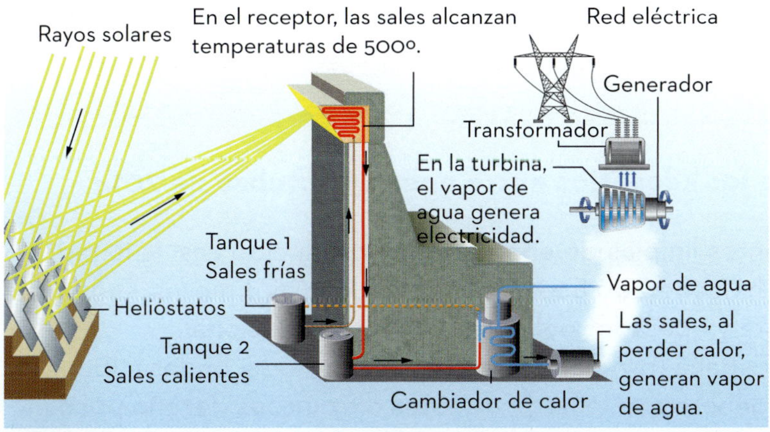

Datos centrales termosolares	
Fuente energía	Sol
Tipo	No renovable
Potencia (MW)	10-50
Rendimiento	40 %
Contribución al total producido	1 %
Más importante país	Sanlúcar la mayor (Sevilla)
Vida útil	25 años

ACTIVIDADES

26. De manera análoga a lo realizado para el resto de centrales, busca información sobre los parques eólicos y preséntala en un mural.

27. Realiza una cadena energética para explicar cómo se transforma la energía química del carbón en energía eléctrica en una central térmica convencional.

28. Realiza una tabla explicando qué mueve las turbinas en los distintos tipos de centrales eléctricas.

29. Indica qué central tiene una mayor potencia y si es o no renovable.

30. Entra en la siguiente página sobre la energía nuclear: **energia-nuclear.net/** (o en otra similar) y explica en clase cuántas centrales nucleares hay en España y dónde se encuentran.

31. Busca información sobre los dos accidentes nucleares más importantes de la historia y aporta un dibujo en el que se muestre el alcance que tuvo la radiactividad liberada. ¿Cuál es la central nuclear de Francia más cercana a España?

MAPA CONCEPTUAL

Copia el mapa en tu cuaderno y complétalo con propiedades y tipos de energía, además de con las fuentes de energía.

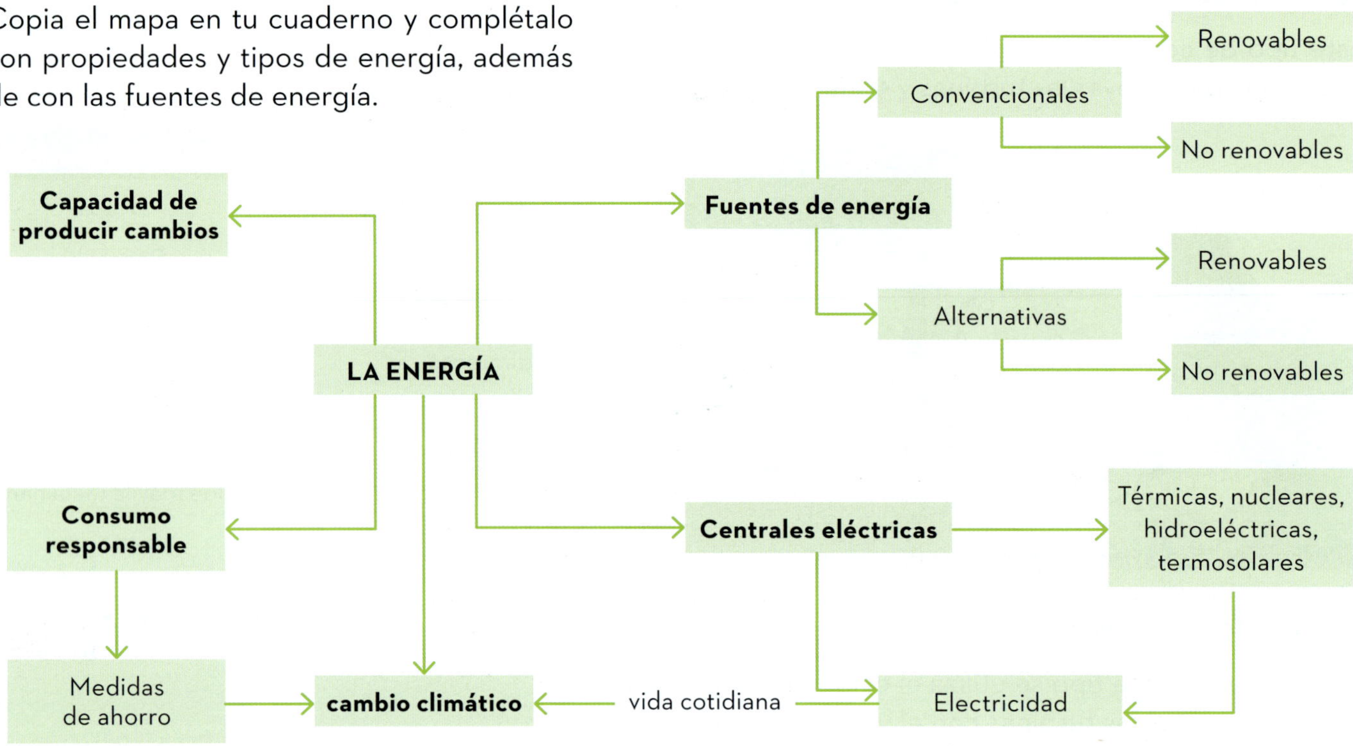

MIRA A TU ALREDEDOR

Las renovables produjeron el 43 % de los kilovatios entre enero y octubre de 2014

El sol, el viento, el agua y la biomasa –las fuentes limpias de energía– han producido casi la mitad de los kilovatios (concretamente el 43 %) que ha generado España en los últimos diez meses, según revela Red Eléctrica de España, el transportista y operador del sistema eléctrico nacional.

Los siete reactores nucleares que operan en España (propiedad de cuatro empresas: Endesa, Iberdrola, HC Energía y Gas Natural Fenosa) han generado a lo largo de estos diez meses del año poco más de la mitad que las renovables, en concreto, el 22,1 % de los kilovatios que ha producido España. El gas, algo menos del 20 % (ciclo combinado y cogeneración), y el carbón, el 16,3 %. En lo que se refiere a octubre, la demanda peninsular de energía eléctrica «una vez tenidos en cuenta los efectos del calendario y las temperaturas, ha descendido un 1 % respecto al mismo mes del año anterior». En los diez primeros meses del año, el consumo ha sido un 0,1 % superior al del año pasado.

Energías Renovables. 31-10-14. **www.energias-renovables.com** (adaptación)

Cuestiones

a) Realiza un diagrama de sectores con los porcentajes de las distintas fuentes de energía usadas durante los diez primeros meses del año 2014.

b) Suma los porcentajes de todas las fuentes de energía de las que habla el texto. ¿Hay algún error?

c) ¿Crees que, algún día, las energías renovables podrán reemplazar totalmente a las no renovables?

PRÁCTICA DE LABORATORIO

GENERACIÓN DE ENERGÍA ELÉCTRICA CON UN MINIAEROGENERADOR

Objetivos

- Comprender el funcionamiento del alternador como elemento fundamental de generación de corriente en las centrales eléctricas.
- Obtener energía eléctrica a partir de la construcción de un miniaerogenerador.

Material

- Cinco alternadores.
- Cinco polímetros.
- Dos motores.
- Dos molinillos.
- Dos ventiladores.
- Un anemómetro.

Conocimientos previos

Según las experiencias de Faraday se puede generar corriente eléctrica a partir del movimiento relativo entre una bobina y un imán.

En el caso de la energía eólica, esto se consigue a través de un aerogenerador, en cuyo interior se encuentra el dispositivo clave en todas las centrales eléctricas: el alternador, que permite transformar la energía primaria (eólica) en secundaria (eléctrica). Recuerda, también, que la intensidad de corriente generada puede medirse con un amperímetro.

Procedimiento

Primera parte: Funcionamiento del alternador.

- Realiza el montaje según la imagen.
- Conecta el amperímetro en la escala de 0,5 mA y gira la bobina por medio de la manivela. Observa cómo el amperímetro detecta paso de corriente. Observa, también, cómo a mayor velocidad de giro, mayor es la intensidad generada.

Segunda parte: generación de electricidad con un miniaerogenerador casero.

- Con el motor y el molinillo, realiza el montaje del miniaerogenerador.
- Acerca el ventilador a la mínima potencia al anemómetro y anota la velocidad registrada *(v_1)* en una tabla en tu cuaderno.

Velocidad del viento (m/s)	Tensión generada (V)

- Aproxima al molinillo el ventilador a la mínima potencia y anota la tensión máxima registrada en el voltímetro.
- Repite la operación anterior con el ventilador a la máxima potencia y anota los resultados en la tabla.
- Ahora vas a probar con la fuerza del viento generada por tu soplido. En primer lugar, dirige tu soplo al anemómetro y anota la velocidad en la tabla. Realiza una competición con los demás alumnos para ver quién consigue generar más tensión.

Cuestiones

a) ¿Qué relación existe entre la electricidad generada y la velocidad del viento?

b) ¿Crees que toda la energía del viento se transforma en electricidad, o se pierde energía en alguna parte?

ACTIVIDADES FINALES

Actividades básicas

1. ¿Qué es la energía? ¿Cuál es su unidad en el SI? ¿Qué otras unidades conoces?
2. Durante un partido de fútbol, un delantero ha quemado 800 kcal. ¿Cuántos kWh ha gastado?
3. Realiza una tabla en la que incluyas dos ejemplos de situaciones de tu vida cotidiana en las que se disipe energía, se almacene y se transfiera de un tipo a otro.
4. Calcula la energía potencial de una mochila de 3 kg de masa que está situada a 2 m de altura. ¿En qué dos tipos de energía se transforma la potencial cuando la mochila se deja caer e impacta contra el suelo?
5. Explica las transformaciones de energía que tienen lugar cuando utilizas la batidora para hacer un dulce. Señala los cambios que producen los distintos tipos de energía que aparecen.
6. Realiza la cadena energética que tiene lugar cuando montas en moto. Comienza en el combustible fósil que te permite coger la moto. Indica los cambios que producen los distintos tipos de energía que aparecen.
7. ¿Cuánta energía se obtiene a partir de la combustión de 50 kg de carbón? Expresa el resultado en kJ, en kcal y en kWh?
8. Clasifica en renovables y no renovables las siguientes fuentes de energía primaria: el sol, el viento, el carbón, el uranio, las mareas, el gas natural, el petróleo y la madera.
9. Realiza una tabla donde incluyas una ventaja y un inconveniente (los que consideres más importantes) de todas las fuentes de energía estudiadas. ¿Cuál de ellas crees que produce un mayor impacto medioambiental?
10. Haz una tabla en la que incluyas las características que deben tener los lugares adecuados para el aprovechamiento de las distintas energías alternativas. Incluye un ejemplo de lugar para cada una de esas energías y señala si cumple o no con las características anteriores.
11. Para cada una de las fuentes de energía no renovables, anota en una tabla dos lugares de nuestro país donde existen yacimientos. Anota, también, mediante qué tipo de central se aprovechan esas fuentes de energía. ¿Cuál es el principal impacto medioambiental de los combustibles fósiles? ¿Y del uranio?
12. Realiza una tabla en la que incluyas la vida útil y la potencia obtenida para las distintas centrales eléctricas estudiadas. Argumenta cuál es para ti el tipo de central más conveniente.
13. En los últimos cien años el consumo de energía mundial ha ido aumentando vertiginosamente a medida que se ha incrementado la población mundial. ¿Crees que este consumo puede seguir aumentando ilimitadamente? ¿Crees que una parte importante de la población mundial consume mucha más energía de la que necesita? ¿En qué se gasta esa energía?
14. Observa en qué consumes energía a lo largo de un día y realiza una tabla con tres columnas donde anotes tres tipos de consumo energético, en función de lo imprescindible o no que sean para vivir: necesario, cómodo y superfluo. Escribe las diez medidas que vas a tomar para disminuir tu consumo superfluo de energía.
15. Al salir de casa te dejas una bombilla de 100 W encendida. Si está encendida 6 horas, calcula la energía (kWh) y el dinero (€) que ha gastado innecesariamente. (Precio de 1 kWh = 0,1359 €.)
16. Explica cómo se transforma la energía del carbón en energía eléctrica en una central térmica.
17. ¿Qué aparato permite transformar la fuente de energía primaria en eléctrica en todas las centrales? ¿En qué fenómeno físico se basa? ¿Quién descubrió este fenómeno? ¿En qué año? ¿Se utiliza también en la energía solar fotovoltaica?
18. Entra en el siguiente enlace:

    goo.gl/uhuaT5

    y realiza una presentación de las conclusiones del informe IPCC de cambio climático. ¿Qué vas a hacer tú para reducir las emisiones de CO_2?

Actividades de consolidación

19. Una bombilla incandescente de 100 W consume durante una hora $3,6 \cdot 10^5$ J. Si su eficiencia energética es de solo un 5 %, ¿cuántos julios proporciona en forma de luz? ¿En qué se pierde el resto de la energía?

20. Ordena la siguiente cadena energética:

a) Moto/Petróleo/Gasolina/Refinería.

b) Vaca/Sol/Hierba/Leche/Tú corriendo.

c) Indica en cada una los tipos de energía que se ponen de manifiesto y los cambios que producen cada una de ellas.

21. Si una familia tiene una media de 5 kW de potencia contratada, ¿cuántas familias se podrían abastecer con las potencias proporcionadas por las distintas centrales? Realiza una tabla en la que incluyas todas las fuentes de energía y, debajo de cada una de ellas, la potencia suministrada por la central y el número de familias a las que podría abastecer.

22. Busca información sobre los países donde se hallan las reservas mundiales de petróleo.

¿Qué problemas puede tener el hecho de que una fuente de energía tan usada se concentre en tan pocos países? ¿Qué le ocurrirá al precio de los derivados del petróleo conforme este se vaya agotando? ¿Cuándo se estima que se agotará del todo?

23. Un televisor en *stand-by* tiene una potencia de unos 4 W. Si una casa tiene dos televisores conectados ininterrumpidamente durante 1 año, calcula el dinero gastado y las emisiones de CO_2 vertidas a la atmósfera innecesariamente. (Precio de 1 kWh = 0,1359 €. 1 kWh consumido equivale a 0,399 kg de CO_2 emitido.)

24. Entra en la siguiente página (o en otra similar) y anota formas de ahorrar energía:

goo.gl/pF0Orl

Realiza un pequeño mural con las medidas que consideres más fáciles de llevar a la práctica y convence a cinco familiares para que las apliquen en sus casas. Lleva a cabo un seguimiento para comprobar que, efectivamente, las están aplicando.

Actividades avanzadas

25. Un coche de 2 000 kg circula con una energía cinética de $1,10 \cdot 10^6$ J.

a) ¿A qué velocidad va? Exprésala en km/h.

b) Si de repente frena hasta pararse, ¿qué ha ocurrido con la energía que llevaba? ¿Se ha destruido?

26. Una pelota de fútbol de 440 g se deja caer desde cierta altura y llega al suelo con una velocidad de 62 km/h. Si toda la energía potencial inicial se ha transformado en energía cinética, justo cuando la pelota llega al suelo, ¿desde qué altura se dejó caer?

27. Actualmente, muchos hogares usan gas natural como sistema de calefacción.

a) Si una familia de cuatro miembros consume en dos meses 32 m^3 de gas natural, ¿cuántos kWh de energía está consumiendo (1 m^3 implica 10,71 kWh)?

b) Si por cada kWh de gas natural consumido se emiten a la atmósfera 0,252 kg de CO_2, ¿cuántos kg de CO_2 emite esa familia a lo largo de un año?

c) Estima la cantidad de CO_2 emitida por toda la población española al cabo de un año.

d) ¿Se podrían evitar estas emisiones de CO_2?

28. Si estás estudiando dos horas bajo un flexo con bombilla de bajo consumo de 11 W, ¿cuánto dinero te has gastado? ¿Cuánto te gastarías con una bombilla LED de 4 W? Calcula lo que te ahorrarías al cabo de un curso académico y la cantidad de CO_2 que dejarías de emitir al ambiente.

29. Vais a realizar un debate sobre la energía nuclear. En clase, se formarán 5 grupos. Cada grupo tendrá que defender una posición distinta. Para buscar los argumentos necesarios en la defensa de las distintas posturas, cada grupo podrá consultar las páginas web que considere oportunas. Los roles son:

Grupo 1 → Propietario de una central nuclear.

Grupo 2 → Posibles trabajadores de la central.

Grupo 3 → Grupo ecologista contrario a la central.

Grupo 4 → Alcalde del pueblo.

Grupo 5 → Grupo observador imparcial.

Energía eólica *versus* centrales térmicas

PISA

Imagina que eres alcalde de un municipio de 33 000 habitantes, que posee yacimientos de carbón y que suele tener vientos intermitentes y muy fuertes (a veces, superiores a 90 km/h). Tienes que decidir si instalas un parque eólico (de 30 aerogeneradores, ya que solo hay terreno disponible para eso) o una central térmica de carbón. Responde a las siguientes preguntas y, después, decide.

Pregunta 1

A mayor fuerza del viento, las palas del aerogenerador giran más rápido y más electricidad se genera. No obstante, en la realidad no existe una relación directa entre la velocidad del viento y la electricidad generada. A continuación se presentan cuatro condiciones de trabajo reales en el funcionamiento de un aerogenerador.

- Las palas empiezan a girar cuando el viento llega a la velocidad $v_1 = 10$ km/h (velocidad de conexión).
- Por razones de seguridad, el giro de las palas no aumenta cuando la velocidad es superior a $v_2 = 41$ km/h.
- La potencia obtenida es máxima (unos 5 MW) cuando la velocidad del viento es v_2 (velocidad nominal).
- Las palas dejan de girar cuando el viento alcanza la velocidad $v_3 = 90$ km/h (velocidad de corte).

De las siguientes gráficas (curvas de potencia), ¿cuál es la que mejor representa la relación entre la velocidad del viento y la electricidad generada, teniendo en cuenta las cuatro condiciones de trabajo anteriormente mencionadas?

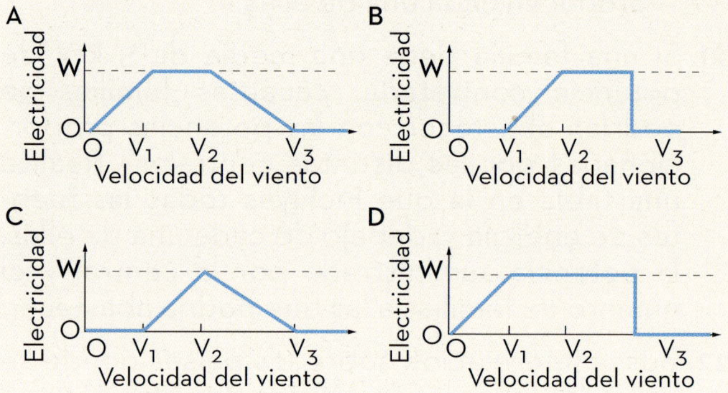

Pregunta 2

Si un aerogenerador produce una potencia máxima de 5 MW, ¿cuántos aerogeneradores harían falta en un parque eólico para abastecer a una población de 33 000 habitantes? (La potencia media usada por la población es de 5,75 kW/familia y una familia tiene 3 personas de media.)

Pregunta 3

Una central térmica media puede producir unos 200 MW. ¿A cuántas personas podría abastecer de energía?

Pregunta 4

Teniendo en cuenta las ventajas e inconvenientes de cada fuente de energía y la información anterior, decide, como alcalde, qué tipo de central se va a instalar en tu pueblo. Argumenta tu decisión.

Ahorrando electricidad e invirtiendo en solidaridad

→| Tarea competencial

Vamos a utilizar nuestros conocimientos sobre cómo ahorrar energía y dinero en beneficio de los demás y del medioambiente. Primero, realizaréis el cálculo de lo que gastáis mensualmente sin aplicar medidas de ahorro, y, posteriormente, calcularéis lo que os ahorráis aplicando las medidas de ahorro. El dinero ahorrado por todos los alumnos de vuestra clase a lo largo de un mes se destinará a organizaciones solidarias. Por último, realizaréis una presentación que colgaréis en Internet a modo de tutorial, en la que contaréis todo lo que habéis realizado.

¿Qué tienes que hacer tú?

Mediante grupos de trabajo cooperativos de cinco alumnos tendréis que hacer lo siguiente:

- Calcula lo que gastas actualmente en electricidad al cabo de un mes. Para ello, consulta una factura eléctrica de tu vivienda y anota el gasto económico total de tu familia (en €) y la energía total consumida (en kWh). Cada alumno del grupo rellenará una tabla como la siguiente:

Nombre del alumno:				Grupo:	
Mes sin ahorro	Energía consumida (kWh)	Precio del kWh (€)	Gasto total (€)	N.º miembros de la familia	Gasto individual (€)

  El gasto total de cada grupo durante el mes sin ahorro (lo llamaremos «Gasto 1») será la suma de los gastos individuales de cada miembro del grupo.

- Mediante acuerdo con tu grupo, decidid cuáles van a ser las medidas que vais a tomar para ahorrar electricidad y empezad a llevarlo a cabo en casa durante un periodo de un mes. Además, debéis conseguir que dichas medidas también las apliquen vuestros familiares. Para ello, tenéis que realizar una carta de compromiso en la que cada uno de vuestros familiares deje por escrito las medidas de ahorro que va a aplicar. Durante el transcurso del mes, cada uno de los alumnos del grupo se encargará de que sus familiares lleven a cabo sus medidas de ahorro. Para dejar constancia de todo este proceso, utilizaréis todo el material audiovisual que consideréis oportuno (vídeos, fotos...).
- Al cabo de un mes, cuando llegue de nuevo la factura de la luz, y tras aplicar las medidas de ahorro, cada alumno del grupo volverá a rellenar una tabla como la anterior (en la primera columna de esta tabla se pondrá, ahora, «Mes del ahorro»). De nuevo, se anotará el gasto total de cada grupo, ahora, durante el mes del ahorro (lo llamaremos «Gasto 2»). Restando el Gasto 1 del Gasto 2, cada grupo podrá saber lo que se ha ahorrado con sus medidas ecológicas. Finalmente, se calculará el ahorro total de la clase y se destinará el dinero a organizaciones o fines solidarios.
- Considerando la energía que se ha dejado de consumir tras aplicar las medidas de ahorro, calcula los kg de CO_2 eq que se han dejado de emitir al medioambiente, teniendo en cuenta que el factor de emisión para el consumo eléctrico es de 0,399 kg de CO_2 eq/kWh.

Presentación final de la tarea

Mediante un programa de edición de vídeo, haz una presentación en la que expliques todo el trabajo realizado. Debes incluir toda la información obtenida (tanto escrita como audiovisual) y un tutorial explicando cómo ahorrar electricidad e invertir el importe de ese ahorro en medidas de solidaridad.

¿Se puede dividir la materia indefinidamente?

Griegos: basan todo su conocimiento en la razón pura, no realizan ningún experimento

s. V a. C.

NO

Demócrito (460 a. C. - 360 a. C.): la materia es **discontinua**. Llegará un momento en el cual ya no se podrá dividir más. A esa partícula le dio el nombre de indivisible, que en griego se denomina átomo (*ἄτομον*).

Sus propiedades son:

- Ser eternos, indivisibles, homogéneos, incompresibles e invisibles.

FUE OLVIDADA

s. IV a. C.

SÍ

Aristóteles (384 a. C. - 322 a. C.): la materia es **continua** y se puede dividir indefinidamente. Basa su pensamiento en la existencia de cinco elementos: agua, tierra, fuego, aire y éter.

SE IMPUSO COMO LA VERDAD

Descubrimiento del elec trón (Thomson, 1897): me diante un tubo de descarg de gases observó la aparició de una partícula muy peque ña de carga negativa y mas mucho menor que el átom más pequeño: el **electrón.**

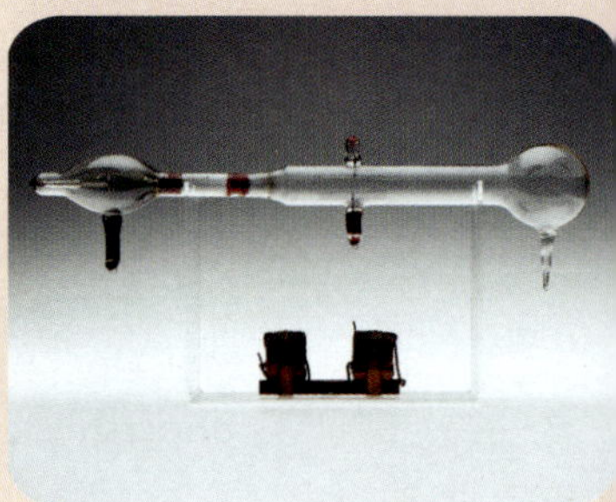

s. XVIII

s. XIX

Uso de la balanza (**Lavoisier,** hacia 1789): permitió obtener las leyes ponderales de las que la **Ley de Conservación de la Masa** (LCM) es la más importante.

Dalton (entre 1803-1808): enuncia el primer modelo de la era moderna. Postula un **átomo macizo,** similar a una esfera indivisible. Se basa en los siguientes puntos:

- La materia está formada por partículas indivisibles y que nunca cambian, denominadas átomos.
- Los átomos de un mismo elemento son iguales entre sí (en masa y propiedades) y distintos de los átomos de otro elemento.
- Los compuestos químicos surgen de la combinación de dos o más elementos. Esta combinación es siempre una relación de números enteros sencilla.
- En una reacción química, los átomos ni se crean ni se destruyen, tan solo se recombinan unos con otros.

Experimento de Rutherford: consiste en bombardear átomos de oro con partículas alfa (positivas). Se observa cómo estas, en su gran mayoría, atraviesan la lámina de oro sin desviarse, mientras que unas pocas se desvían mucho e, incluso, rebotan.

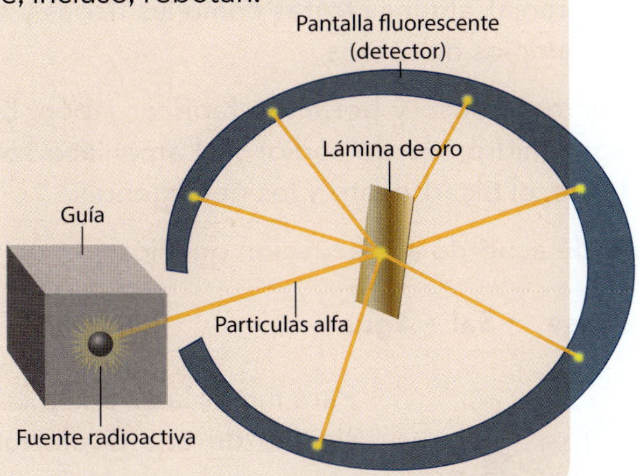

Rutherford (1911): propone un modelo de **átomo hueco** constituido por un núcleo pequeño, masivo y con carga positiva, rodeado de una corteza electrónica donde se localizan los electrones girando en **órbitas** circulares.

- Al ser hueco, explica que las partículas alfa lo atraviesen sin desviarse.
- Que el núcleo sea pequeño, masivo y positivo explica que las partículas alfa, cuando colisionan, se desvíen mucho de su trayectoria.

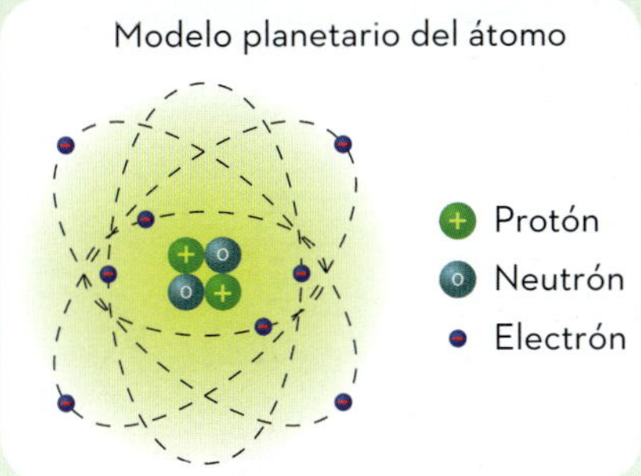

s. XX

1910

1920

Hacia el modelo cuántico

Thomson (1904): para explicar la procedencia del electrón postula el modelo del pastel de pasas. Continúa siendo un **modelo macizo** pero introduce los electrones embebidos dentro de una esfera de masa positiva.

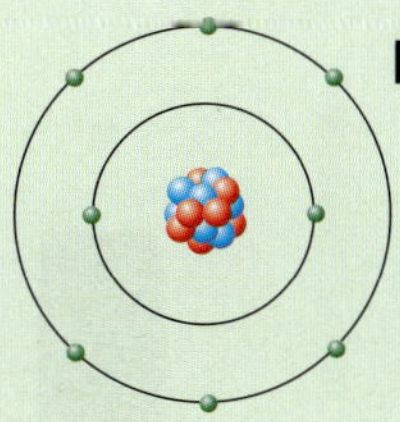

Bohr (1913): mantiene el concepto de átomo hueco pero limita el número de **órbitas** disponibles a las que cumplan un cierto criterio.

Colapso atómico: el electrón, al girar, desprende energía, pierde velocidad y acaba cayendo hacia órbitas más interiores.

Espectros atómicos: estos espectros son discontinuos, lo que implica que no todas las órbitas son posibles.

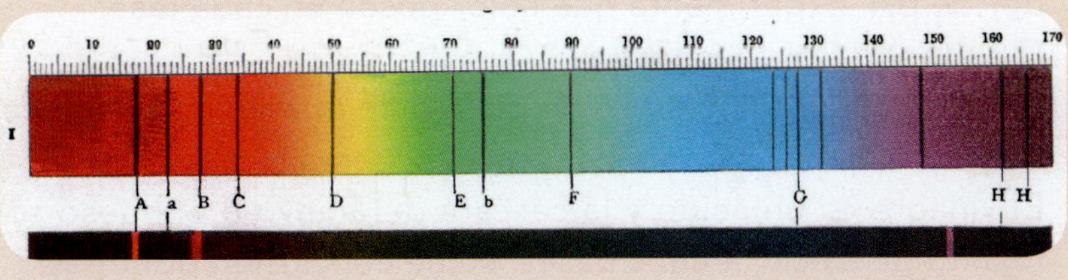

Reacciones ácido-base

SABÍAS QUE..

A lo largo del libro has podido experimentar con reacciones similares. En la unidad 3 mezclaste en diversas ocasiones vinagre (ácido) con bicarbonato (base), cuya reacción produce un compuesto que se descompone en CO_2, un gas que al desprenderse forma burbujas.

De acuerdo con su comportamiento podemos clasificar las sustancias en:

- **Ácidos:** sustancias de sabor agrio o ácido, capaces de atacar a algunos metales, piedras calizas o calcáreas (mármol) y sustancias básicas, como los carbonatos presentes en las conchas de los moluscos, cáscara de huevo, etc. Los jugos de los cítricos (limón, naranja), algunas frutas como las fresas y el salfumán (ácido clorhídrico) son ejemplos de ácidos.
- **Bases:** habitualmente poseen tacto untuoso y permiten fabricar jabón. La lejía (hipoclorito de sodio), la sosa (hidróxido de sodio) y el amoniaco son algunos ejemplos, así como la leche, el bicarbonato y los detergentes.

Ácidos y bases reaccionan entre sí de acuerdo a la ecuación química:

Ácido + Base → Sal + Agua

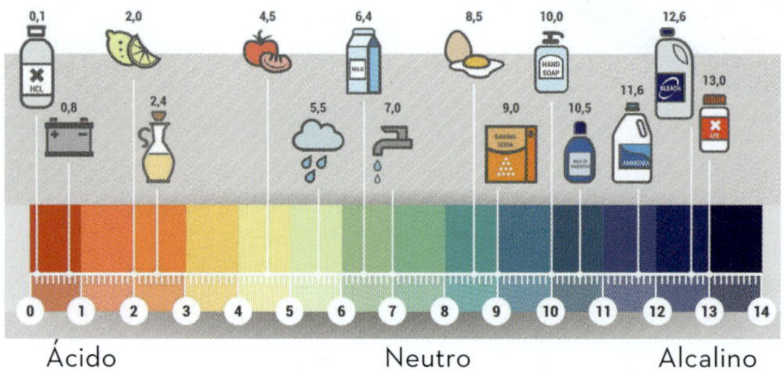

Para medir la acidez o basicidad de una disolución utilizamos la escala de pH.

El papel indicador es un instrumento que muestra el valor del pH de una disolución, mediante un cambio de color.

EXPERIMENTA Averigua el pH de...

1. Utiliza tres o cuatro tiras de papel indicador para identificar el pH (acidez o basicidad) de las siguientes sustancias. En el caso de que sean sólidos, mójalos con agua y muestrea la zona húmeda con el indicador:

2. Fabrica un indicador con remolacha.
Toma unas hojas de remolacha o col lombarda, cuécelas durante 10 minutos, déjalas enfriar y filtra la mezcla. La disolución obtenida será tu indicador de pH. Experimenta qué color posee en cada fase.
3. El todopoderoso vinagre.
Toma un huevo y un hueso de pollo o de otro animal y colócalos en vinagre durante un día. Cuando los saques observa lo que ocurre.
El vinagre es un ácido y la cáscara del huevo o el hueso son carbonato y fosfato de calcio, ambos bases. ¿Qué conclusión obtienes?

Reacciones oxidación-reducción (REDOX)

En estas reacciones los elementos ganan y pierden electrones, originando nuevos iones o enlaces. Las combustiones son ejemplo de este caso.

Oxidación: reacción en la que un elemento pierde electrones.

$$Fe \xrightarrow{oxidación} Fe^{2+} + 2\,e^-$$

Como no deben faltar electrones, hacen falta dos átomos de hierro por cada molécula de oxígeno.

Reducción: reacción la que un elemento gana electrones.

$$O_2 + 4\,e^- \xrightarrow{reducción} 2\,O^{2-}$$

$$2\,Fe\,(s) + O_2\,(g) \rightarrow 2\,FeO\,(s)$$

EXPERIMENTA Aprende a...

4. Investiga qué ha ocurrido en cada caso. Toma fotografías del proceso y crea un *time-lapse*.

Cobrear un clip (electrolisis)
Monta un dispositivo como el de la imagen. Conecta un clip u otro objeto metálico al cable ligado al polo negativo e introdúcelo en la disolución de sulfato de cobre.
En el polo positivo coloca una lámina de cobre o el mismo cable pelado.
Deja que la corriente circule durante veinte minutos, al final obtendrán un bonito cobreado.

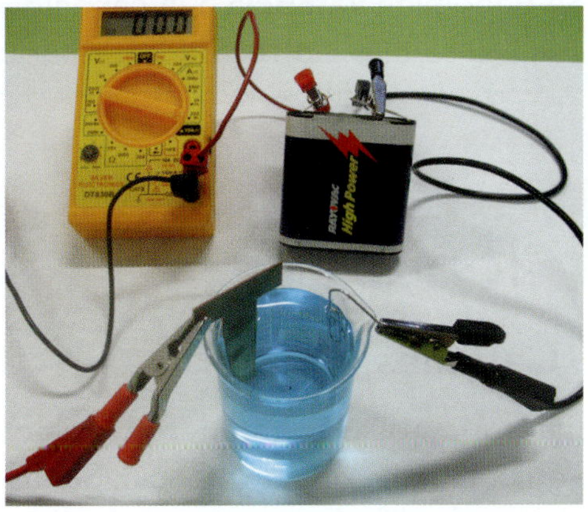

Siempre han dicho que el azúcar es malo...
Calienta con cuidado un poco de clorato de potasio en un tubo de ensayo hasta fundirlo. Retirarlo de la llama y en un lugar ventilado, sin apuntar a nadie, introduce un poco de caramelo, unos trocitos de papel o una cerilla apagada. El clorato se descompone con calor desprendiendo oxígeno. Explica lo sucedido.

Otras reacciones habituales

Si bien todas las reacciones corresponden a uno de los dos tipos vistos, algunas, a causa de su importancia, reciben nombre propio.

EL LABORATORIO EN EL AULA

1. **Descomposición.** Toma un limón y exprímelo sobre un poco de leche y verás como en un instante aparecen dos sistemas en el líquido: el suero, la parte líquida y transparente, y el cuajo, la parte grasa que flota. Cuando eso sucede, decimos que «se ha cortado». Investiga a qué es debido.
2. **Precipitación.** Disuelve un poco de sulfato de cobre en agua destilada. El profesor preparará una disolución diluida de amoniaco en agua. Deja caer dos o tres gotas de amoniaco diluido sobre el cobre y observarás un precipitado. Sigue añadiendo amoniaco. ¿Qué observas?

IMPORTANTE

La fermentación es una oxidación incompleta sin oxígeno utilizada por los seres vivos para obtener energía. Un ejemplo es la que realizan las bacterias, que convierten la leche en yogur.

En la putrefacción, organismos similares degradan la materia orgánica a materia inorgánica, cerrando la cadena trófica.

Formulación química

La IUPAC (Organización internacional de química pura y aplicada) ha dictado unas normas para unificar la formulación en todo el mundo. La denominamos **nomenclatura sistemática** y nos permite:

- **Nombrar:** acción de construir un nombre para un compuesto determinado a partir de su fórmula.
- **Formular:** acción de obtener la fórmula de un compuesto a partir de una determinada nomenclatura.

Un concepto clave en este estudio es la **valencia,** relacionada con los electrones cedidos, aceptados o compartidos, y con la que podemos conocer la **estequiometría** de un compuesto: el número de átomos de cada elemento que se unen para formar un compuesto.

Se denomina **valencia** a la capacidad de combinarse que posee un átomo cuando se une a otros para formar un compuesto.

SABÍAS QUE..

La nomenclatura que utilizaremos es la aprobada por la IUPAC, que en su versión en castellano, aparece en:

Nomenclatura de Química Inorgánica.

Recomendaciones de la IUPAC 2005.

Se puede obtener en:

goo.gl/ibbehi

De las diferentes propuestas, nosotros utilizaremos la nomenclatura de composición.

1 Iones

A. Cationes

Son los átomos que han perdido electrones y quedan con carga positiva. Esta carga coincide con su valencia. Si hay más de una valencia, puede dar lugar a cationes de diferente carga del mismo elemento.

Fórmula:
M^{n+}
Nombre
M (**carga** y **signo**)

El paréntesis sigue al nombre sin ningún espacio.

Ion	Nomenclatura
Na^+	sodio(1+)
Ca^{2+}	calcio(2+)
Ag^+	plata(1+)

Ion	Nomenclatura
Al^{3+}	aluminio(3+)
Ni^{2+}	níquel(2+)
Ni^{3+}	níquel(3+)

Ion	Nomenclatura
Fe^{3+}	hierro(3+)
Fe^{2+}	hierro(2+)
Ag^+	plata(1+)

B. Aniones

Son átomos que han ganado electrones y quedan con carga negativa. Esta carga coincide con la valencia.

Fórmula:
X^{n-}
Nombre
X -uro (**carga** y **signo**)

Ion	Nomenclatura
Cl^-	cloruro (1-) o cloruro (*)
F^-	fluoruro
H^-	hidruro
N^{3-}	nitruro

Ion	Nomenclatura
S^{2-}	sulfuro (2-) o sulfuro
Excepción:	
O^{2-}	óxido
O_2^{2-}	peróxido ó dióxido(2-) (♣)

(*) En el caso de que la valencia sea única, se puede omitir su valor.

(♣) Corresponde a lo que se denomina anión homopoliatómico.

Tabla de valencias de los diferentes elementos.
Las valencias que aparecen encabezando o finalizando a una familia se aplican a todos los elementos de la misma

			-1									- 3	- 4	- 3	- 2	- 1	He
Li	Be		H									B	C	N	O	F	Ne
Na	Mg		+ 1									Al	Si	P	S	Cl	Ar
K	Ca				Cr +2 +3	Mn +2 +3	Fe +2 +3	Co +2 +3	Ni +2 +3	Cu +1 +2	Zn +2	Ga	Ge	As	Se	Br	Kr
Rb	Sr									Ag +1	Cd +2	In	Sn	Sb	Te	I	Xe
Cs	Ba								Pt +2 +4	Au +1 +3	Hg +1 +2	Tl	Pb	Bi	Po	At	Rn
Fr	Ra																
+1	+2											+3	+2 +4	+3 +5	+2 +4 +6	+ 1 + 3 + 5 + 7	

METALES — SEMIMETALES — NO METALES — GASES NOBLES

NOTA: Algunos elementos poseen otras valencias, como en nitrógeno, que posee: -1, +1,+2,+3,+4,+5.

2 Compuestos binarios

Se forman por la unión de un elemento, que actuará con carga positiva, con otro elemento, que actuará con carga negativa. Habitualmente, no poseen la misma valencia, por ello deben combinarse en una relación tal que, al final, la carga total sea nula.

La **formación** de compuestos binarios sigue las siguientes reglas:

Se escribe en segundo lugar el elemento que aparece antes en la siguiente tabla.

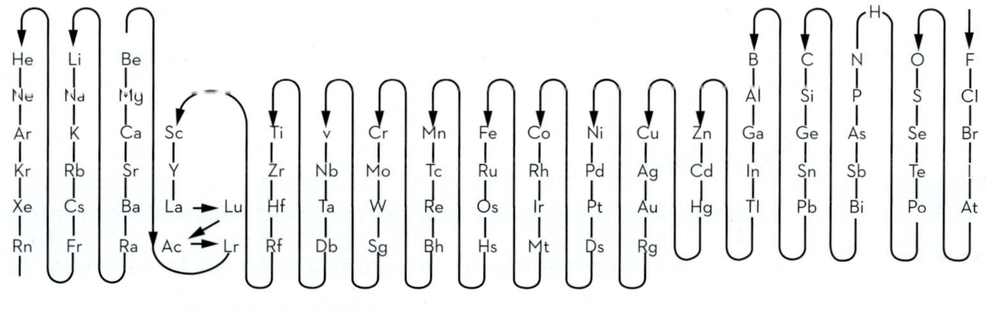

El número de elementos de cada carga se incrementa en lo necesario hasta conseguir que el compuesto sea neutro, es decir, que tenga tantas cargas positivas como negativas.

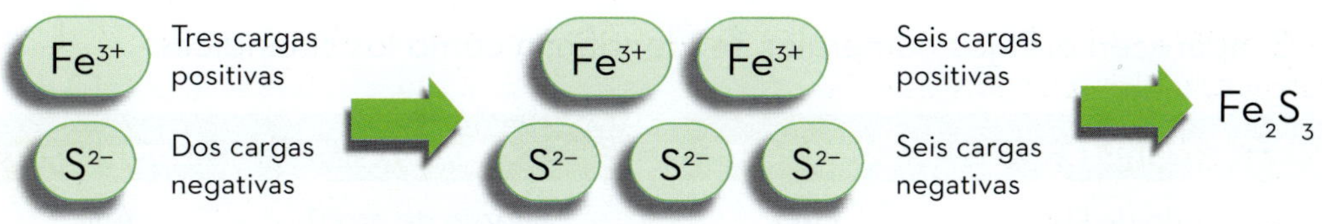

- El paso anterior se puede simplificar, intercambiando las valencias de los elementos (sin signo), a subíndices estequiométricos.
- Si se puede, se simplifican los subíndices. Si el subíndice es uno, no se escribe.

$Na^{+}O^{2-}$

$Na_2O_1 \rightarrow Na_2O$

$Sn^{4+}O^{2-}$

$Sn_2O_4 \rightarrow SnO_2$

2.1. Compuestos binarios con metal

Se forman por la unión de un anión (no metal) y un catión (metal).

Nomenclatura:

Se nombra de forma inversa a cómo se escribe; primero, el anión y después, el catión. Existen dos formas de nombrarlo:

Opción A:

Para el **anión:** el nombre utilizado para nombrar dicho anión.

Para el **catión:** el nombre del elemento. Si posee más de una valencia, esta acompaña al nombre, entre paréntesis, en números romanos.

Opción B:

Se nombran anión y catión, pero se anteponen unos prefijos numerales latinos indicando el número de átomos que aparecen en la fórmula (el prefijo mono- se utilizará sobre el anión solo en el caso de que el metal posea más de una valencia, para evitar ambigüedades).

Compuesto	Nomenclatura
NaCl	cloruro de sodio
K_2S	sulfuro de potasio sulfuro de dipotasio
BaH_2	hidruro de bario dihidruro de bario
Al_2O_3	óxido de aluminio trióxido de dialuminio

Compuesto	Nomenclatura
AlN	nitruro de aluminio
Fe_2O_3	óxido de hierro(III) trióxido de dihierro
FeO	óxido de hierro(II) monóxido de hierro
Fe_2S_3	sulfuro de hierro(III) trisulfuro de dihierro

Ejemplo:

Na_2O corresponde a la unión entre:

2 de Na^+ — O^{2-}

catión sodio — anión óxido

Óxido de sodio

Óxido de disodio

IMPORTANTE

Prefijos multiplicadores

mono-	penta-
di-	hexa-
tri-	hepta-
tetra-	octa-

Formulación:

Se determinan los iones que corresponden a los elementos nombrados.

- Si el nombre del metal va acompañado de la valencia, se coloca este como subíndice del ión opuesto. Se procede igualmente con el anión y si es posible, se simplifica.
- Si aparecen prefijos numerales se identifican como los subíndices.

Nombre	Compuesto
óxido de litio	Li_2O
bromuro de calcio	$CaBr_2$
seleniuro de aluminio	Al_2Se_3
óxido de cinc	ZnO
trihidruro de cromo	CrH_3

Nombre	Compuesto
fluoruo de oro(I)	AuF
nitruro de cobre(II)	Cu_3N_2
cloruro de cobalto(II)	$CoCl_2$
óxido de estaño(II)	SnO
trióxido de dimanganeso	Mn_2O_3

Ejemplo:

sulfuro de plomo(IV)

plomo(IV) — sulfuro

Pb^{4+} — S^{2-}

$Pb^{4+}S^{2-}$

$Pb_2S_4 \rightarrow PbS_2$

A. Peróxidos

Compuestos que se obtienen por la combinación entre un metal y el grupo peróxido. El anión **peróxido** o **dióxido (2–)** (O_2^{2-}) está formado por dos átomos de oxígeno unidos entre sí y con carga negativa de valor dos. En este caso, el subíndice forma parte del ion y no se puede simplificar.

Nomenclatura: sigue las reglas de los compuestos binarios, siendo aceptados los dos nombres anteriores para el anión.

Compuesto	Nombre sistemático	Nombre no sistemático aceptado IUPAC
Na_2O_2	dióxido de sodio	peróxido de sodio
BaO_2	dióxido de bario	peróxido de bario
NiO_2	dióxido de níquel(II)	peróxido de níquel(II)

Formulación: sigue las mismas reglas que los compuestos binarios. El peróxido lleva un subíndice que no se puede simplificar.

Nombre	Compuesto	Nombre	Compuesto
dióxido de bario	BaO_2	peróxido de plata	Ag_2O_2
dióxido de cromo(III)	$Cr_2(O_2)_3$	dióxido de oro(I)	Au_2O_2

Ejemplo:

K_2O_2 corresponde a la unión entre:

2 de K^+ — O_2^{2-}

catión potasio — anión dióxido

dióxido de potasio

Observar que no es posible que sea un óxido ya que se encontraría simplificado.

2.2. Compuestos entre dos no metales

Se producen entre dos no metales donde uno de ellos actuará con valencia negativa y el otro, con positiva. Las valencias positivas de los no metales se pueden apreciar en la tabla de valencias.

Se siguen las mismas reglas de los compuestos binarios. El elemento que se formula en segundo lugar es el que aparece en primer lugar en la tabla anterior.

Compuesto	Nomenclatura	Compuesto	Nomenclatura
NO_2	óxido de nitrógeno(IV) dióxido de nitrógeno	CH_4	metano tetrahidruro de carbono
N_2O	óxido de nitrógeno(I) monóxido de dinitrógeno	SF_6	fluoruro de azufre(VI) hexafluoruro de azufre
SO_3	óxido de azufre(VI) trióxido de azufre	CO_2	óxido de carbono(IV) dióxido de carbono

SABÍAS QUE..

Hasta el 2005, el oxígeno se escribía después de los halógenos y el compuesto era un óxido. Actualmente, ya no es así:

Antes: Cl_2O_3

óxido de cloro(III)

Ahora: O_3Cl_2

dicloruro de trioxígeno

ACTIVIDADES

1. **Nombra o formula, según proceda:**

Cu^+	Mn_2O_3	FeO	yoduro	seleniuro de sodio	arseniuro de cinc	dicloruro de heptaoxígeno
Li_2O	P^{3-}	CCl_4	oro(I)	dinitruro de tribario	monóxido de cobre	dihidruro de azufre
CoS	H^-	O_7Cl_2	estaño(II)	fosfuro de níquel(II)	trifluoruro de fósforo	óxido de nitrógeno(V)